分数阶 *RLC* 电路系统建模及分析

廖晓钟 著

科学出版社

北 京

内 容 简 介

分数阶微积分对自然和工程问题的动态表征丰富，被广泛用于多个领域。Caputo-Fabrizio（C-F）定义及 Atangana-Baleanu（A-B）定义是 2015 年以后新提出的更适用于工程应用的定义。本书介绍两种新定义的分数阶元件和电路建模及系统分析，包括：分数阶电容和电感的阻抗模型、电路拓扑逼近实现和暂态特性；分数阶 *RC*、*RL* 和 *RLC* 电路系统的时域数学模型及分数阶阶次对电路系统时域响应的影响；分数阶 *RLC* 电路的阻抗特性、谐振特性、品质因数、频带宽度，以及电路欠阻尼、临界阻尼和过阻尼的工作条件；Buck、Boost、Buck-Boost 分数阶 DC-DC 变换器的数学模型及基本运行特性。

本书可供控制科学与工程、电气工程、电子科学与技术、应用数学等专业的研究生阅读，也可供相关研究人员、工程技术人员参考。

图书在版编目(CIP)数据

分数阶 *RLC* 电路系统建模及分析/廖晓钟著. —北京：科学出版社, 2023.7
ISBN 978-7-03-075952-8

Ⅰ.①分… Ⅱ.①廖… Ⅲ.①电路设计-系统建模 Ⅳ.①TM02

中国国家版本馆 CIP 数据核字(2023)第 121227 号

责任编辑：姚庆爽 / 责任校对：崔向琳
责任印制：赵 博 / 封面设计：蓝正设计

科学出版社 出版
北京东黄城根北街 16 号
邮政编码：100717
http://www.sciencep.com
北京中石油彩色印刷有限责任公司印刷
科学出版社发行 各地新华书店经销
*
2023 年 7 月第 一 版 开本：720 × 1000 1/16
2024 年 5 月第二次印刷 印张：12 1/2
字数：250 000

定价：108.00 元
(如有印装质量问题，我社负责调换)

前　　言

分数阶微积分的概念是在 300 多年前被提出的，用分数阶微积分对自然和工程问题进行动态表征更加丰富，自 19 世纪开始被广泛用于多个领域。分数阶微积分的基础是分数阶微分算子和分数阶积分算子，在分数阶微积分理论及其应用的发展过程中，从早期主要适用于纯数学领域到后来主要适用于系统分析和工业应用，不同的分数阶微积分定义被陆续提出，Caputo-Fabrizio（C-F）定义及 Atangana-Baleanu（A-B）定义是 2015 年以后新提出的更适用于工程应用的定义。

研究表明，在自然界中理想的整数阶电容和电感并不存在，电容、电感的电压和电流之间的物理关系仅仅是趋近于整数阶的。实际的元件中存在欧姆摩擦、内部摩擦、热力学记忆以及电磁场的非线性影响，这些效应使得其存在非保守的特征。电路系统在通信设备、工业应用、消费电子、国防工业等领域有着非常广泛的应用，而高新技术领域电路系统需求的不断升级，对电路系统的性能提出了更高的要求。用分数阶微积分来建立元件及由元件等构成的电路系统的模型，能够更确切地反映其物理特性和动态特征，从而实现高性能和特殊需求的电路系统。近年来，分数阶微积分已被用于对超级电容、忆阻器、忆容器等元件及电路系统中具有非线性特性的系统描述。

作者自 2008 年开始研究分数阶微积分理论及其在控制系统中的应用，2014 年开始研究其在电路系统中的应用。针对最新的 C-F 型及 A-B 型分数阶定义，从基本的电容和电感元件、基本的 RLC 电路、基本的 DC-DC 变换器等典型应用三个层次入手，对分数阶电路系统开展了系统的理论研究和大量的实验研究，力求通过复杂的数学分析和充分的实验结果，建立基于 C-F 定义及 A-B 定义的分数阶基础电路系统基本理论初步，为构建和实现高性能复杂电路系统提供理论支持和设计参考依据。

本书共 6 章，主要内容安排如下：第 1 章绪论。第 2 章介绍分数阶微积分运算的常用函数及常用的分数阶微积分定义及性质等基础知识。第 3 章介绍 C-F 定义及 A-B 定义下的分数阶电容阻抗模型和电感阻抗模型，分数阶电容和电感的电路拓扑逼近实现；通过数值仿真和电路仿真，分析阻抗逼近电路拓扑的性能，分析分数阶阻抗有别于整数阶阻抗的暂态特性。第 4 章介绍 C-F 定义及 A-B 定义下的分数阶 RC、RL 和 RLC 电路系统的时域数学模型，通过数值仿真和实际电路实验，分析系统模型的性能以及分数阶阶次对电路系统时域响应的影响；分数

阶 RLC 电路欠阻尼、临界阻尼和过阻尼的工作条件；分数阶元件阶次拟合等。第 5 章介绍 C-F 定义及 A-B 定义下的分数阶 RLC 电路的阻抗特性、谐振特性、品质因数、频带宽度等电路的基本特性。第 6 章介绍 C-F 定义及 A-B 定义下 Buck、Boost、Buck-Boost 三种基本拓扑的分数阶 DC-DC 变换器的数学模型及由实验分析得出的变换器的基本运行特性。

本书的内容是作者几年来带领研究生共同研究取得的成果，他们是博士研究生林达、于东晖、王亚楠，硕士研究生冉嫚婕、杨若岑、王勇、阮鹏博等。在书稿的撰写过程中，林达、于东晖、冉嫚婕、王勇对本书涉及的内容重新进行数学公式推导、反复实验、整理实验数据，并参与文字、公式和插图的整理工作。在此对他们表示衷心的感谢。

本书得到了国家自然科学基金项目（61873035）和北京市自然科学基金项目（4152046）的支持。在书稿的撰写过程中，参考了国内外许多同行的著作和论文，对此深表谢意。

由于作者水平有限，书中难免存在不足之处，敬请读者批评指正。

作　者

2022 年 9 月于北京

目　　录

本书常用符号

常用数学符号

j	虚数单位
s	拉普拉斯（Laplace）算子
s^{α}	α 阶分数阶拉普拉斯算子
${}^{\mathrm{C}}\mathcal{D}^{\alpha}$	Caputo 型 α 阶分数阶时间微分算子
${}^{\mathrm{CF}}\mathcal{D}^{\alpha}$	Caputo-Fabrizio 型 α 阶分数阶时间微分算子
${}^{\mathrm{AB}}\mathcal{D}^{\alpha}$	Atangana-Baleanu 型 α 阶分数阶时间微分算子
$\mathcal{L}\{\cdot\}$	拉普拉斯变换
$\mathcal{L}^{-1}\{\cdot\}$	拉普拉斯逆变换
$\mathbf{1}(t)$	单位阶跃函数
$\sin(\cdot)$	正弦函数
$\cos(\cdot)$	余弦函数
$\sinh(\cdot)$	双曲正弦函数
$\cosh(\cdot)$	双曲余弦函数
$\exp(\cdot)$	以 e 为底的指数函数
$\Gamma(\cdot)$	伽马（Gamma）函数
$\mathcal{E}_{\alpha}(\cdot)$	单参数的广义指数（Mittag-Leffler）函数
$\mathcal{E}_{\alpha,\beta}(\cdot)$	两参数的广义指数（Mittag-Leffler）函数
$\mathrm{Re}(x)$	复数 x 的实部
$\mathrm{Im}(x)$	复数 x 的虚部
$\mathbb{N}$	自然数集
$\mathbb{R}$	实数集
$\mathbb{N}^{+}$	正整数集
$\mathbb{R}^{+}$	正实数集
$\mathbb{C}$	复数集

常用参数和物理量符号

符号	含义
C_α	阶次为 α 的分数阶电容
L_β	阶次为 β 的分数阶电感
${}^{\mathrm{CF}}Q$、${}^{\mathrm{AB}}Q$	C-F 型、A-B 型分数阶 RLC 电路的品质因数
$u_i(t)$	输入电压源
$i_i(t)$	输入电流源
$u_C(t)$、$u_L(t)$	电容、电感两端的电压
$i_C(t)$、$i_L(t)$	流过电容、电感的电流
$U_i(s)$	输入电压源的拉普拉斯变换式
$U_C(s)$、$U_L(s)$	电容、电感两端的电压的拉普拉斯变换式
$I_C(s)$、$I_L(s)$	流过电容、电感的电流的拉普拉斯变换式
E_0	输入电压源幅值
U_0	电压初值
I_0	电流初值
$\eta = RC_\alpha + 1 - \alpha$	中间变量
τ	卷积微分变量
$\mu = L_\beta + R(1-\beta)$	中间变量
Z_C	整数阶电容阻抗
Z_L	整数阶电感阻抗
Y_C	整数阶电容导纳
Y_L	整数阶电感导纳
${}^{\mathrm{CF}}Z_{C_\alpha}$	阶次为 α 的 C-F 型分数阶电容阻抗
${}^{\mathrm{AB}}Z_{C_\alpha}$	阶次为 α 的 A-B 型分数阶电容阻抗
${}^{\mathrm{C}}Z_{C_\alpha}$	阶次为 α 的 Caputo 型分数阶电容阻抗
${}^{\mathrm{CF}}Z_{L_\beta}$	阶次为 β 的 C-F 型分数阶电感阻抗
${}^{\mathrm{AB}}Z_{L_\beta}$	阶次为 β 的 A-B 型分数阶电感阻抗
${}^{\mathrm{C}}Z_{L_\beta}$	阶次为 β 的 Caputo 型分数阶电感阻抗
${}^{\mathrm{CF}}Y_{L_\beta}$	阶次为 β 的 C-F 型分数阶电感导纳
${}^{\mathrm{AB}}Y_{L_\beta}$	阶次为 β 的 A-B 型分数阶电感导纳
${}^{\mathrm{C}}Y_{L_\beta}$	阶次为 β 的 Caputo 型分数阶电感导纳
Z_{PR}	纯实阻抗
I^*	谐振电流
ω_0	谐振频率

第 1 章　绪　论

1.1　分数阶微积分发展简介

分数阶微积分（fractional-order calculus，FOC）是一门既古老又新颖的学科。说其古老，是因为它几乎与传统的整数阶微积分诞生于同一时期；说其新颖，是因为它平静发展了 200 多年，到了 20 世纪初期，分数阶微积分的研究与应用才逐步引起人们的关注，并快速地渗透到众多研究和应用领域。分数阶微积分的概念是在 300 多年前被提出的，关于分数阶微积分的比较系统的研究，一般认为是由 Liouville 等在 19 世纪中期开始的。1832 年 Liouville 提出了第一个比较规范的分数阶微积分定义，并利用此定义解释了势理论问题。此后（1832~1837 年）Liouville 发表了一系列关于分数阶微积分的研究论文，使他成为分数阶微积分理论的实际创始人。继 Liouville 后，Riemann、Weyl、Grünwald 、Hadamard 和 Letnikov 等数学家或物理学家也相继做出了巨大贡献，使得分数阶微积分有了历史性的发展，并逐渐成为一门独立的学科[1-4]。

分数阶微积分的基础是分数阶微分算子 $\mathcal{D}^{\alpha}$ 和分数阶积分算子 I^{α}，其中 α 为任意实数（广义的分数阶微积分的阶次可以扩展到复数，但是一般在实数域研究分数阶微积分，本书仅讨论实数域分数阶微积分理论及其在电路元件和系统中的应用）。在分数阶理论及应用的发展过程中，许多学者陆续提出了不同的分数阶微积分定义。1832 年 Liouville 提出了 Liouville 第一定义和第二定义，1876 年 Riemann 也提出了分数阶微积分定义，两者联系起来形成了一个统一的公式，即 Riemann-Liouville 分数阶微积分公式[5,6]；1867 年 Grünwald 基于有限差分差商形式提出了一种分数阶微积分定义[7]；1868 年 Letnikov 给出了定义的严格证明，这种定义后来被称为 Grünwald-Letnikov 定义；1966 年 Caputo 提出了一种适用于工程应用的分数阶微积分定义，即 Caputo 定义[8]。目前，Riemann-Liouville（R-L）定义、Grünwald-Letnikov（G-L）定义及 Caputo 定义是较常用的三种定义。

R-L 定义和 G-L 定义主要应用于纯数学领域，然而这两种定义得到的分数阶导数算子的初始条件是时变函数[9]。由于在涉及物理系统的建模时需要确切的初始条件，而这两种定义需要设定一个初始时间点，因此初值条件与积分下限相关；对于暂态过程，这样的设置既无法解释物理意义，也可能导致微分方程不可解。

Caputo 定义与 R-L 定义和 G-L 定义在零初始条件下是等价的。但 Caputo 定义由于其微分方程的初始条件与整数阶微积分的初始条件一致，从而保证了初始条件具有明确的物理含义，因此被广泛应用于系统分析和工程应用领域 [1]。常数的 R-L 定义分数阶导数不为零，而且 R-L 定义和 Caputo 定义的分数阶导数中包含了奇异核，这使得其描述完整的记忆效应的能力不够准确 [10]，限制了其使用范围。

2014 年，Khalil 等提出了一种新的分数阶导数，称为 Conformable 定义。Conformable 型分数阶导数能有效克服 Caputo 和 R-L 分数阶导数存在的问题，即满足乘积法则、除法法则和链式法则 [11]。针对 Caputo 定义中的奇异性问题，2015 年 Caputo 和 Fabrizio 提出了现在称为 C-F 定义的新的分数阶导数 [12]。常数的 C-F 型分数阶导数为零，这与 Caputo 定义是一致的。C-F 定义的导数中，其指数核没有奇异性，而且 Caputo 定义下的分数阶次幂在 C-F 型分数阶导数下变成了整数幂，因此 C-F 定义相对于 Caputo 定义计算更加简单。

在 C-F 定义的基础上，Atangana 和 Baleanu 提出了 A-B 型分数阶微积分定义，Atangana 和 Baleanu 在论文中详细描述了 A-B 型分数阶微积分导数的性质 [13]。与 C-F 型分数阶导数相同的是，常数的 A-B 型分数阶导数为零，其指数核没有奇异性。与 C-F 型分数阶导数不同的是，A-B 型分数阶导数保留了 Caputo 定义中的分数阶次幂。

C-F 型分数阶微积分定义和 A-B 型分数阶微积分定义是两种较新的定义，已经开始应用在多个学科领域的分数阶模型中，包括流体力学中磁流体、旋转流体和对流流体的数学模型 [14-17]，医学领域中免疫遗传肿瘤和肿瘤化疗效果的数学模型 [18,19]，以及材料科学中张力碳纳米管的动力学模型 [20] 等。

1.2 分数阶电路元件实现

电阻、电容和电感是三种基本无源电路元件，已经广泛应用于电路与系统中。然而在自然界中，理想的整数阶电容和电感并不存在，电容和电感仅仅是趋近于整数阶。实际的器件中存在欧姆摩擦、内部摩擦、热力学记忆特性以及电磁场的非线性影响，这些效应使得器件存在非保守的特征 [21-23]。因此，人们想到了使用分数阶微积分建模的分数阶阻抗，分数阶阻抗也称为分抗。

根据电路基本变量组合完备性原理，1971 年美籍华裔科学家蔡少棠理论预测了忆阻（memristor，即带记忆的电阻器）的存在 [24]，并依据电路变量与电路元件的公理完备性、逻辑相容性和形式对称性等，提出公理化的电路元件体系——蔡氏公理化元件系，进而得到电路元件的蔡氏周期表 [25]。中国的蒲亦非教授等根据蔡氏周期表，给出已有电路元件（电阻、电容、电感、忆阻、忆容、忆感、分抗和分忆抗元等）在周期表中的位置[26,27]。

分数阶电容及分数阶电感在工业上有实际的用途，同时随着分数阶特性在锂电池、忆阻器等的应用越来越广泛，如何实现特定阶次的分抗逐渐成为研究的热点。目前分数阶电路元件实现主要有三种方法，分别是基于材料及物理结构优化的工业制造方法、基于分数阶算子近似的分抗有理逼近法，以及基于电路结构的电路拓扑实现方法。

1.2.1 分抗的工业制造实现

分数阶电容的工业制造方法，主要集中于使用新型电解质材料和改变电容器结构两个方面[28]。

在电解质材料的选择上，有使用纳米复合材料制造的固态分数阶电容器、使用铜硅电极和多孔膜制造的分数阶电容器、使用镀铂硅电极和多孔膜制造的分数阶电容器、使用高柔性 NiTe/Ni@CC//AC/CC 作为正极材料的分数阶电容器、使用具有抗冻特性的水凝胶电解质的分数阶电容器、使用生物多糖阻燃凝胶固态电解质的分数阶电容器等。

电容器结构的改变上，工业制造方法包括由铁电聚合物和还原石墨烯结构构造的固态分数阶电容器、由电解质工艺构造的分数阶电容器、由电阻-介电导电结构开发的分数阶电容器等。

分数阶电感器的工业制造方法，有使用磁流变液作为变压器式装置的核心的分数阶电感器、通过在一个带有横向电磁模式的同轴结构上产生的分数阶电感响应来实现分数阶电感的直接设计法等。相对而言，分数阶电感器的工业制造方法较少，大部分工业制造方法是针对分数阶电容器的。

1.2.2 分抗的有理逼近实现

分抗的有理逼近实现，即让某个函数或数个函数通过频率响应拟合模型后得出所期望的分数阶运算，即采用数个整数阶传递函数模型，在频率响应上尽可能逼近原始的分数阶微分算子模型。

从理论上分析，Caputo 型分数阶微分环节 s^α 的幅频特性是斜率为 20αdB/dec 的斜线，相频特性是值为 $\alpha\pi/2$ 的水平直线。每一段频率特性对应一个线性连续的整数阶传递函数模型，在选定的频率范围内，用数个整数阶模型的组合，通过频率响应拟合尽可能地逼近原始的分数阶算子模型。

早期的 Caputo 型分数阶微分算子近似方法主要采用连分式展开的近似方法。连分式展开的近似方法包括分别在高频段和低频段进行连分式近似的方法、基于正则牛顿迭代实现的 Carlson 近似方法[29]、基于对数间隔频率点连分式展开的 Matsuda-Fuji 近似方法[30]、二项式展开逼近法等[31]。

近几年基于连分式展开法的新的分数阶算子有理逼近方法有结合连分式展开法和标度拓展理论的新型非正则标度方程-奇异标度方程[32]、采用一阶 Newton 迭代的 Aitaken 加速迭代方法[33]、将针对 $1/n$ 阶微积分算子的 Carlson 近似方法拓展到任意阶微分算子的有理逼近等[34]。

基于连分式的有理逼近方法不允许使用者自由选择合适的拟合频率段，使得这一类方法在实际应用中的效果大打折扣。法国学者 Oustaloup 教授及其同事提出 Oustaloup 近似算法，允许使用者选择所需要的频率段与分数阶阶次，这种算法开启了复杂分数阶系统仿真的新时代[35]。

围绕 Oustaloup 算法进行分析，出现了一些改进算法[36]。例如，从 Oustaloup 零极对子系统的运算特征出发分析 Oustaloup 有理逼近的最优逼近下系统参数的选择[37,38]；通过增加算法的拟合带宽，解决了 Oustaloup 近似法的近似效果在所选择的频段边界不太理想的问题[39]；解决算法的分子阶次与分母阶次相同导致传递函数非严格正则系统的改进的 Oustaloup 算法等[40]。

对于不能由分数阶传递函数标准形式描述的无理系统，主要的近似方法有波特图频域近似算法、Charef 近似算法、最优 Charef 近似算法等[41-44]。2020 年 He 等基于现有的分数近似电路的振荡现象的缺点，提出了一种新颖的任意阶分数有理逼近新算法，该算法具有高阶稳定特性和较宽的逼近频带[45]。

1.2.3　分抗的电路拓扑实现

通过设计近似电路来得到实际的分数阶元件称为分抗的电路拓扑实现，根据拓扑电路是否使用有源器件，分为无源电路拓扑实现和有源电路拓扑实现。

分抗的无源电路拓扑实现，一类是通过分数阶算子的有理逼近和近似（如1.2.2节提到的 Carlson 方法和 Oustaloup 方法等），得到某频带内可实现分数阶算子的整数阶传递函数，再用相应参数的电阻、电容、电感等元件搭建该传递函数的无源电路拓扑；另一类是基于分形拓扑的构造模型，通过相同参数的电阻、电容、电感级联的方式，以高度自相似的结构搭建分数阶元件的无源电路拓扑实现[46]。

除了使用无源元件来实现分抗以外，也有使用有源器件或者是集成数字电路实现分抗的方案，通过调整电压、电流、频率等电路参数来设定分数阶阶次和恒定相区。例如，利用现场可编程逻辑门阵列（field programmable gate array，FPGA），基于查找表的二次逼近和分段逼近两种算法实现分数阶算子[47]，实现了高精度、高性能和 FPGA 资源高效利用，同时减少了分数阶系统对内存的依赖。

通过广义阻抗变换器（generalized impedance converter，GIC）把 α 阶的分数阶电容转换为 α 阶的分数阶电感，实现了分数阶电感的优化设计[48]。通过使用运算放大器 uA741 进行电路拓扑实现仿真验证，并在实验中使用 Anadigm 的专用集成电路（application specific integrated circuit，ASIC），即现场可编程模拟阵列 AN231E04 芯片进行分数阶算子的实现等[49]。

本书第 3 章将介绍 Caputo 型、C-F 型及 A-B 型三种定义下的分数阶电容阻抗模型和电感阻抗模型，同时介绍三种定义下特定阶次的分数阶电容和电感电路拓扑逼近实现，并通过数值仿真和实际电路实验，分析阻抗逼近电路拓扑的性能，以及分数阶阻抗有别于整数阶阻抗的暂态特性[28,50,51]。

1.3 分数阶 RLC 基础电路

分数阶电路是指包含一个或多个分数阶元件的电路，分数阶电路的发展与分数阶微积分理论和分数阶元件的研究进展密切相关。研究分数阶电路，主要从分数阶基础电路和分数阶应用电路两个维度开展。分数阶 RLC 基础电路通常指电路中电容和电感为分数阶的 RC、RL、RLC 串联和并联电路。在基础电路方面，主要研究分数阶电路建模、电路特性及电路系统的控制特性。

在分数阶电路建模方面，基于 Caputo 定义的分数阶 RC、 RL、LC 电路的数学模型较为丰富。例如，通过数学推导，利用 Caputo 定义的拉普拉斯变换，得到阶跃输入下的 RL、LC、RC 和 RLC 电路的输出电压和电流的解析解[52]；通过 LC 电路的谐振现象与 RC 电路放电过程的研究，得到 RC 和 LC 电路频域模型[53]；通过 RL 电路闭合过程中的暂态过程分析，得到表征电路闭合过程的分数阶微分方程等[54]。

随着 C-F 和 A-B 等新的定义的提出，关于新型定义的分数阶 RLC 基础电路建模及比较研究也陆续开展。例如：C-F 和 A-B 定义下，输入源为阶跃、周期和指数等特定输入源的 RC、LC、RL 及 RLC 电路模型[55,56]；对 Caputo、C-F、A-B 及 Conformable 四种定义，阶跃输入、周期输入、指数输入等特定输入源下的 RC、RL 电路模型进行比较研究等[57,58]。

在分数阶 RLC 电路特性方面：研究 Caputo 型分数阶 RLC 串联电路的复阻抗及其纯实、纯虚、短路阻抗特性，研究谐振频率、工作区频率、品质因数、频带宽度以及瞬态响应等；研究 Caputo 型分数阶 RLC 串联及并联电路中相位共振现象、频率特性和相位共振的条件等[59]；研究 T 型分数阶 LC 电路中分数阶阶次对电路阻抗和相位的影响[60]；研究正弦电压源激励下分抗、分抗逼近电路的功率，并从有功功率、功率因数等角度揭示容性分抗和感性分抗介于电阻与电容或电感之间的电学性质[61]；研究分数阶 RLC 并联电路导纳随频率、电路参数及分数阶阶次的变化规律等[62]。

本书第 4 章将介绍 Caputo 型、C-F 型及 A-B 型三种分数阶定义下的 RC、RL 和 RLC 串联及并联电路系统在任意输入源下的时域数学模型，分数阶 RLC

电路欠阻尼、临界阻尼和过阻尼的工作条件。通过数值仿真和实际电路实验拟合方式，分析模型的性能以及分数阶阶次对电路系统时域响应的影响[28,63-65]。第 5 章将介绍 C-F 型及 A-B 型分数阶 *RLC* 电路的阻抗特性、谐振特性、品质因数、频带宽度等电路的基本特性[66,67]。

1.4 分数阶 DC-DC 变换器

DC-DC 变换器由电阻、电容、电感及电力电子开关组成，当电容和电感采用分数阶元件时，便是分数阶 DC-DC 变换器。最基本的 DC-DC 变换器拓扑有 Buck、Boost、Buck-Boost 三种。

有关分数阶 DC-DC 变换器的研究表明，分数阶的电容和电感元件，虽然在开环情况下不影响输入电压、输出电压、开关器件占空比之间的数值关系，却实际影响了输出电流及电压的纹波大小、超调量等动态响应性能[68,69]，且在不改变混沌现象这一 DC-DC 变换器固有属性的同时，对混沌现象发生的范围也造成了影响。也就是说，分数阶元件的阶次在多个方面影响了 DC-DC 变换器的工作性能。因此，研究分数阶 DC-DC 变换器的电路建模并据此研究其工作特性是具有实际意义和研究价值的。

目前针对分数阶 DC-DC 变换器的动力学行为的研究集中在建模分析上。DC-DC 变换器可以按照其电感的续流状态细分为电感电流连续模式（continuous current mode，CCM）、电感电流断流模式（discrete current mode，DCM）以及介于两者之间的电感电流临界连续模式（boundary conduction mode，BCM），且又可以按照开环控制和闭环控制进行区分。针对 Caputo 定义的分数阶 Buck、Boost、Buck-Boost DC-DC 变换器，采用时域逼近法、频域方法或拉普拉斯变换及其逆变换方法，建立在 CCM 和 DCM 下的数学模型，分析开环或闭环控制特性等。除了建模本身，对分数阶 DC-DC 变换器的研究还集中在动力学行为分析、混沌现象抑制上。例如，分数阶阶次改变对系统输出的影响，包括阶跃响应的超调量、调节时间、稳态时的纹波大小等[70-74]。对分数阶 Buck 变换器在 DCM 下的输出波形仿真，可以得到分数阶阶次不影响输出电压和电流的直流分量，但输出电压和电流的纹波及峰值会随阶次变化而变化等结论[75]。

最近的研究还将分数阶 DC-DC 变换器的研究对象从基本拓扑扩展到更复杂的 Flyback 变换器和 Cuk 变换器中[76,77]。

本书第 6 章将介绍 Buck、Boost、Buck-Boost 三种拓扑的分数阶 DC-DC 变换器的数学模型，以及由数学模型分析、数值计算、数值仿真和电路仿真得出的变换器运行特性[78,79]。

第 2 章　分数阶微积分的基础知识

本章简要介绍分数阶微积分运算的常用特殊函数及性质、分数阶微积分的几种定义，重点介绍本书研究涉及的 C-F 型和 A-B 型分数阶微积分定义及性质。

2.1　分数阶微积分中使用的特殊函数

分数阶微积分中常用的函数包括 Gamma 函数与 Mittag-Leffler 函数等。这些函数在分数阶微积分定义以及相关推导中具有重要作用。

1. Gamma 函数

Gamma 函数 $\Gamma(x)$ 的定义为

$$\Gamma(x)=\int_0^{+\infty}\mathrm{e}^{-t}t^{x-1}\mathrm{d}t \tag{2.1}$$

Gamma 函数的积分在复平面的右半平面上收敛，即 $\mathrm{Re}(x)>0$，其中 $\mathrm{Re}(x)$ 表示复数 x 的实部。

Gamma 函数有下面两个基本性质。

性质 2.1　$\Gamma(x+1)=x\Gamma(x)$。

性质 2.2　当 $n\in\mathbb{N}$ 时，$\Gamma(n+1)=n!$。

证明　性质 2.1 可以通过分部积分法进行证明，证明过程如下：

$$\Gamma(x+1)=\int_0^{+\infty}t^x\mathrm{e}^{-t}\mathrm{d}t=-\mathrm{e}^{-t}t^x\Big|_0^{+\infty}+x\int_0^{+\infty}\mathrm{e}^{-t}t^{x-1}\mathrm{d}t=x\Gamma(x) \tag{2.2}$$

考虑到 $\Gamma(1)=\displaystyle\int_0^{+\infty}\mathrm{e}^{-t}\mathrm{d}t=1$，由性质 2.1 可知，$\Gamma(n+1)=n\Gamma(n)=n!$，因此可以得出性质 2.2。 □

Gamma 函数还有其他几个重要性质。

性质 2.3　当 $x\to0^+$ 时，$\Gamma(x)\to+\infty$。

性质 2.4　$\Gamma(x)\Gamma(1-x)=\dfrac{\pi}{\sin(\pi x)}$。

性质 2.5　$\Gamma\left(n+\dfrac{1}{2}\right)=\dfrac{\sqrt{\pi}(2n)!}{2^{2n}n!},n\in\mathbb{N}$。

性质 2.6　$\Gamma(x)\Gamma\left(x+\dfrac{1}{2}\right)=2^{1-2x}\sqrt{\pi}\Gamma(2x)$；$\Gamma(x)\Gamma\left(x+\dfrac{1}{m}\right)\cdots\Gamma\left(x+\dfrac{m-1}{m}\right)=(2\pi)^{(m-1)/2}m^{1/2-mx}\Gamma(mx), m\in\mathbb{N}$。

该性质也称为 Gamma 函数的乘法定理。

2. Mittag-Leffler 函数

单参数 Mittag-Leffler 函数的定义为

$$\mathcal{E}_{\alpha}(x)=\sum_{\mu=0}^{\infty}\frac{x^{\mu}}{\Gamma(\mu\alpha+1)} \tag{2.3}$$

式中，α 为单参数 Mittag-Leffler 函数的单参数，$\alpha\in\mathbb{C}$，且无穷级数的收敛条件为 $\operatorname{Re}(\alpha)>0$。

当单参数 Mittag-Leffler 函数中的 $\alpha=1$ 时，有

$$\mathcal{E}_{1}(x)=\sum_{\mu=0}^{\infty}\frac{x^{\mu}}{\Gamma(\mu+1)}=\mathrm{e}^{x} \tag{2.4}$$

因此，指数函数 e^{x} 即单参数 Mittag-Leffler 函数的一个特例。Mittag-Leffler 函数 $\mathcal{E}_{\alpha}(x)$ 在线性分数阶微分方程解中所起的作用，相当于指数函数在线性整数阶微分方程解中所起的作用。

双参数（广义）的 Mittag-Leffler 函数定义为

$$\mathcal{E}_{\alpha,\beta}(x)=\sum_{\mu=0}^{\infty}\frac{x^{\mu}}{\Gamma(\mu\alpha+\beta)} \tag{2.5}$$

式中，$\alpha,\beta\in\mathbb{C}$，且无穷级数的收敛条件为 $\operatorname{Re}(\alpha)>0$，$\operatorname{Re}(\beta)>0$。

当 $\beta=1$ 时，双参数 Mittag-Leffler 函数退化为单参数 Mittag-Leffler 函数，即

$$\mathcal{E}_{\alpha,1}(x)=\sum_{\mu=0}^{\infty}\frac{x^{\mu}}{\Gamma(\mu\alpha+1)}=\mathcal{E}_{\alpha}(x) \tag{2.6}$$

因此，单参数 Mittag-Leffler 函数是双参数 Mittag-Leffler 函数的一个特例。下面总结双参数 Mittag-Leffler 函数的几种特殊情况。

（1）当 $\alpha=1$、$\beta=1$ 时，有

$$\mathcal{E}_{1,1}(x)=\mathrm{e}^{x} \tag{2.7}$$

（2）当 $\alpha=1$、$\beta=2$ 时，有

$$\mathcal{E}_{1,2}(x)=\sum_{\mu=0}^{\infty}\frac{x^{\mu}}{\Gamma(\mu+2)}=\frac{1}{x}\sum_{\mu=0}^{\infty}\frac{x^{\mu+1}}{(\mu+1)!}=\frac{\mathrm{e}^{x}-1}{x} \tag{2.8}$$

（3）当 $\alpha=1$、$\beta=m$ 时，有

$$\mathcal{E}_{1,m}(x)=\sum_{\mu=0}^{\infty}\frac{x^{\mu}}{\Gamma(\mu+m)}=\frac{1}{x^{m-1}}\left(\mathrm{e}^{x}-\sum_{\mu=0}^{m-2}\frac{x^{\mu}}{\mu!}\right) \tag{2.9}$$

（4）当 $\alpha=2$、$\beta=1$ 时，有

$$\mathcal{E}_{2,1}\left(x^{2}\right)=\sum_{\mu=0}^{\infty}\frac{x^{2\mu}}{\Gamma(2\mu+1)}=\sum_{\mu=0}^{\infty}\frac{x^{2\mu}}{(2\mu)!}=\cosh x \tag{2.10}$$

（5）当 $\alpha=2$、$\beta=2$ 时，有

$$\mathcal{E}_{2,2}\left(x^{2}\right)=\sum_{\mu=0}^{\infty}\frac{x^{2\mu}}{\Gamma(2\mu+2)}=\frac{1}{x}\sum_{\mu=0}^{\infty}\frac{x^{2\mu+1}}{(2\mu+1)!}=\frac{\sinh x}{x} \tag{2.11}$$

类似于线性整数阶微分方程，拉普拉斯变换同样是分析线性分数阶微分方程的有效工具。由 Mittag-Leffler 函数的拉普拉斯变换式可以求得很多分数阶微分方程的解析解，在分数阶系统分析中有很大的作用，其形式为

$$\mathcal{L}\left\{t^{\beta-1}\mathcal{E}_{\alpha,\beta}\left(\mu t^{\alpha}\right)\right\}=\frac{s^{\alpha-\beta}}{s^{\alpha}-\mu} \tag{2.12}$$

此外，Mittag-Leffler 函数的整数阶导数也是分数阶系统中可能遇到的函数。$\mathcal{E}_{\alpha,\beta}^{(k)}$ 为双参数 Mittag-Leffler 函数的 k 阶导数，可以表示为

$$\mathcal{E}_{\alpha,\beta}^{(k)}(x)=\sum_{\mu=0}^{\infty}\frac{(\mu+k)!x^{\mu}}{\mu!\Gamma\left(\alpha\mu+\alpha k+\beta\right)} \tag{2.13}$$

2.2 常用分数阶微积分定义

分数阶微积分理论是基于整数阶微积分理论发展而来的，常用的三种分数阶微积分算子定义如下所示。

1. Grünwald-Letnikov 分数阶微积分定义

Grünwald-Letnikov 分数阶微分的定义由整数阶微分的差分形式推广得到。

定义 2.1　对任意非负数 α，$n-1\leqslant\alpha<n$，$n\in\mathbb{N}^+$，则函数 $f(t)$ 的 α 阶 Grünwald-Letnikov 型导数为

$$
{}_{t_0}^{\mathrm{GL}}\mathcal{D}_t^{\alpha}f(t)=\lim_{h\to 0}\frac{1}{h^{\alpha}}\sum_{j=0}^{\left[\frac{t-t_0}{h}\right]}(-1)^j\begin{pmatrix}\alpha\\ j\end{pmatrix}f(t-jh) \tag{2.14}
$$

式中，${}_{t_0}^{\mathrm{GL}}\mathcal{D}_t^{\alpha}$ 为 Grünwald-Letnikov 型 α 阶微分算子，其左上标 GL 是 Grünwald-Letnikov 的缩写，右下标 t 表示函数 $f(t)$ 的自变量，左下标 t_0 为该变量的下边界。当 $t_0=0$ 时，可以省略记号 t_0；若自变量为 t 且没有其他变量，则 t 也可以省略掉；$\left[\dfrac{t-t_0}{h}\right]$ 为递推项数；$\begin{pmatrix}\alpha\\ j\end{pmatrix}=\dfrac{\alpha!}{j!(\alpha-j)!}$ 为递推函数的系数。

Grünwald-Letnikov 定义常用于数值计算，当 α 取正整数时，Grünwald-Letnikov 分数阶导数就变为传统的整数阶导数。Grünwald-Letnikov 型分数阶积分定义为

$$
{}_{t_0}^{\mathrm{GL}}\mathcal{D}_t^{-\alpha}f(t)=\lim_{h\to 0}h^{\alpha}\sum_{j=0}^{n}\frac{\Gamma(\alpha+j)}{j!\Gamma(\alpha)}f(t-jh) \tag{2.15}
$$

式中，${}_{t_0}^{\mathrm{GL}}\mathcal{D}_t^{-\alpha}$ 为 Grünwald-Letnikov 型 α 阶积分算子。

2. Riemann-Liouville 分数阶微积分定义

Riemann-Liouville 型分数阶积分形式是整数阶微积分中积分公式的推广，其形式为

$$
{}_{t_0}^{\mathrm{RL}}\mathcal{D}_t^{-\alpha}f(t)=\frac{1}{\Gamma(\alpha)}\int_{t_0}^{t}\frac{f(\tau)}{(t-\tau)^{1-\alpha}}\mathrm{d}\tau \tag{2.16}
$$

式中，${}_{t_0}^{\mathrm{RL}}\mathcal{D}_t^{-\alpha}$ 为 Riemann-Liouville 型 α 阶积分算子；$\Gamma(\cdot)$ 为 Gamma 函数。

基于积分定义，可以得到 Riemann-Liouville 型分数阶导数定义。

定义 2.2　对任意非负数 α，$n-1\leqslant\alpha<n$，$n\in\mathbb{N}^+$，则函数 $f(t)$ 的 α 阶 Riemann-Liouville 型导数为

$$
{}_{t_0}^{\mathrm{RL}}\mathcal{D}_t^{\alpha}f(t)=\frac{1}{\Gamma(n-\alpha)}\frac{\mathrm{d}^n}{\mathrm{d}t^n}\int_{t_0}^{t}\frac{f(\tau)}{(t-\tau)^{\alpha+1-n}}\mathrm{d}\tau \tag{2.17}
$$

其中，${}_{t_0}^{\mathrm{RL}}\mathcal{D}_t^{\alpha}$ 为 Riemann-Liouville 型 α 阶微分算子；$\Gamma(\cdot)$ 为 Gamma 函数。

对比式（2.16）Riemann-Liouville 型分数阶积分定义可以看出，Riemann-Liouville 型分数阶导数定义相当于先进行 $n-\alpha$ 阶分数阶积分运算，之后进行 n 阶的整数阶微分运算。需要注意的是，对于常数，Riemann-Liouville 型的 α 阶微分不为零。

3. Caputo 型分数阶微积分定义

由于前两种定义需要设定一个初始时间点，若使得分数阶微积分结果为零，则初始时间点为负无穷；对于暂态过程，这样的设置既无法解释物理意义，也可能导致方程不可解，因此分数阶微积分的 Caputo 定义被提出。Caputo 型分数阶积分定义为

$$ {}_{t_0}^{\mathrm{C}}\mathcal{D}_t^{-\alpha} f(t) = \frac{1}{\Gamma(\alpha)} \int_{t_0}^{t} \frac{f(\tau)}{(t-\tau)^{1-\alpha}} \mathrm{d}\tau \tag{2.18} $$

可以看出，Caputo 型分数阶积分运算的定义与 Riemann-Liouville 型相同，两者的区别在于分数阶微分的运算定义。

定义 2.3 对任意非负数 α，$n-1 \leqslant \alpha < n$，$n \in \mathbb{N}^+$，则函数 $f(t)$ 的 α 阶 Caputo 型导数为

$$ {}_{t_0}^{\mathrm{C}}\mathcal{D}_t^{\alpha} f(t) = \frac{1}{\Gamma(n-\alpha)} \int_{t_0}^{t} \frac{f^{(n)}(\tau)}{(t-\tau)^{\alpha+1-n}} \mathrm{d}\tau \tag{2.19} $$

与 Riemann-Liouville 型的导数运算不同，Caputo 型的导数定义先进行 n 阶的整数阶导数运算，之后进行 $n-\alpha$ 阶分数阶积分运算。对于常数，Caputo 型的 α 阶微分为零。由此可见，两种分数阶导数运算在求导的处理顺序上有所不同，而且对函数 $f(t)$ 的初始条件的要求不同。

此外，当阶次 α 为负数和正整数时，Riemann-Liouville 定义和 Caputo 定义是等价的。当阶次 α 为正实数，但不是正整数时，它们满足如下关系：

$$ {}_{t_0}^{\mathrm{RL}}\mathcal{D}_t^{\alpha} f(t) = {}_{t_0}^{\mathrm{C}}\mathcal{D}_t^{\alpha} f(t) + \sum_{k=0}^{n-1} \frac{f^{(k)}(t_0)(t-t_0)^{k-\alpha}}{\Gamma(k+1-\alpha)} \tag{2.20} $$

4. 常用分数阶微积分的性质

三种分数阶微积分定义的形式有所差别，但仍具有一些共同的基本性质。在本书中，当 $t_0=0$ 时，将分数阶导数运算符号统一简化为

$$ \mathcal{D}^{\alpha} f(t) = {}_0\mathcal{D}_t^{\alpha} f(t) \tag{2.21} $$

相应的 α 阶分数阶微分算子用符号 $\mathcal{D}^{\alpha}$ 表示。

定理 2.1 (线性性质) 分数阶微分算子满足线性运算，即对任意常数 λ、μ，存在：

$$ \mathcal{D}^{\alpha}\left(\lambda f(t) + \mu g(t)\right) = \lambda \mathcal{D}^{\alpha} f(t) + \mu \mathcal{D}^{\alpha} g(t) \tag{2.22} $$

定理 2.2 (叠加性质) 当 $q_1, q_2 \in \mathbb{R}^+$ 且 $q_1 + q_2 \leqslant 1$ 时，分数阶微分算子满足可交换性与叠加性，即

$$ \mathcal{D}^{q_1}\mathcal{D}^{q_2} f(t) = \mathcal{D}^{q_2}\mathcal{D}^{q_1} f(t) = \mathcal{D}^{q_1+q_2} f(t) \tag{2.23} $$

定理 2.3 当分数阶阶次 $\alpha = n$ 为整数时，分数阶微积分与整数阶微积分的结果相同，且当 $\alpha = 0$ 时，$\mathcal{D}^{\alpha} f(t) = f(t)$。

定理 2.4 分数阶微分满足缩放特性，即

$$\frac{\mathrm{d}^{\alpha} f(\beta x)}{\mathrm{d}x^{\alpha}} = \beta^{\alpha} \frac{\mathrm{d}^{\alpha} f(\beta x)}{\mathrm{d}(\beta x)^{\alpha}} \tag{2.24}$$

本书仅研究分数阶阶次 $0 < \alpha < 1$ 的情况，因此给出 $0 < \alpha < 1$ 时三种分数阶定义的拉普拉斯变换。

Grünwald-Letnikov 定义下分数阶微分的拉普拉斯变换为

$$\mathcal{L}\left\{ {}^{\mathrm{GL}}\mathcal{D}^{\alpha} f(t) \right\} = s^{\alpha} \mathcal{L}\{f(t)\} \tag{2.25}$$

Riemann-Liouville 定义下分数阶微分的拉普拉斯变换为

$$\mathcal{L}\left\{ {}^{\mathrm{RL}}\mathcal{D}^{\alpha} f(t) \right\} = s^{\alpha} \mathcal{L}\{f(t)\} - f^{(\alpha-1)}(0) \tag{2.26}$$

Caputo 定义下分数阶微分的拉普拉斯变换为

$$\mathcal{L}\left\{ {}^{\mathrm{C}}\mathcal{D}^{\alpha} f(t) \right\} = s^{\alpha} \mathcal{L}\{f(t)\} - s^{\alpha-1} f(0) \tag{2.27}$$

可以看出，Riemann-Liouville 定义下的微积分运算需要确定函数 $f(t)$ 在初值处的分数阶导数，而这在实际工程中难以获得；Caputo 定义下分数阶微积分运算只需确定函数 $f(t)$ 在初值处的整数阶导数，这使得 Caputo 定义在实际工程中应用更广泛，因此分数阶控制系统一般采用 Caputo 定义。

2.3 几种新的分数阶微积分定义

常用于系统建模的分数阶导数有 Riemann-Liouville 分数阶导数和 Caputo 型分数阶导数。但是，常数的 Riemann-Liouville 定义分数阶导数不为零，而且 Riemann-Liouville 定义和 Caputo 定义的分数阶导数中包含了奇异核，这使得其描述完整的记忆效应的能力不够准确。2014 年以来陆续提出的 Conformable 型分数阶微积分定义、C-F 型分数阶微积分定义和 A-B 型分数阶微积分定义在不同方面克服了上述问题。

1. Conformable 型分数阶微积分定义及性质

定义 2.4 令 $\alpha \in (0,1]$，则函数 $f(t):[t_0,\infty) \to \mathbb{R}$ 的 α 阶 Conformable 型分数阶导数为

$${}^{\mathrm{CM}}_{t_0}\mathcal{D}^{\alpha}_{t} f(t) = \lim_{\varepsilon \to 0} \frac{f\left(t + \varepsilon (t-t_0)^{1-\alpha}\right) - f(t)}{\varepsilon}, \quad \forall t > t_0 \tag{2.28}$$

式中，${}^{\mathrm{CM}}_{t_0}\mathcal{D}^{\alpha}_{t}$ 为 Conformable 型 α 阶微分算子，其左上标 CM 为 Conformable 的缩写。若式（2.28）等号右边的极限存在，则称 f 在 t 处是 α 阶可导的。

若 ${}^{\mathrm{CM}}_{t_0}\mathcal{D}^{\alpha}_{t}f(t)$ 对任意的 $t\in(t_0,\infty)$ 均存在，则 ${}^{\mathrm{CM}}_{t_0}\mathcal{D}^{\alpha}_{t}f(t_0)=\lim\limits_{t\to t_0^+}{}^{\mathrm{CM}}_{t_0}\mathcal{D}^{\alpha}_{t}f(t)$。

性质 2.7 令 $\alpha\in(0,1]$，且函数 $f(t)$、$g(t)$ 在 $t\in[0,\infty)$ 时是 α 阶可导的，则以下性质成立：

（1） ${}^{\mathrm{CM}}\mathcal{D}^{\alpha}\left(\lambda f(t)+\mu g(t)\right)=\lambda\,{}^{\mathrm{CM}}\mathcal{D}^{\alpha}f(t)+\mu\,{}^{\mathrm{CM}}\mathcal{D}^{\alpha}g(t),\forall\lambda,\mu\in\mathbb{R}$。

（2） ${}^{\mathrm{CM}}\mathcal{D}^{\alpha}(\lambda)=0$，$\lambda$ 为常数。

（3） ${}^{\mathrm{CM}}\mathcal{D}^{\alpha}\left(f(t)g(t)\right)=f(t)\,{}^{\mathrm{CM}}\mathcal{D}^{\alpha}g(t)+g(t)\,{}^{\mathrm{CM}}\mathcal{D}^{\alpha}f(t)$。

（4）当 f 可导时，${}^{\mathrm{CM}}\mathcal{D}^{\alpha}f(t)=t^{1-\alpha}\dot{f}(t)$。

即满足乘法法则、除法法则和链式法则。

定义 2.5 令 $\alpha\in(0,1]$，则函数 $f(t):[t_0,\infty)\to\mathbb{R}$ 的 α 阶 Conformable 型分数阶积分定义为

$$
{}^{\mathrm{CM}}_{t_0}\mathcal{D}^{-\alpha}_{t}f(t)=\int_{t_0}^{t}(x-a)^{\alpha-1}f(x)\mathrm{d}x \tag{2.29}
$$

式中的积分为 Riemann 积分。

2. C-F 型分数阶微积分定义及性质

C-F 定义下的分数阶微分是由 Caputo 定义下的导数变化而来的。当分数阶阶次 $0<\alpha<1$ 时，Caputo 定义下的分数阶导数形式可由式（2.19）简化为

$$
{}^{\mathrm{C}}_{t_0}\mathcal{D}^{\alpha}_{t}f(t)=\frac{1}{\Gamma(1-\alpha)}\int_{t_0}^{t}\frac{\dot{f}(\cdot)}{(t-\tau)^{\alpha}}\mathrm{d}\tau \tag{2.30}
$$

式中，$\dot{f}(\cdot)$ 为函数 $f(\cdot)$ 的一阶导数。

将奇异核 $(t-\tau)^{-\alpha}$ 替换为指数核 $\exp\left(-\dfrac{\alpha\,(t-\tau)}{1-\alpha}\right)$，并用系数 $\dfrac{M(\alpha)}{1-\alpha}$ 代替 $\dfrac{1}{\Gamma(1-\alpha)}$，可以得到 C-F 定义下的分数阶导数。

定义 2.6 对任意 $\alpha\in(0,1)$，函数 $f(t)$ 的 α 阶 C-F 型导数为

$$
{}^{\mathrm{CF}}_{t_0}\mathcal{D}^{\alpha}_{t}\,f\,(t)=\frac{M\,(\alpha)}{1-\alpha}\int_{t_0}^{t}\dot{f}\,(\tau)\exp\left(-\frac{\alpha\,(t-\tau)}{1-\alpha}\right)\mathrm{d}\tau \tag{2.31}
$$

式中，$M(\alpha)$ 为标准化函数，其性质为 $M(0)=M(1)=1$。Losada 和 Nieto 在对 C-F 型分数阶导数性质的研究中指出，$M(\alpha)$ 仅仅是一个与分数阶阶次有关的正则化常数[80]，因此可以认为其恒等于 1。

常数的 C-F 定义下的分数阶导数为零，与 Caputo 定义一致。C-F 型分数阶微分的指数核在 $t=\tau$ 处没有奇异性。另外，Caputo 定义下的分数阶阶次幂在

C-F 型分数阶导数下变成了整数幂，因此 C-F 定义相对于 Caputo 定义而言计算更加简单。需要注意的是，${}^{\mathrm{CF}}\mathcal{D}^{\alpha}\,{}^{\mathrm{CF}}\mathcal{D}^{\beta} f(t) \neq {}^{\mathrm{CF}}\mathcal{D}^{\alpha+\beta} f(t)$。

当 $0<\alpha<1$ 时，C-F 定义下分数阶微分的拉普拉斯变换为

$$\mathcal{L}\left\{{}^{\mathrm{CF}}\mathcal{D}^{\alpha} f(t)\right\} = \frac{s\mathcal{L}\{f(t)\} - f(0)}{s+\alpha(1-s)} \tag{2.32}$$

性质 2.8　当 $\alpha \in (0,1)$ 时，C-F 型分数阶导数具有如下性质：

(1) 若函数 $f(t)$ 满足 $f^{(s)}(t_0)=0, s=1,2,\cdots,n$，则 C-F 型分数阶微分算子满足可交换性，即

$$ {}^{\mathrm{CF}}\mathcal{D}^{n}\left({}^{\mathrm{CF}}\mathcal{D}^{\alpha} f(t)\right) = {}^{\mathrm{CF}}\mathcal{D}^{\alpha}\left({}^{\mathrm{CF}}\mathcal{D}^{n} f(t)\right) \tag{2.33}$$

(2) 若 $n \geqslant 1$，则 $n+\alpha$ 阶 C-F 型导数的形式为

$$ {}^{\mathrm{CF}}\mathcal{D}^{\alpha+n} f(t) = {}^{\mathrm{CF}}\mathcal{D}^{\alpha}\left({}^{\mathrm{CF}}\mathcal{D}^{n} f(t)\right) \tag{2.34}$$

定义 2.7　对任意 $\alpha \in (0,1)$，函数 $f(t)$ 的 α 阶 C-F 型分数阶积分形式为

$$ {}^{\mathrm{CF}}_{t_0}\mathcal{D}_t^{-\alpha} f(t) = (1-\alpha) f(t) + \int_{t_0}^{t} f(\tau)\,\mathrm{d}\tau \tag{2.35}$$

3. A-B 型分数阶微积分定义及性质

A-B 定义的分数阶导数，是将 C-F 定义中的指数核函数替换为非局部的核函数，即 Mittag-Leffler 函数。

定义 2.8　对任意非负数 $\alpha \in (0,1)$，则函数 $f(t)$ 的 α 阶 A-B 型导数为

$$ {}^{\mathrm{AB}}_{t_0}\mathcal{D}_t^{\alpha} f(t) = \frac{B(\alpha)}{1-\alpha}\int_{t_0}^{t} \dot{f}(\tau)\,\mathcal{E}_{\alpha}\left[-\frac{\alpha(t-\tau)^{\alpha}}{1-\alpha}\right]\mathrm{d}\tau \tag{2.36}$$

式中，$B(\alpha)$ 为标准化函数，其性质与 $M(\alpha)$ 函数一致。

常数的 A-B 型分数阶导数同样是零，其 Mittag-Leffler 核在 $t=\tau$ 处同样没有奇异性。

当 $0<\alpha<1$ 时，A-B 定义下分数阶微分的拉普拉斯变换为

$$\mathcal{L}\left\{{}^{\mathrm{AB}}\mathcal{D}^{\alpha} f(t)\right\} = \frac{1}{1-\alpha}\frac{s^{\alpha}\mathcal{L}\{f(t)\} - s^{\alpha-1}f(0)}{s^{\alpha}+\dfrac{\alpha}{1-\alpha}} \tag{2.37}$$

同时，A-B 型分数阶导数具有如下性质。

性质 2.9　若函数 $f(t)$ 满足 $f^{(s)}(t_0)=0, s=1,2,\cdots,n$，则 A-B 型分数阶微分算子满足可交换性，即

$$ {}^{\mathrm{AB}}\mathcal{D}^{n}\left({}^{\mathrm{AB}}\mathcal{D}^{\alpha} f(t)\right) = {}^{\mathrm{AB}}\mathcal{D}^{\alpha}\left({}^{\mathrm{AB}}\mathcal{D}^{n} f(t)\right) \tag{2.38}$$

定义 2.9 对任意 $\alpha \in (0,1)$，函数 $f(t)$ 的 α 阶 A-B 型分数阶积分为

$$ {}_{t_0}^{\mathrm{AB}}\mathcal{D}_t^{-\alpha} f(t) = \frac{1-\alpha}{B(\alpha)} f(t) + \frac{\alpha}{B(\alpha)\Gamma(\alpha)} \int_{t_0}^{t} f(\tau)(t-\tau)^{\alpha-1} \mathrm{d}\tau \tag{2.39} $$

式中，$B(\alpha)$ 为标准化函数，其性质与 $M(\alpha)$ 函数一致。

由定义式（2.39）可以注意到，当 $\alpha = 0$ 时，A-B 型分数阶积分即原函数 $f(t)$；当 $\alpha = 1$ 时，A-B 型分数阶积分的结果与整数阶积分的结果一致。

第 3 章　分数阶阻抗的电路拓扑实现

本章介绍 Caputo 型、C-F 型和 A-B 型分数阶定义的阻抗模型，介绍三种定义的分数阶电容和分数阶电感的逼近电路拓扑实现方法；给出特定阶次的分数阶电容 Oustaloup 算法逼近电路拓扑结构，特定阶次的分数阶电感网格型逼近电路拓扑结构；对分数阶阻抗的拓扑实现电路模型进行幅频和相频特性的数值仿真和电路仿真实验分析，得出分数阶阻抗拓扑实现准确性的结论；通过理论分析和分数阶电路的暂态电路实验，得到分数阶电容电压突变暂态和电感电流突变暂态等区别于整数阶电容和电感暂态特性的结论。

3.1　阻抗的基本概念

为了介绍分数阶电容和电感的电路拓扑实现，本节回顾整数阶电路中阻抗的相关概念。

一个不含独立电源的线性二端电路网络的入端阻抗 Z（图 3.1）定义为该电路二端间的电压相量 $\dot{U}=U\angle\varphi_u$ 与流入此电路的电流相量 $\dot{I}=I\angle\varphi_i$ 之比，即

$$Z=\frac{\dot{U}}{\dot{I}}=|Z|\,\mathrm{e}^{\mathrm{j}\varphi}=|Z|\angle\varphi \tag{3.1}$$

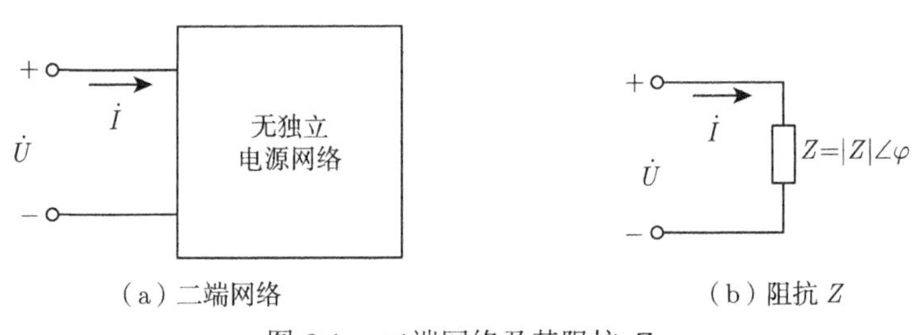

（a）二端网络　　（b）阻抗 Z

图 3.1　二端网络及其阻抗 Z

阻抗的模 $|Z|$ 等于电压有效值和电流有效值之比；阻抗的幅角称为阻抗角 φ，它等于电压的相位和电流的相位之差。阻抗是一个复数。

阻抗的代数表达形式为

$$Z=R+\mathrm{j}X \tag{3.2}$$

式中，实部 R 是该电路的电阻；虚部 X 是该电路的电抗。

根据欧拉公式，阻抗还可以表示为

$$Z = |Z|(\cos\varphi + \mathrm{j}\sin\varphi) \tag{3.3}$$

式（3.1）、式（3.2）和式（3.3）中阻抗的模、阻抗角与电阻、电抗间的关系为

$$\begin{cases} R = |Z|\cos\varphi \\ X = |Z|\sin\varphi \\ Z = \sqrt{R^2 + X^2} \\ \varphi = \arctan\dfrac{X}{R} \end{cases} \tag{3.4}$$

一个不含独立电源的线性单端口电路网络的导纳定义为流入该电路的电流相量 $\dot{I}$ 与该电路的端电压相量 $\dot{U}$ 之比。导纳是阻抗的倒数，导纳也是一个复数。导纳和阻抗是对偶关系。

在电路分析中，常采用拉普拉斯变换法分析电路。对电路的时域模型求拉普拉斯变换，可以得到复频域或 s 域的数学模型。对无源单端口电路网络的时域模型进行初值为零的拉普拉斯变换，可以得到复频域或 s 域的阻抗 $Z(s)$。在 s 域阻抗表达式中，令 $s = \mathrm{j}\omega$ 可以得到阻抗的复数表达式。

对于整数阶电容和电感，其两端的电压和流过元器件的电流之间的关系式为

$$i_C(t) = C\mathcal{D}u_C(t) \tag{3.5}$$

$$u_L(t) = L\mathcal{D}i_L(t) \tag{3.6}$$

式中，$\mathcal{D}$ 为整数阶微分算子；C 和 L 分别为整数阶电容的容值和整数阶电感的感量。对式 (3.5) 和式 (3.6) 求初值为零的拉普拉斯变换，可得

$$U_C(s) = \frac{1}{sC}I_C(s) \tag{3.7}$$

$$U_L(s) = sLI_L(s) \tag{3.8}$$

式中，$\dfrac{1}{sC}$ 为电容的 s 域阻抗，又称运算阻抗；sL 为电感的 s 域阻抗，又称运算阻抗。令 $s = \mathrm{j}\omega$ ，可得到电容阻抗 Z_C 和电感阻抗 Z_L 的复数表达式为

$$Z_C = \frac{1}{\mathrm{j}\omega C} = -\mathrm{j}\frac{1}{\omega C} \tag{3.9}$$

$$Z_L = \mathrm{j}\omega L \tag{3.10}$$

电容的导纳 Y_C 和电感的导纳 Y_L 分别为

$$Y_C = \frac{1}{Z_C} = \mathrm{j}\omega C \tag{3.11}$$

$$Y_L = \frac{1}{Z_L} = -\mathrm{j}\frac{1}{\omega L} \tag{3.12}$$

将整数阶阻抗和导纳的概念延伸，即可得到分数阶阻抗和分数阶导纳的概念。分数阶元器件的阻抗称为分数阶阻抗，也可简称为分抗（fractance）。对于分数阶电路或分数阶元件，求其两端电压和流过电流时域关系式的拉普拉斯变换，可以得到 s 域阻抗和导纳，再令 $s=\mathrm{j}\omega$ 即可得到阻抗和导纳。由于分数阶定义有许多种，每一种定义对应的拉普拉斯变换式是不一样的，因此即使是同一个分数阶元件，用不同的分数阶定义来描述，阻抗和导纳的表达式也会不一样。后面章节将分析 Caputo 型分数阶定义、C-F 型分数阶定义和 A-B 型分数阶定义的分数阶电容和分数阶电感的阻抗模型，并根据阻抗模型，通过 Oustaloup 算法近似原理和网格型逼近原理，介绍实现分数阶电容和电感的电路拓扑实现方法。

3.2 分数阶电容的电路拓扑实现

分数阶电容的电流和电压关系式可以表示为

$$i_C(t) = C_\alpha \mathcal{D}^\alpha u_C(t) \tag{3.13}$$

式中，α 为分数阶电容的阶次；$\mathcal{D}^\alpha$ 是阶次为 α 的分数阶微分算子；C_α 为分数阶电容的容值。

3.2.1 Caputo 型分数阶电容的电路拓扑实现

对式（3.13）进行 Caputo 定义下的拉普拉斯变换，可以得到基于 Caputo 定义的分数阶电容的 s 域阻抗，即

$${}^{\mathrm{C}}Z_{C_\alpha}(s) = \frac{U_{C_\alpha}(s)}{I_{C_\alpha}(s)} = \frac{1}{s^\alpha C_\alpha} \tag{3.14}$$

令 $s=\mathrm{j}\omega$，可以得到 Caputo 型分数阶电容的分抗，即

$$\begin{aligned}{}^{\mathrm{C}}Z_{C_\alpha} &= \frac{1}{(\mathrm{j}\omega)^\alpha C_\alpha} \\ &= \frac{1}{\omega^\alpha C_\alpha}\mathrm{e}^{\frac{-\alpha\pi}{2}\mathrm{j}} = \frac{1}{\omega^\alpha C_\alpha}\left(\cos\frac{\alpha\pi}{2} - \mathrm{j}\sin\frac{\alpha\pi}{2}\right)\end{aligned} \tag{3.15}$$

式中，${}^{\mathrm{C}}Z_{C_\alpha}$ 为 Caputo 型分数阶电容的分抗，其阶次为 α。

分数阶电容的电路拓扑实现方法有许多种，Oustaloup 算法因其在频率响应的幅频特性及相频特性方面均具有较好的近似性而比较实用。本节采用分数阶微积分算子 Oustaloup 算法近似原理来实现 Caputo 型分数阶电容的拓扑。

1. Oustaloup 算法近似原理[35,36]

法国教授 Oustaloup 等基于用一组折线去逼近 Caputo 型分数阶微积分的直线特性的想法提出了 Oustaloup 有理逼近法，现在已经广泛用于分数阶系统及控制器中。

Oustaloup 算法是非整数阶鲁棒控制理论的经典方法，该方法在复频域下利用分段拟合技术对 Caputo 型分数阶算子进行有理化近似。Caputo 型分数阶算子 s^γ 的幅频特性为 (20γ)dB/dec，相频特性为 $(90\gamma)^\circ$，因此对于阶次 γ 满足 $-1<\gamma<1$ 的分数阶算子，可以用一系列带有一个零点和极点的一阶滤波器串联形式近似分数阶算子的幅频特性。

Oustaloup 算法的逼近原理是：在频域上利用 N 个窄带整数阶微积分滤波器级联实现宽带的 Caputo 型分数阶算子的逼近。具体的方法是，选择一个给定的频域段 $(\omega_{\mathrm{b}},\omega_{\mathrm{h}})$，将其 N 等分，并且在每一个小区间上利用一个带有一个极点和零点的一阶滤波器在幅频域内近似一个 Caputo 型分数阶算子 s^γ。

Oustaloup 算法实现分数阶算子 s^γ 的具体公式为

$$s^\gamma \approx K\prod_{k=1}^{N}\frac{s+\omega_k'}{s+\omega_k} \tag{3.16}$$

式中，整数阶滤波器的零点为 $-\omega_k'$；整数阶滤波器的极点为 $-\omega_k$；K 为增益。

若 $k=1,2,\cdots,N$，则零点、极点和增益可以计算如下：

$$\begin{cases} \omega_k'=\omega_{\mathrm{b}}{\omega_{\mathrm{u}}}^{(2k-1-\gamma)/N} \\ \omega_k=\omega_{\mathrm{b}}{\omega_{\mathrm{u}}}^{(2k-1+\gamma)/N} \\ K=\omega_{\mathrm{h}}^{\gamma} \end{cases} \tag{3.17}$$

式中，$\omega_{\mathrm{u}}=\sqrt{\dfrac{\omega_{\mathrm{h}}}{\omega_{\mathrm{b}}}}$。当 $N=3$、$0<\gamma<1$ 时，Oustaloup 算法的示意图如图 3.2 所示。从图 3.2 中可以看出，这个近似曲线就像是围绕 (20γ)dB/dec 的一条折线。如果参数选择合适，那么近似的幅频特性曲线可以很好地逼近一条斜线，即分数阶算子 s^γ 的幅频特性曲线。

由式 (3.17) 中参数的表达式可以看出，Oustaloup 算法可在使用者选择的感兴趣频率段 $(\omega_{\mathrm{b}},\omega_{\mathrm{h}})$ 内，近似实现所需阶次的 Caputo 型分数阶算子，阶次范围为

$-1<\gamma<1$。同时，窄带整数阶微积分滤波器的个数 N 直接决定 Oustaloup 分抗逼近函数式的多项式复杂度，也决定了分数阶阻抗幅频和相频的逼近特性。零极点个数增加，Oustaloup 有理逼近分抗的特性曲线波动幅度减小，更趋于稳定并接近要逼近的 Caputo 型分抗的理想特性。同时零极点个数的增加也会增加电路拓扑的复杂程度，需要更多的整数阶元器件。

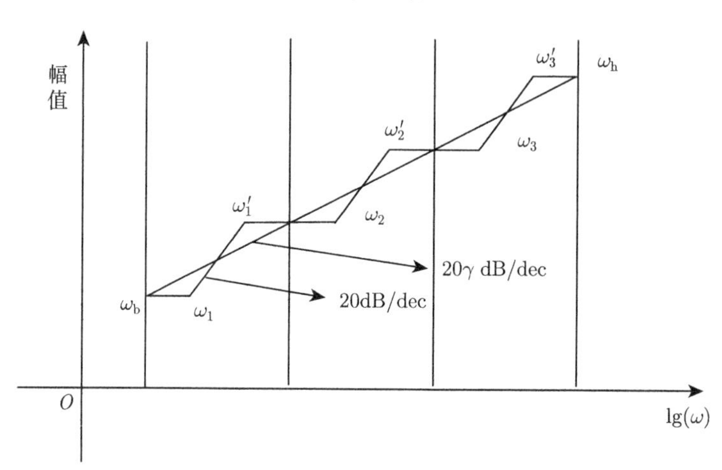

图 3.2　当 $N=3$、$0<\gamma<1$ 时 Caputo 型分数阶算子 s^γ 的 Oustaloup 有理实现

2. Oustaloup 算法电路设计

以实现电容容值为 1000μF、分数阶阶次 $\alpha=0.5$ 的 Caputo 型分数阶电容拓扑为例，不失一般性，选取频带范围为 $(10^{-3},10^4)$rad/s，逼近级数 $N=10$，近似分抗的阶次为 -0.5，利用 MATLAB 软件 FOTF 工具箱中的 ousta_fod 函数①，可以计算得到 $s^{-0.5}$ 的近似传递函数，如式（3.18）所示。

$$
\begin{aligned}
s^{-0.5}\approx & \frac{0.01\,(s+6682)\,(s+1335)\,(s+265.8)\,(s+53.12)}{(s+2986)\,(s+595.7)\,(s+118.8)\,(s+23.71)}\\
&\cdot\frac{(s+10.59)\,(s+2.114)\,(s+0.4219)}{(s+4.733)\,(s+0.9441)\,(s+0.1883)}\\
&\cdot\frac{(s+0.0841)\,(s+0.01679)\,(s+0.00335)}{(s+0.03759)\,(s+0.007502)\,(s+0.001496)}
\end{aligned}
\tag{3.18}
$$

由于零极点形式无法直接推出电路的拓扑结构，故利用 MATLAB 中的转换函数 residue②，进一步将式（3.18）转换成部分分式为

① ousta_fod 函数的作用是设计 Oustaloup 滤波器，它的调用格式为 $G=\mathrm{ousta\_fod}(\gamma,N,\omega_\mathrm{b},\omega_\mathrm{h})$，其中 γ 为分数阶微积分算子的阶次，N 为滤波器的阶次，ω_b 与 ω_h 为用户所需要频率段的下限与上限。

② residue 函数用于将传递函数转换为部分分式展开式，其调用格式为 $[r,p,k]$=residue(b,a)，其中 b 和 a 分别为多项式分子和分母的系数矩阵，r、p 和 k 分别为部分分式的留数、极点和单独项。

$$
\begin{aligned}
s^{-0.5} \approx & \frac{23.9}{s+2985.9}+\frac{12.2}{s+595.7}+\frac{5.55}{s+118.8}+\frac{2.5}{s+23.7} \\
& +\frac{1.12}{s+4.7}+\frac{0.5}{s+0.94}+\frac{0.22}{s+0.2}+\frac{0.1}{s+0.0376} \\
& +\frac{0.047}{s+0.0075}+\frac{0.03}{s+0.0015}+0.01
\end{aligned} \tag{3.19}
$$

式（3.19）中，各个部分分式的形式为近似拓扑电路中电容电阻并联后的阻抗值，常数项为电阻值，部分分式的系数为 $1/C$，部分分式的极点为 $1/(RC)$。式（3.19）表征分抗容值为 1F、阶次为 0.5 的 Caputo 型分数阶电容，其分抗形式即 $1/(s^{0.5})$。

若要实现电容值为 1000μF，即 0.001F，则分数阶阶次 $\alpha=0.5$ 的 Caputo 型分数阶电容，其分抗形式为 $1/(0.001s^{0.5})$，也就是 $1000s^{-0.5}$。在式（3.19）两侧乘以 1000，可获取分数阶算子为 $1000s^{-0.5}$ 的 Caputo 型分数阶电容的电路逼近拓扑表达式，即

$$
\begin{aligned}
1000s^{-0.5} \approx & \frac{23900}{s+2985.9}+\frac{12200}{s+595.7}+\frac{5550}{s+118.8}+\frac{2500}{s+23.7} \\
& +\frac{1120}{s+4.7}+\frac{500}{s+0.94}+\frac{220}{s+0.2}+\frac{100}{s+0.0376} \\
& +\frac{47}{s+0.0075}+\frac{30}{s+0.0015}+10
\end{aligned} \tag{3.20}
$$

根据式（3.20）即可得到容值为 1000μF、阶次为 0.5 的 Caputo 型分数阶电容的逼近电路拓扑，如图 3.3 所示。

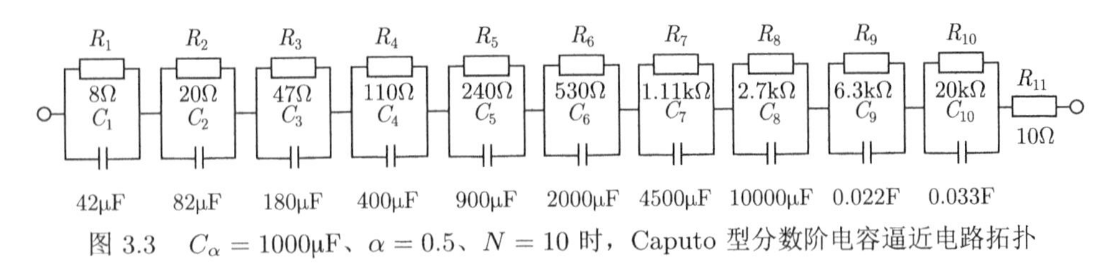

图 3.3 $C_\alpha=1000\mu\text{F}$、$\alpha=0.5$、$N=10$ 时，Caputo 型分数阶电容逼近电路拓扑

若要实现电容值为 1000μF、分数阶阶次 $\alpha=0.25$ 的 Caputo 型分数阶电容，选取频带范围为 $(10^{-3},10^{4})$rad/s，逼近级数 $N=5$，近似分抗的阶次为 -0.25，利用 MATLAB 中 FOTF 工具箱中的 ousta_fod 函数，在 MATLAB 中计算得到 $s^{-0.25}$ 的近似传递函数，如式（3.21）所示。

$$
s^{-0.25} \approx \frac{0.1\,(s+2985)\,(s+118.9)\,(s+4.731)\,(s+0.1884)\,(s+0.007499)}{(s+1334)\,(s+53.08)\,(s+2.114)\,(s+0.08411)\,(s+0.00335)} \tag{3.21}
$$

利用 MATLAB 中的转换函数 residue，进一步将式（3.21）转换成部分分式为

$$
\begin{aligned}
s^{-0.25} \approx & \frac{156.3}{s+1333.7}+\frac{14.26}{s+53.1}+\frac{1.27}{s+2.1} \\
& +\frac{0.114}{s+0.084}+\frac{0.01}{s+0.00335}+0.1
\end{aligned} \tag{3.22}
$$

式（3.22）表征分抗容值为 1F、$\alpha=0.25$，级数 $N=5$ 的 Caputo 型分数阶电容。对于电容值为 1000μF、分数阶阶次 $\alpha=0.25$ 的 Caputo 型分数阶电容，其阻抗的分数阶算子即 $1000s^{-0.25}$。在式（3.22）两侧乘以 1000，可获取分数阶算子为 $1000s^{-0.25}$ 的 Caputo 型分数阶电容的电路逼近拓扑表达式，即

$$
\begin{aligned}
1000s^{-0.25} \approx & \frac{156300}{s+1333.7}+\frac{14260}{s+53.1}+\frac{1270}{s+2.1} \\
& +\frac{114}{s+0.084}+\frac{10}{s+0.00335}+100
\end{aligned} \tag{3.23}
$$

根据式（3.23）可以得到其电路拓扑实现，如图 3.4所示。

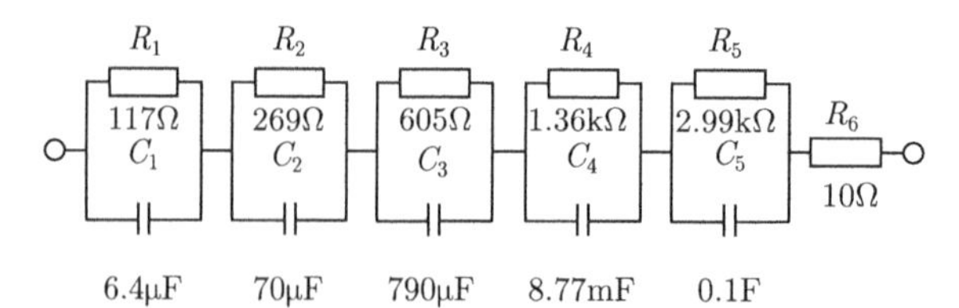

图 3.4　$C_\alpha=1000$μF、$\alpha=0.25$、$N=5$ 时，Caputo 型分数阶电容逼近电路拓扑

Oustaloup 算法中的级数选择不改变所选频率的范围，但是会影响逼近带宽内相频曲线的逼近效果，级数越小，伯德（Bode）图中在逼近带宽内的相频曲线波动越大。

3.2.2　C-F 型分数阶电容的电路拓扑实现

针对 C-F 型分数阶电容，对式（3.13）进行 C-F 定义下的拉普拉斯变换，可以得到基于 C-F 定义的分数阶电容的 s 域阻抗为

$$
{}^{\mathrm{CF}}Z_{C_\alpha}(s)=\frac{U_{C_\alpha}(s)}{I_{C_\alpha}(s)}=\frac{s+\alpha(1-s)}{sC_\alpha}=\frac{1-\alpha}{C_\alpha}+\frac{\alpha}{sC_\alpha} \tag{3.24}
$$

令 $s=\mathrm{j}\omega$，可以得到基于 C-F 定义的分数阶电容的阻抗为

$$
{}^{\mathrm{CF}}Z_{C_\alpha}=\frac{1-\alpha}{C_\alpha}-\mathrm{j}\frac{1}{\omega\dfrac{C_\alpha}{\alpha}} \tag{3.25}
$$

式中，${}^{\mathrm{CF}}Z_{C_\alpha}$ 为 C-F 型分数阶电容的分抗，其阶次为 α。

将整数阶电阻的阻抗形式、整数阶电容的阻抗形式与式（3.25）中 C-F 型分数阶电容阻抗进行比较，可以观察到 C-F 型分数阶电容的阻抗组成形式为：阶次为 α、电容值为 C_α 的 C-F 型分数阶电容由一个阻值为 $(1-\alpha)/C_\alpha$ 的电阻和一个电容值为 C_α/α 的整数阶电容串联而成。

以分数阶电容值为 1000μF、分数阶阶次 $\alpha=0.5$ 为例，其 C-F 型分数阶电容的电路拓扑实现是由一个阻值 500Ω 的电阻和一个容值为 2000μF 的整数阶电容串联而成，其电路拓扑如图 3.5（a）所示。当阶次为 0.25 时，电路拓扑如图 3.5（b）所示。

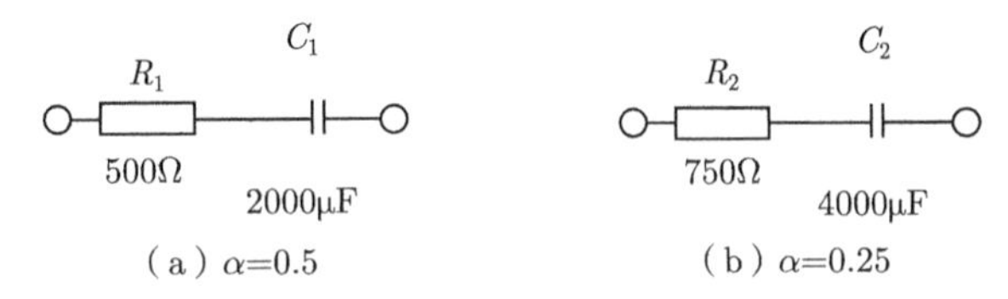

（a）α=0.5　　（b）α=0.25

图 3.5 $C_\alpha=1000$μF 的 C-F 型分数阶电容等效电路拓扑

3.2.3 A-B 型分数阶电容的电路拓扑实现

要得到 A-B 型分数阶电容的阻抗模型，对式（3.13）进行 A-B 定义下的拉普拉斯变换，则基于 A-B 定义的分数阶电容的 s 域阻抗为

$$
{}^{\mathrm{AB}}Z_{C_\alpha}(s)=\frac{(1-\alpha)s^\alpha+\alpha}{s^\alpha C_\alpha}=\frac{1-\alpha}{C_\alpha}+\frac{\alpha}{s^\alpha C_\alpha} \tag{3.26}
$$

令 $s=\mathrm{j}\omega$，可以得到基于 A-B 定义的分数阶电容的阻抗为

$$
\begin{aligned}
{}^{\mathrm{AB}}Z_{C_\alpha}&=\frac{1-\alpha}{C_\alpha}+\frac{1}{(\mathrm{j}\omega)^\alpha\dfrac{C_\alpha}{\alpha}}\\
&=\frac{1-\alpha}{C_\alpha}+\frac{1}{\omega^\alpha\dfrac{C_\alpha}{\alpha}}\mathrm{e}^{-\mathrm{j}\frac{\alpha\pi}{2}}\\
&=\frac{1-\alpha}{C_\alpha}+\frac{1}{\omega^\alpha\dfrac{C_\alpha}{\alpha}}\left(\cos\frac{\alpha\pi}{2}-\mathrm{j}\sin\frac{\alpha\pi}{2}\right)
\end{aligned} \tag{3.27}
$$

式中，${}^{\mathrm{AB}}Z_{C_\alpha}$ 为 A-B 型分数阶电容的分抗，其阶次为 α。

将整数阶电阻的阻抗形式以及 Caputo 型分数阶电容的阻抗形式与式（3.27）的 A-B 型分数阶电容的阻抗进行比较，可以得出 A-B 型分数阶电容的阻抗组成形式为：阶次为 α、容值为 C_α 的 A-B 型分数阶电容，由一个阻值为 $(1-\alpha)/C_\alpha$ 的电阻和一个容值为 C_α/α、阶次为 α 的 Caputo 型分数阶电容串联而成。不同于 C-F 型分数阶电容阻抗形式，A-B 型分数阶电容虽然也引入了随阶次变化的整数阶电阻部分，但同时保留了 Caputo 定义下分数阶元件的性质。

综合上面分析可以给出 A-B 型分数阶电容的逼近电路拓扑实现。例如，容值为 1000μF、阶次 $\alpha = 0.5$ 的 A-B 型分数阶电容，是由一个阻值 500Ω 与一个容值为 2000μF、阶次为 $\alpha = 0.5$ 的 Caputo 型分数阶电容串联组成。该 A-B 型分数阶电容的电路拓扑实现如图 3.6所示。其中的 Caputo 型分数阶电容拓扑实现采用逼近级数为 $N = 10$ 的 Oustaloup 算法实现。而容值为 1000μF，阶次 $\alpha = 0.25$ 的 A-B 型分数阶电容，是由一个阻值 750Ω 的电阻和一个容值为 4000μF、阶次为 $\alpha = 0.25$ 的 Caputo 型分数阶电容串联组成的。该 A-B 型分数阶电容的电路拓扑实现如图 3.7 所示。其中的 Caputo 型分数阶电容拓扑实现采用逼近级数为 $N = 5$ 的 Oustaloup 算法实现。

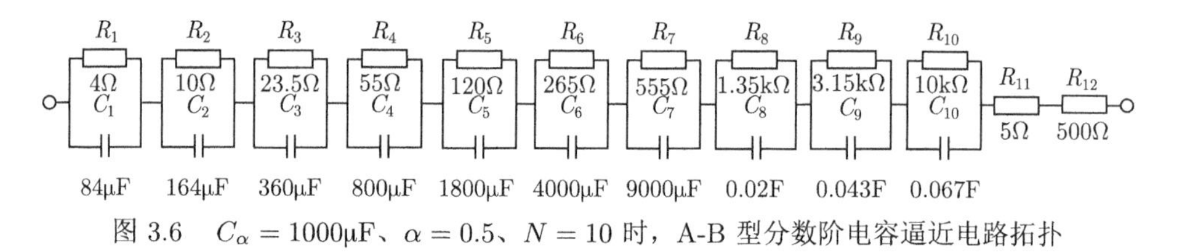

图 3.6　$C_\alpha = 1000\mu F$、$\alpha = 0.5$、$N = 10$ 时，A-B 型分数阶电容逼近电路拓扑

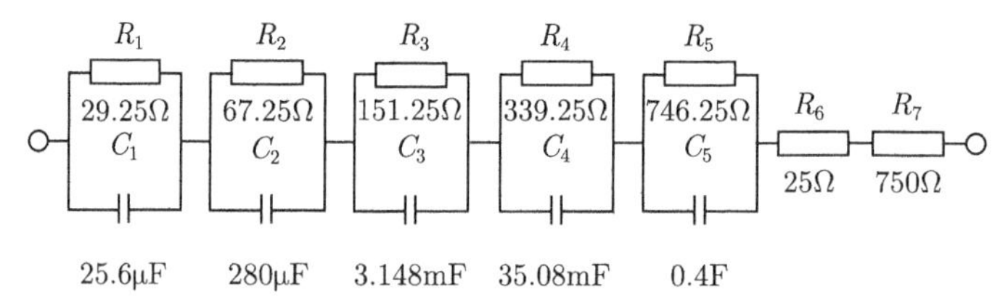

图 3.7　$C_\alpha = 1000\mu F$、$\alpha = 0.25$、$N = 5$ 时，A-B 型分数阶电容逼近电路拓扑

3.2.4　分数阶电容的频域分析

本节通过频率特性，分析 C-F 型和 A-B 型分数阶电容逼近电路拓扑实现性能。由于 A-B 型分数阶电容逼近电路的拓扑实现中含有 Caputo 型分数阶电容的电路拓扑实现，这里不再单独分析 Caputo 型分数阶电容的电路拓扑实现性能。

通过数值仿真实验与电路仿真实验可分别得到分数阶电容伯德图，之后从频域的角度分析所提出的 C-F 定义及 A-B 定义下分数阶电容的电路拓扑实现的准确性。数值仿真实验是根据分数阶电容的 s 域阻抗，在 MATLAB 中绘制出分数阶电容在理想情况下的伯德图。电路仿真实验在 Multisim① 电路仿真软件中搭建所提出的分数阶电容的电路拓扑，利用波特测试仪获得分数阶电容的伯德图。

选取电容容值为 1000μF、阶次为 $\alpha = 0.25$ 及 $\alpha = 0.5$ 的分数阶电容进行仿真对比验证。分别将分数阶阶次及电容的容值参数代入式（3.24）及式（3.26）中，

① Multisim 是 SPICE 仿真和电路设计软件，可即时可视化和分析电子电路的行为。

可以得到 C-F 定义及 A-B 定义下分数阶电容的 s 域阻抗表达式，通过 MATLAB 绘制出伯德图，分别如图 3.8 和图 3.9 所示。

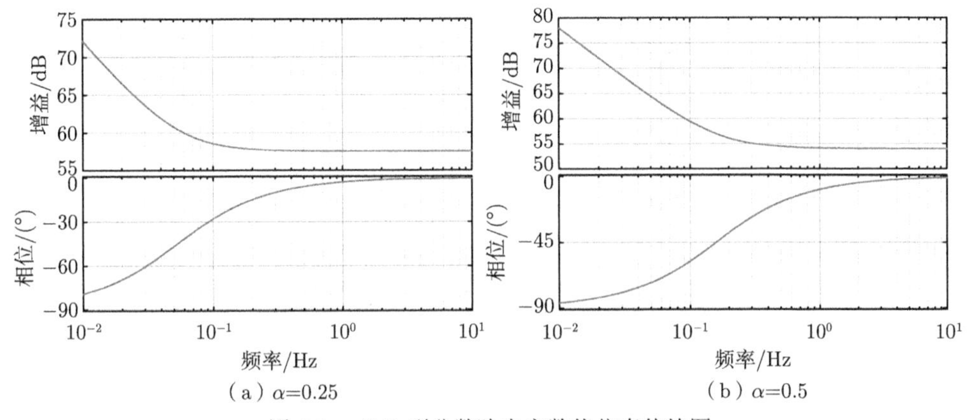

(a) α=0.25　　(b) α=0.5

图 3.8　C-F 型分数阶电容数值仿真伯德图

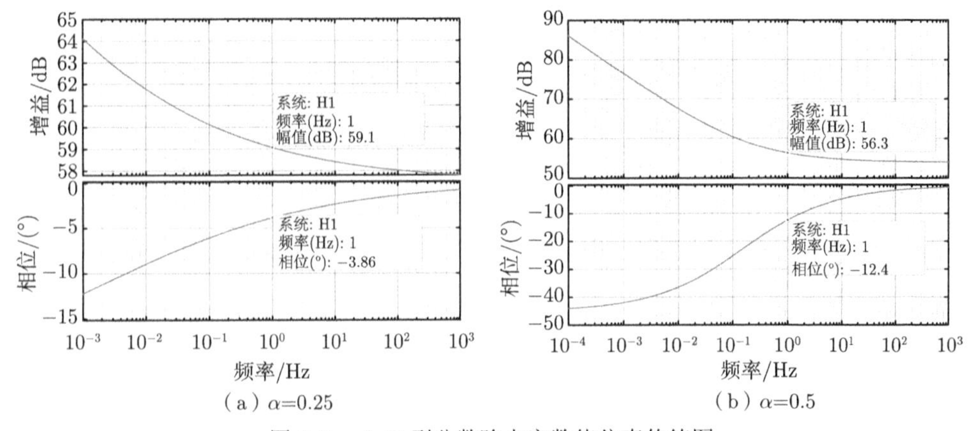

(a) α=0.25　　(b) α=0.5

图 3.9　A-B 型分数阶电容数值仿真伯德图

在 Multisim 软件中，根据 3.2 节所提出的电路拓扑实现方法，搭建与数值仿真参数一致的 C-F 定义及 A-B 定义下分数阶电容的电路拓扑，即图 3.5、图 3.6 和图 3.7 电路。利用波特测试仪测得 C-F 型和 A-B 型分数阶定义下分数阶电容的伯德图，分别如图 3.10 和图 3.11 所示。比较图 3.8 和图 3.10 的 C-F 型分数阶电容的数值仿真及电路仿真的伯德图，两者的幅频和相频特性曲线完全一致，说明 C-F 型分数阶电容电路拓扑的准确性。

图 3.6 和图 3.7 所示的 A-B 型分数阶电容逼近电路拓扑是采用 Oustaloup 算法设计实现的，选取的设计频率范围是 $(10^{-3}, 10^{4})$rad/s。因此，选择图 3.11 中电路实验曲线中的 $(10^{-2}, 10^{3})$Hz 频段来和图 3.9 中的相应频段的实验曲线对比

分析。在设计频段内，两者的幅频和相频特性曲线误差非常小。由于图 3.6 选用的逼近级数是 $N=10$，图 3.7 选用的逼近级数是 $N=5$，从对比结果也可以看

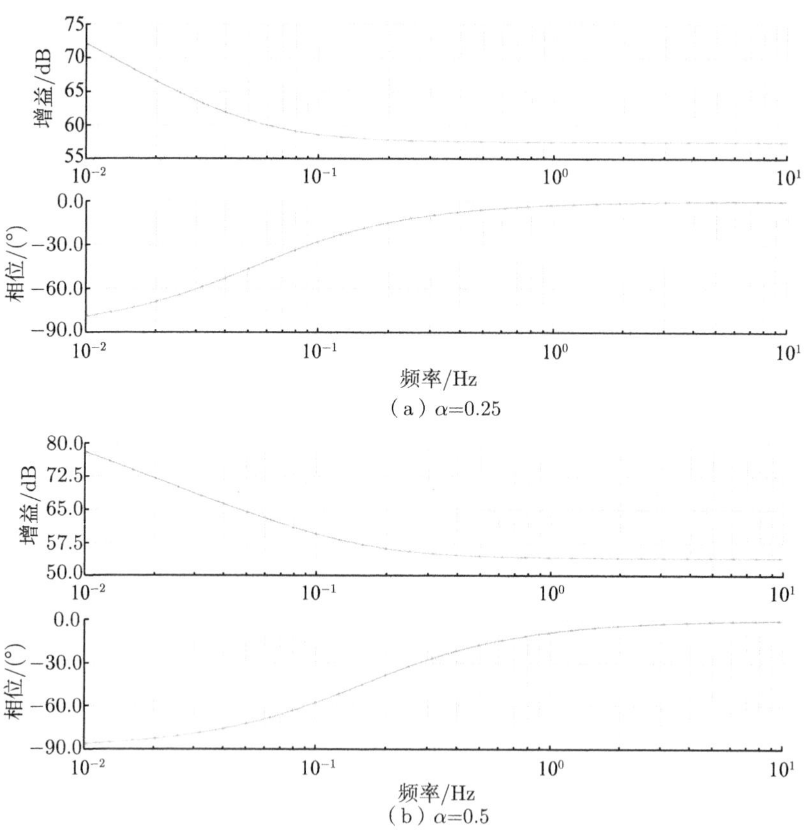

（a）α=0.25

（b）α=0.5

图 3.10　C-F 型分数阶电容电路仿真伯德图

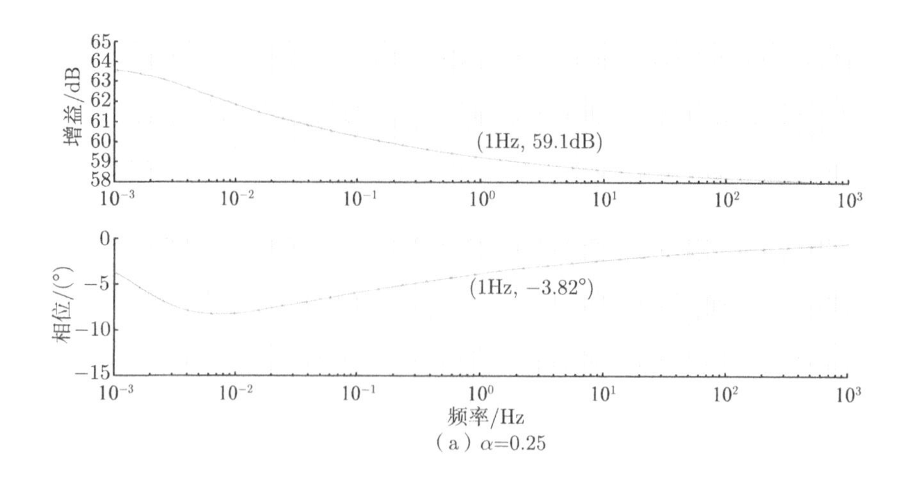

（a）α=0.25

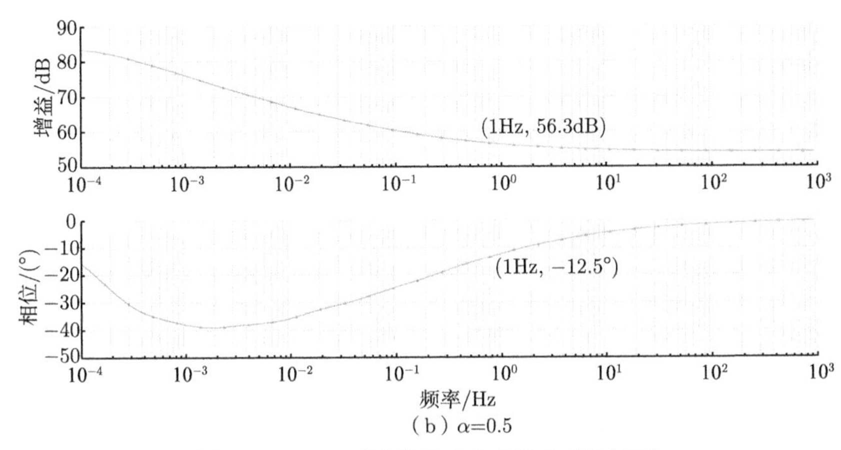

(b) α=0.5

图 3.11 A-B 型分数阶电容电路仿真伯德图

出，前者的误差更小。在 1Hz 处，数值仿真实验和电路仿真实验得出的幅频和相频值如表 3.1 所示。

表 3.1 A-B 型分数阶电容 1Hz 时幅频值和相频值

项目	$\alpha = 0.25$	$\alpha = 0.5$
数值仿真结果	59.1dB/−3.86°	56.3dB/−12.4°
电路仿真结果	59.1dB/−3.82°	56.3dB/−12.5°

3.3 分数阶电感的电路拓扑实现

电感与电容具有对偶的性质，分数阶电感与分数阶电容同样具有对偶的性质。将式（3.6）整数阶电感的方程推广到分数阶，可以得到分数阶电感两端电压与流经其电流的关系为

$$u_L(t) = L_\beta \mathcal{D}^\beta i_L(t) \tag{3.28}$$

式中，β 为分数阶电感的阶次；L_β 为分数阶电感的感量。

3.3.1 Caputo 型分数阶电感的电路拓扑实现

对式（3.28）进行 Caputo 定义下的拉普拉斯变换，可以得到基于 Caputo 定义的分数阶电感的 s 域阻抗为

$$^{\mathrm{C}}Z_{L_\beta}(s) = \frac{U_{L_\beta}(s)}{I_{L_\beta}(s)} = s^\beta L_\beta \tag{3.29}$$

令 $s = \mathrm{j}\omega$，可以得到 Caputo 型分数阶电感的分抗为

$$\begin{aligned} {}^{\mathrm{C}}Z_{L_\beta} &= (\mathrm{j}\omega)^\beta L_\beta \\ &= L_\beta \omega^\beta \mathrm{e}^{\frac{\beta\pi}{2}\mathrm{j}} = L_\beta \omega^\beta \left(\cos\frac{\beta\pi}{2} + \mathrm{j}\sin\frac{\beta\pi}{2}\right) \end{aligned} \tag{3.30}$$

式中，${}^{\mathrm{C}}Z_{L_\beta}$ 为 Caputo 型分数阶电感的分抗，其阶次为 β。

Caputo 型分数阶电感的电路拓扑实现方法有许多种，包括有源方式和无源方式。本节选用蒲亦非教授等提出的一种 1/2 阶网格型（net-grid-type）级联分抗电路拓扑来实现无源的 Caputo 型分数阶电感。

1. 网格型级联分抗电路拓扑原理[46]

1/2 阶网格型级联电路拓扑，通过高度自相似的递归方法构造出 1/2 阶分抗，并以 1/2 阶分抗电路作为基本单元，进而通过嵌套方式拓展至 $1/2^n$ 阶。

1/2 阶网格型级联分数阶阻抗电路拓扑模型如图 3.12 所示，它是由阻抗 Z_a 和 Z_b 组成的无限递归的网格型级联结构，具有高度的自相似性。

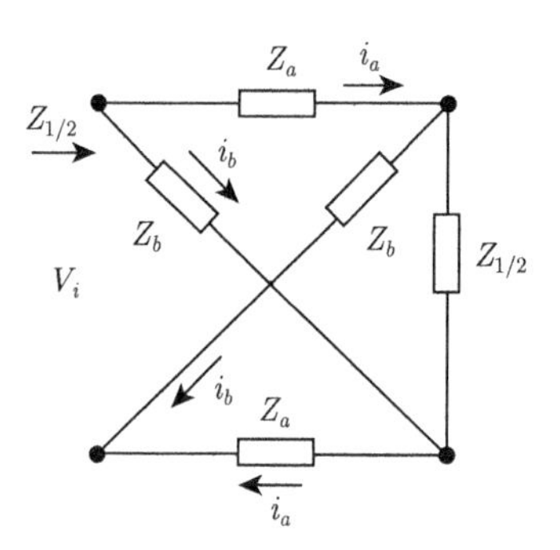

图 3.12 1/2 阶网格型级联分数阶阻抗的拓扑结构

1/2 阶网格型分抗逼近电路是无限可重复串联的网格结构，所以阻抗 Z_a 和 Z_b 的个数仅是层数的 2 倍，电路复杂度低。

假设流过阻抗 Z_a 和 Z_b 的电流为 i_a 和 i_b，总的输入电压为 V_i，根据基尔霍夫电流定律和电压定律，可列写关系式：

$$\begin{cases} Z_a i_a + Z_b i_b = V_i \\ \left(Z_a + Z_{1/2}\right) i_a - \left(Z_b + Z_{1/2}\right) i_b = 0 \end{cases} \tag{3.31}$$

因此，图 3.12 中的等效总阻抗 $Z_{1/2}$ 为

$$Z_{1/2} = \frac{V_i}{i_a + i_b} = \frac{2Z_a Z_b + Z_{1/2}\left(Z_a + Z_b\right)}{2Z_{1/2} + Z_a + Z_b} \tag{3.32}$$

式（3.32）可以进一步化简为

$$Z_{1/2} = (Z_a Z_b)^{\frac{1}{2}} \tag{3.33}$$

要实现 1/2 阶网格型分数阶电感，则将 $Z_a = R$ 作为电阻，$Z_b = sL$ 作为电感，此时 1/2 阶级联网格型分数阶电感的阻抗表达式为

$$Z_{1/2} = \sqrt{LR}s^{\frac{1}{2}} \tag{3.34}$$

式中，$\sqrt{LR}$ 为 1/2 阶分数阶电感的实际感值。

确定所需的分数阶电感感值和近似中心频率后，根据式（3.34）选择合适的电阻值与电感值，同时根据逼近带宽选择级联数，就能在逼近频带内得到 1/2 阶 Caputo 型分数阶电感的电路拓扑实现。

对于网格型级联分数阶电感，参数的选择仅改变中心频率，不影响逼近频带的大小；逼近频带的大小通过电路的级联数来改变，级联数越多，逼近频带越宽。

在 1/2 阶网格型分抗电路拓扑实现的基础上，要实现 1/4 阶的分抗电路，只需将图 3.12中 Z_b 替换为 $Z_{1/2}$，$Z_{1/2}$ 替换为 $Z_{1/4}$ 即可，即采用电路拓扑嵌套的方式；同理，要实现 $1/2^n$ 阶的分抗，只需将图 3.12中 Z_b 替换为 $Z_{1/2^{n-1}}$，$Z_{1/2}$ 替换为 $Z_{1/2^n}$。

根据代数和数论以及分式的算法，单个有理分式与若干有理分式的加减具有等价关系。因此，根据算子的序次相乘原理，多个有理分数阶微分算子的序次相乘总是等于一个分数阶微分算子。由此，可以根据 $1/2^n$ 阶的分抗电路实现任意阶分抗电路，在此不再赘述。

2. 网格型级联分数阶电感电路拓扑实现

若要实现感量 400mH、阶次 $\beta = 0.5$ 的 Caputo 型分数阶电感，根据式（3.34）可以选择 $Z_a = 0.5\Omega$ 作为电阻，$Z_b = 0.32\text{H}$ 作为电感，级联 5 次，可得其电路拓扑实现如图 3.13 所示。

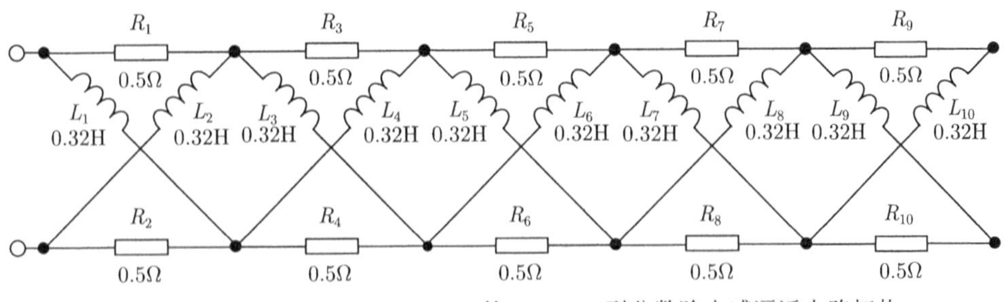

图 3.13 $L_\beta = 400\text{mH}$、$\beta = 0.5$ 的 Caputo 型分数阶电感逼近电路拓扑

若要实现感量 400mH、阶次 $\beta = 0.75$ 的 Caputo 型分数阶电感，可以选择 $Z_a = 400\text{mH}$ 的电感、$Z_b = 400\text{mH}$ 的 0.5 阶 Caputo 型分数阶电感，级联 4 次，可得其电路拓扑实现如图 3.14 所示。图中的 $Z_{0.5}$ 表示 0.5 阶 Caputo 型分数阶电感，其电路拓扑实现如图 3.15 所示。

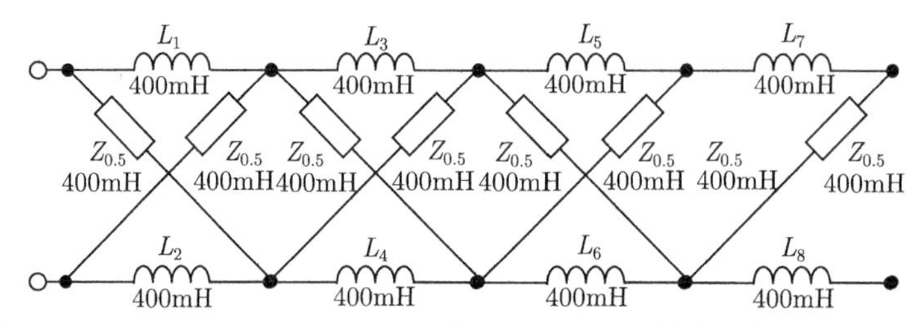

图 3.14　$L_\beta = 400\text{mH}$、$\beta = 0.75$ 的 Caputo 型分数阶电感逼近电路拓扑

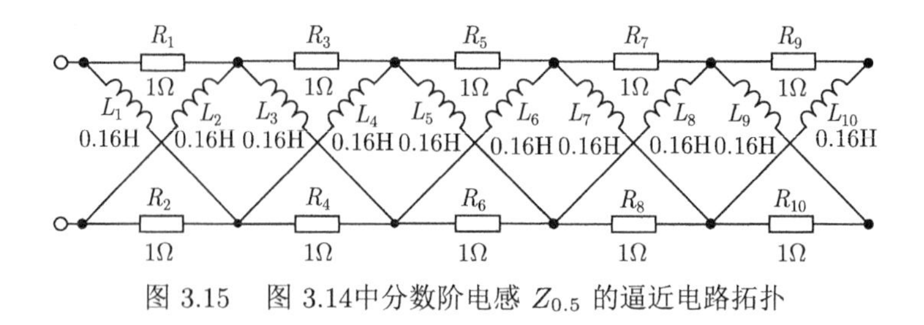

图 3.15　图 3.14中分数阶电感 $Z_{0.5}$ 的逼近电路拓扑

3.3.2　C-F 型分数阶电感的电路拓扑实现

对式 (3.28) 进行 C-F 定义的拉普拉斯变换，可得 C-F 型分数阶电感的 s 域阻抗为

$$^{\text{CF}}Z_{L_\beta}(s) = \frac{U_{L_\beta}(s)}{I_{L_\beta}(s)} = \frac{sL_\beta}{s+\beta(1-s)} \tag{3.35}$$

令 $s = \text{j}\omega$，可以得到它的分抗为

$$^{\text{CF}}Z_{L_\beta} = \frac{\text{j}\omega L_\beta}{(1-\beta)\text{j}\omega+\beta} = \frac{\omega^2(1-\beta)L_\beta + \text{j}\omega\beta L_\beta}{\omega^2(1-\beta)^2+\beta^2} \tag{3.36}$$

式中，$^{\text{CF}}Z_{L_\beta}$ 为 C-F 型分数阶电感的分抗，其阶次为 β。

式 (3.36) 的分数阶电感的分抗表达式比较复杂，可以从导纳的角度分析。C-F 型分数阶电感在 s 域下的导纳为其阻抗的倒数，它的表达式为

$$^{\text{CF}}Y_{L_\beta}(s) = \frac{I_{L_\beta}(s)}{U_{L_\beta}(s)} = \frac{s+\beta(1-s)}{sL_\beta} = \frac{1-\beta}{L_\beta} + \frac{\beta}{sL_\beta} \tag{3.37}$$

令 $s=\mathrm{j}\omega$，得到 C-F 型分数阶电感导纳为

$$^{\mathrm{CF}}Y_{L_\beta}=\frac{1-\beta}{L_\beta}-\mathrm{j}\frac{1}{\omega\dfrac{L_\beta}{\beta}} \tag{3.38}$$

式中，$^{\mathrm{CF}}Y_{L_\beta}$ 为 C-F 型分数阶电感的导纳，其阶次为 β。

式（3.38）可重新整理为

$$^{\mathrm{CF}}Y_{L_\beta}=\left(\frac{L_\beta}{1-\beta}\right)^{-1}+\left(\mathrm{j}\omega\frac{L_\beta}{\beta}\right)^{-1} \tag{3.39}$$

根据 C-F 型分数阶电感的导纳模型，将整数阶电阻的导纳及整数阶电感的导纳与式（3.39）中 C-F 型分数阶电感的导纳进行比较，可以得出 C-F 型分数阶电感的电路拓扑实现为：阶次为 β、感量为 L_β 的 C-F 型分数阶电感由一个阻值为 $L_\beta/(1-\beta)$ 的整数阶电阻和一个感量为 L_β/β 的整数阶电感并联而成。

以感量为 400mH、阶次 $\beta=0.5$ 的分数阶电感为例，其 C-F 型分数阶电感的电路拓扑实现是由一个阻值 0.8Ω 的电阻和一个感量 0.8H 的整数阶电感并联而成，其电路拓扑如图 3.16（a）所示。当阶次为 0.75 时，电路拓扑如图 3.16（b）所示。

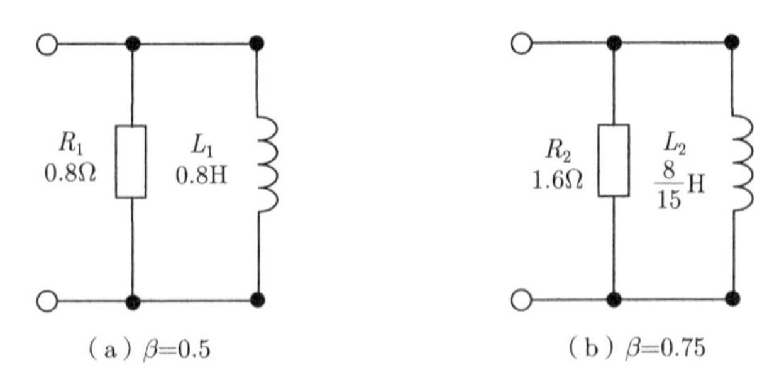

（a）β=0.5 （b）β=0.75

图 3.16 $L_\beta=400$mH 的 C-F 型分数阶电感等效电路拓扑

3.3.3 A-B 型分数阶电感的电路拓扑实现

对式（3.28）进行 A-B 定义的拉普拉斯变换，可以得到 A-B 型分数阶电感的 s 域阻抗为

$$^{\mathrm{AB}}Z_{L_\beta}(s)=\frac{U_{L_\beta}(s)}{I_{L_\beta}(s)}=\frac{s^\beta L_\beta}{\beta+s^\beta(1-\beta)} \tag{3.40}$$

令 $s=\mathrm{j}\omega$，得到 A-B 型分数阶电感的阻抗为

$$^{\mathrm{AB}}Z_{L_\beta}=\frac{L_\beta\omega^\beta\left(\cos\dfrac{\beta\pi}{2}+\mathrm{j}\sin\dfrac{\beta\pi}{2}\right)}{\beta+(1-\beta)\,\omega^\beta\cos\dfrac{\beta\pi}{2}+\mathrm{j}\,(1-\beta)\,\omega^\beta\sin\dfrac{\beta\pi}{2}} \tag{3.41}$$

式中，${}^{\mathrm{AB}}Z_{L_\beta}$ 为 A-B 型分数阶电感的分抗，其阶次为 β。

式（3.40）的倒数即 A-B 型分数阶电感的 s 域导纳，其表达式为

$$
{}^{\mathrm{AB}}Y_{L_\beta}(s)=\frac{I_{L_\beta}(s)}{U_{L_\beta}(s)}=\frac{s^\beta+\beta(1-s^\beta)}{s^\beta L_\beta}=\frac{1-\beta}{L_\beta}+\frac{\beta}{s^\beta L_\beta} \tag{3.42}
$$

令 $s=\mathrm{j}\omega$，得到 A-B 型分数阶电感导纳为

$$
\begin{aligned}
{}^{\mathrm{AB}}Y_{L_\beta}&=\frac{1-\beta}{L_\beta}+(\mathrm{j}\omega)^{-\beta}\frac{\beta}{L_\beta}\\
&=\frac{1-\beta}{L_\beta}+\frac{\beta}{L_\beta\omega^\beta}\mathrm{e}^{-\mathrm{j}\frac{\beta\pi}{2}}\\
&=\frac{1-\beta}{L_\beta}+\frac{\beta}{L_\beta\omega^\beta}\left(\cos\frac{\beta\pi}{2}-\mathrm{j}\sin\frac{\beta\pi}{2}\right)
\end{aligned} \tag{3.43}
$$

式中，${}^{\mathrm{AB}}Y_{L_\beta}$ 为 A-B 型分数阶电感的导纳，其阶次为 β。

式（3.43）可重新整理为

$$
{}^{\mathrm{AB}}Y_{L_\beta}=\left(\frac{L_\beta}{1-\beta}\right)^{-1}+\left[\beta L_\beta\omega^\beta\left(\cos\frac{\beta\pi}{2}+\mathrm{j}\sin\frac{\beta\pi}{2}\right)\right]^{-1} \tag{3.44}
$$

式（3.44）与 Caputo 型分数阶电感分抗形式比较，即可得到 A-B 型分数阶电感的电路拓扑实现为：阶次为 β、感量为 L_β 的 A-B 型分数阶电感，由一个阻值为 $L_\beta/(1-\beta)$ 的整数阶电阻以及一个感量为 L_β/β 且阶次为 β 阶的 Caputo 型分数阶电感并联组成。其电路拓扑实现形式与 C-F 型分数阶电感相似，仅将 C-F 型分数阶电感中的整数阶电感替换为 Caputo 型分数阶电感的拓扑结构，电路的其他参数一致，但这一点使得 A-B 型分数阶电感在消除奇异点的同时具备分数阶次幂的性质。

根据所采用的 Caputo 型分数阶电感的电路拓扑实现方法，可以得出 A-B 型分数阶电感的电路拓扑实现。例如，感量 400mH、阶次 $\beta=0.5$ 的 A-B 型分数阶电感的电路拓扑实现，是由一个阻值 0.8Ω 的电阻和一个感量 800mH、阶次 $\beta=0.5$ 的 Caputo 型分数阶电感并联组成。图 3.17 即所举例的 A-B 型分数阶电感的电路拓扑实现。

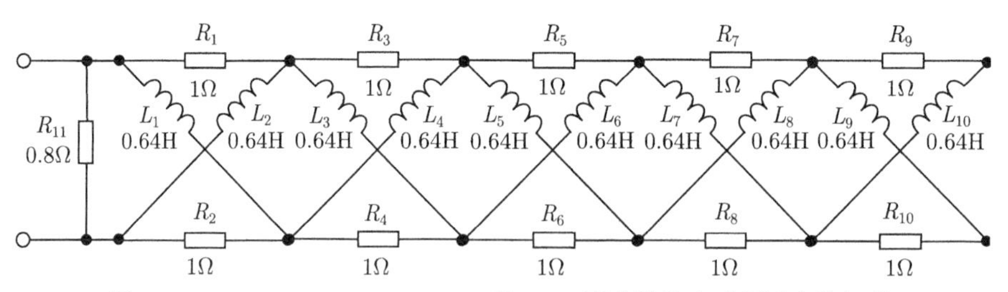

图 3.17　$L_\beta=400\mathrm{mH}$、$\beta=0.5$ 的 A-B 型分数阶电感逼近电路拓扑

感量 400mH、阶次 $\beta = 0.75$ 的 A-B 型分数阶电感是由一个阻值 1.6Ω 的电阻和一个感量 533mH、阶次 $\beta = 0.75$ 的 Caputo 型分数阶电感并联组成的。感量 533mH、阶次 $\beta = 0.75$ 的 Caputo 型分数阶电感的拓扑实现，可以通过 $Z_a = 0.5\text{H}$ 的电感与 $Z_b = 0.57\text{H}$ 的 0.5 阶 Caputo 型分数阶电感，级联 4 次得到，如图 3.18 所示。图 3.18 中的 $Z_{0.5}$ 表示 0.5 阶 Caputo 型分数阶电感，其电路拓扑实现如图 3.19 所示。

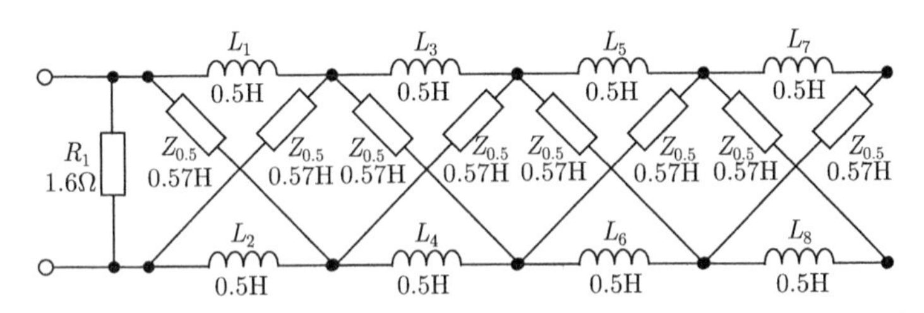

图 3.18 $L_\beta = 400\text{mH}$、$\beta = 0.75$ 的 A-B 型分数阶电感逼近电路拓扑

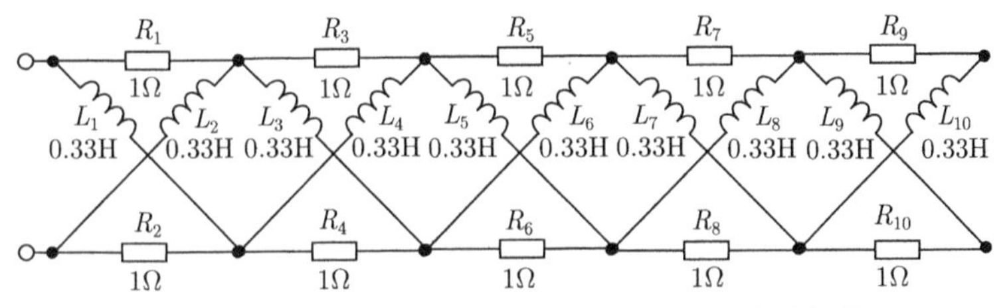

图 3.19 图 3.18 中分数阶电感 $Z_{0.5}$ 的逼近电路拓扑

3.3.4 分数阶电感的频域分析

本节通过频率特性，分析 Caputo 型、C-F 型和 A-B 型分数阶电感逼近电路拓扑实现性能。

本节选取感量为 400mH、阶次分别为 $\beta = 0.5$ 和 $\beta = 0.75$ 的两个分数阶电感进行数值仿真和电路仿真的频率特性对比实验。

分别将分数阶阶次及感量的参数代入式（3.29）、式（3.35）及式（3.40）中，可以得到 Caputo 定义、C-F 定义及 A-B 定义下的分数阶电感的 s 域表达式，通过 MATLAB 绘制出数值仿真的伯德图，分别如图 3.20、图 3.21 及图 3.22所示。

在 Multisim 软件中，根据所提出的电路拓扑实现方法，搭建与数值仿真参数一致的 Caputo 型、C-F 型及 A-B 型分数阶电感的电路拓扑，即图 3.13 ~ 图 3.19 的电路，测试并绘制所搭建分数阶电感的伯德图，Caputo 型、C-F 型和 A-B 型三种分数阶定义的电路仿真伯德图分别如图 3.23 ~ 图 3.25 所示。比较图 3.21和图 3.24 的 C-F 型分数阶电感的数值仿真及电路仿真的伯德图，两者的幅频和相频特性曲线完全一致，说明 C-F 型分数阶电感的电路拓扑实现准确。

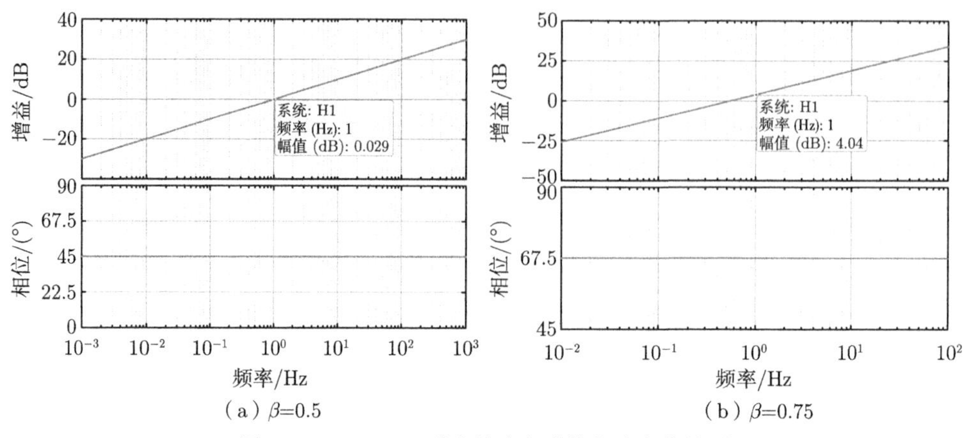

（a）β=0.5　　　　　　　　　　（b）β=0.75

图 3.20　Caputo 型分数阶电感数值仿真伯德图

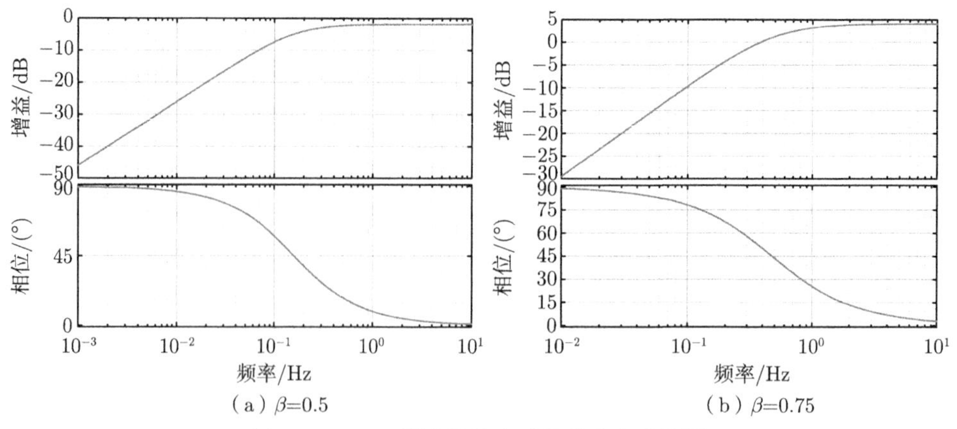

（a）β=0.5　　　　　　　　　　（b）β=0.75

图 3.21　C-F 型分数阶电感数值仿真伯德图

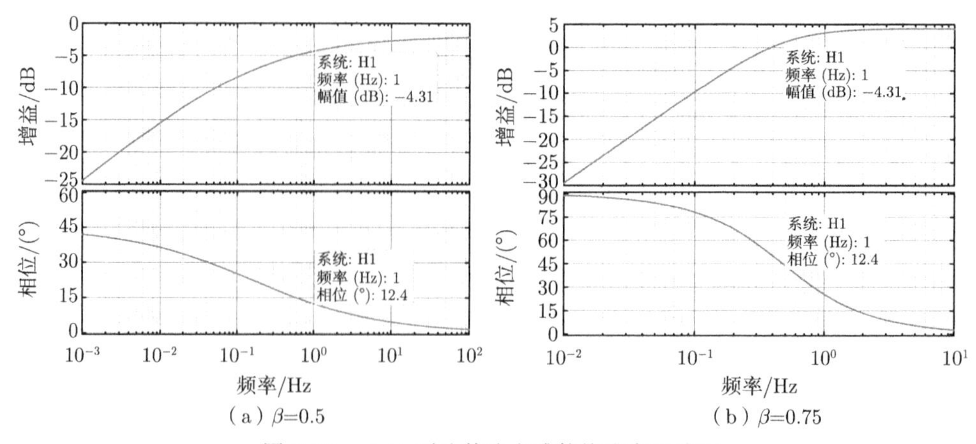

（a）β=0.5　　　　　　　　　　（b）β=0.75

图 3.22　A-B 型分数阶电感数值仿真伯德图

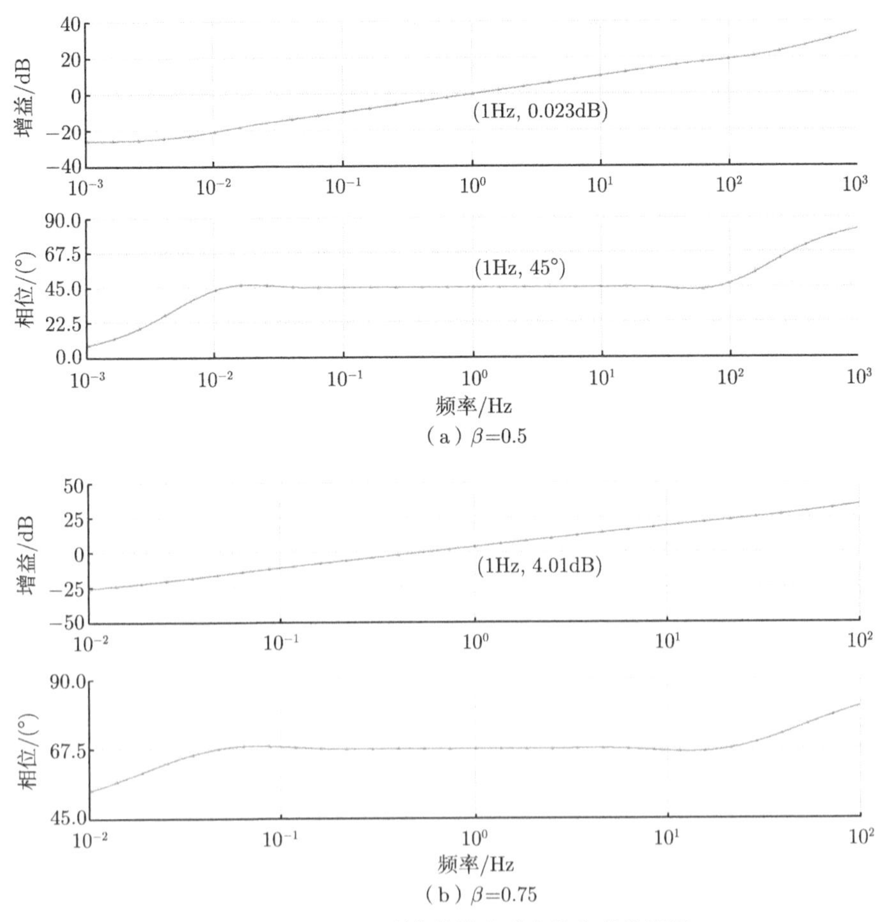

图 3.23 Caputo 型分数阶电感电路仿真伯德图

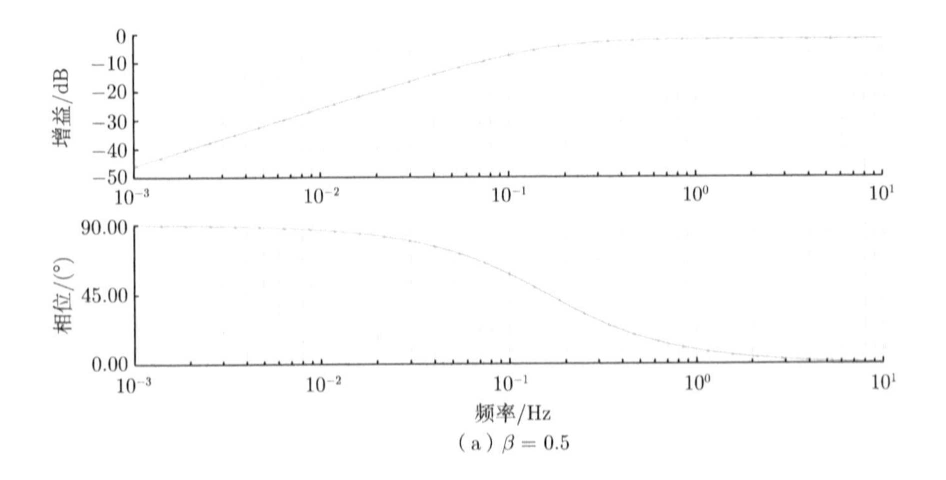

(a) $\beta = 0.5$

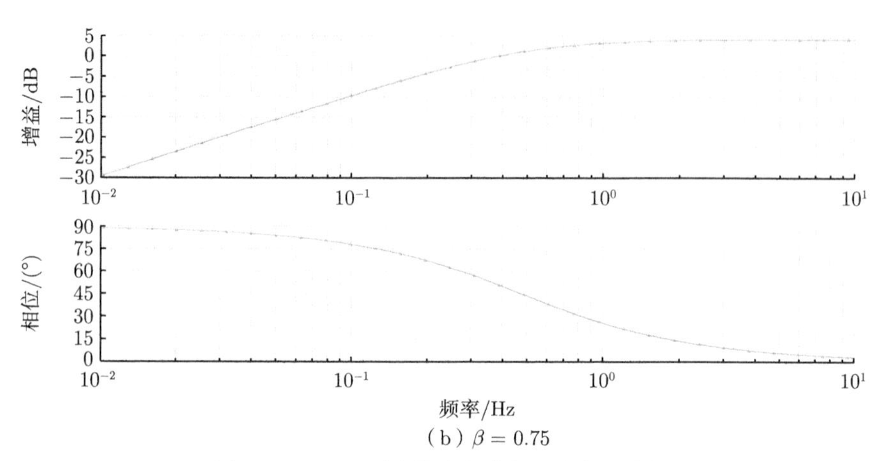

（b）$\beta = 0.75$

图 3.24　C-F 型分数阶电感电路仿真伯德图

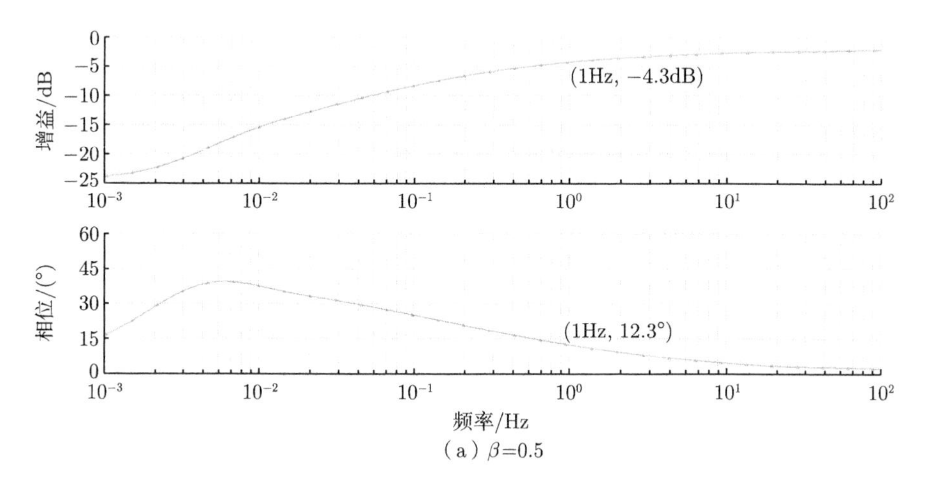

（a）β=0.5

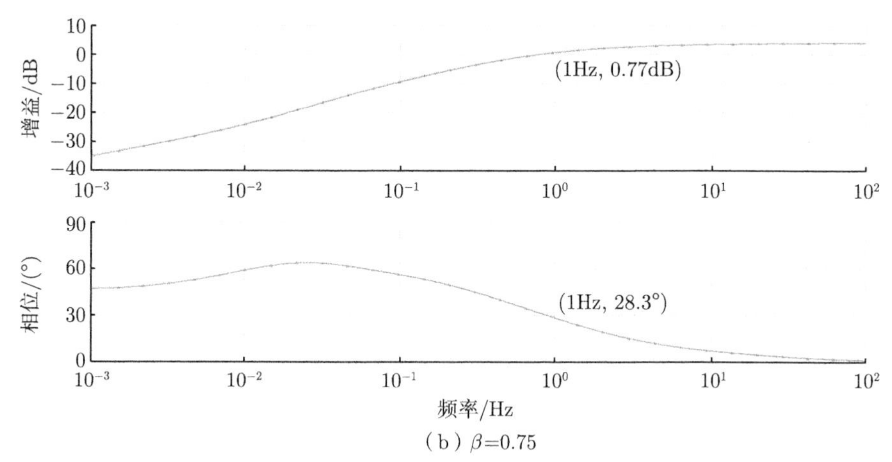

（b）β=0.75

图 3.25　A-B 型分数阶电感电路仿真伯德图

比较图 3.20 和图 3.23 的 Caputo 型分数阶电感的数值仿真和电路仿真的幅频及相频特性，可知在 $(10^{-1}, 10^{2})$Hz 频段内两者误差较小。比较图 3.22 和图 3.25 的 A-B 型分数阶电感的数值仿真和电路仿真的幅频及相频特性可以看出，在 $(10^{-1}, 10^{2})$Hz 频段内两者误差较小。说明所设计的 Caputo 型和 A-B 型网格型级联分抗逼近拓扑实现只适用于逼近频段内。

3.4 分数阶阻抗暂态特性分析

由 Caputo 型、C-F 型及 A-B 型的分数阶电容阻抗式（3.15）、式（3.25）及式（3.27），可以得到阻抗的实部分别为

$$\mathrm{Re}({}^{\mathrm{C}}Z_{C_\alpha}) = \frac{1}{C_\alpha \omega^\alpha}\cos\frac{\alpha\pi}{2} \tag{3.45}$$

$$\mathrm{Re}({}^{\mathrm{CF}}Z_{C_\alpha}) = \frac{1-\alpha}{C_\alpha} \tag{3.46}$$

$$\mathrm{Re}({}^{\mathrm{AB}}Z_{C_\alpha}) = \frac{1-\alpha}{C_\alpha} + \frac{\alpha}{C_\alpha \omega^\alpha}\cos\frac{\alpha\pi}{2} \tag{3.47}$$

三种分数阶定义下的分数阶电容阻抗的实部都随阶次和容值变化而变化。但是，Caputo 型分数阶电容阻抗的实部随频率变化而变化，C-F 型分数阶电容阻抗的实部并不随频率变化而变化，而 A-B 型分数阶电容阻抗的实部既包含随频率变化的部分，也包含不随频率变化的部分。

由 Caputo 型分数阶电感的分抗式 (3.30)，C-F 型及 A-B 型分数阶电感的导纳式（3.38）及式（3.43），可以得到导纳的实部分别为

$$\mathrm{Re}({}^{\mathrm{C}}Y_{L_\beta}) = \frac{1}{L_\beta \omega^\beta}\cos\frac{\beta\pi}{2} \tag{3.48}$$

$$\mathrm{Re}({}^{\mathrm{CF}}Y_{L_\beta}) = \frac{1-\beta}{L_\beta} \tag{3.49}$$

$$\mathrm{Re}({}^{\mathrm{AB}}Y_{L_\beta}) = \frac{1-\beta}{L_\beta} + \frac{\beta}{L_\beta \omega^\beta}\cos\frac{\beta\pi}{2} \tag{3.50}$$

三种分数阶定义下的分数阶导纳的实部都随阶次和感量变化而变化。但是，Caputo 型分数阶电感的导纳实部随频率变化而变化，C-F 型分数阶电感的导纳实部并不随频率变化而变化，而 A-B 型分数阶电感的导纳实部既包含随频率变化的部分，也包含不随频率变化的部分。

由上述分析可知，不同定义下的分数阶电容和分数阶电感的分抗区别很大，这些区别会影响由分数阶电容和分数阶电感构成的电路的暂态特性。通过电路仿真实验，可以得到电路的暂态特性。下面针对 Caputo 型、C-F 型和 A-B 型分数阶

定义的电容和电感，采用 Multisim 软件，分别构建实验电路，进行暂态时域电路仿真。

3.4.1 分数阶电容暂态时域仿真

分数阶电容暂态时域仿真实验电路如图 3.26所示，图中直流电源电压为 E_0，S_{char} 和 S_{disc} 分别为控制充电和放电的开关。实验分析充电开关 S_{char} 闭合的电容电压充电过程、充电开关 S_{char} 断开的电容电压保持过程，以及 S_{disc} 闭合的电容电压放电过程。电路仿真的参数为：电源电压 $E_0 = 10\text{V}$，电阻 $R_{\text{char}} = R_{\text{disc}} = 200\Omega$，分数阶电容的容值为 $C_\alpha = 1000\mu\text{F}$，分数阶阶次 $\alpha = 0.5$。实验初始条件为分数阶电容电压为 0V。实验电路中的分数阶电容分别采用 Caputo 型、C-F 型和 A-B 型定义下的分数阶电容的电路拓扑进行实验。所得电容两端电压的实验曲线分别如图 3.27 ~ 图 3.29 所示。三个图的电容电压实验曲线均由三段组成，即电容充电、电容保持和电容放电。以图 3.27 的 Caputo 型分数阶电容暂态仿真实验为例，当 $t = 0\text{s}$ 时，闭合充电开关 S_{char}，处于充电阶段；电容电压未达到 E_0，当 $t = 5.8\text{s}$ 时，断开充电开关 S_{char}，处于开路阶段；当 $t = 7.5\text{s}$ 时，闭合放电开关 S_{disc}，处于放电阶段。

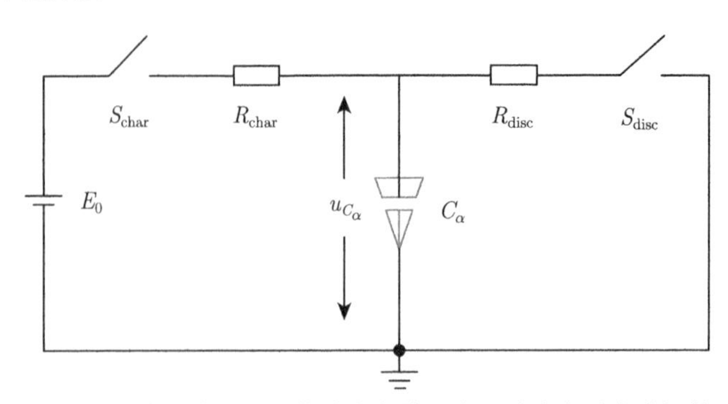

图 3.26 阶跃输入下分数阶电容输出电压响应实验电路拓扑

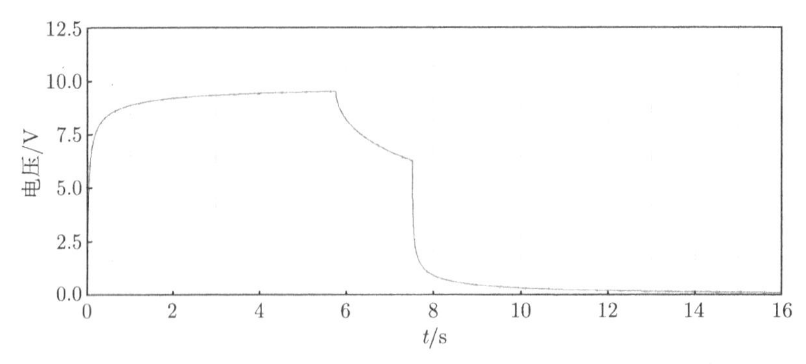

图 3.27 阶跃输入下输出电压响应实验中 Caputo 型分数阶电容两端电压曲线

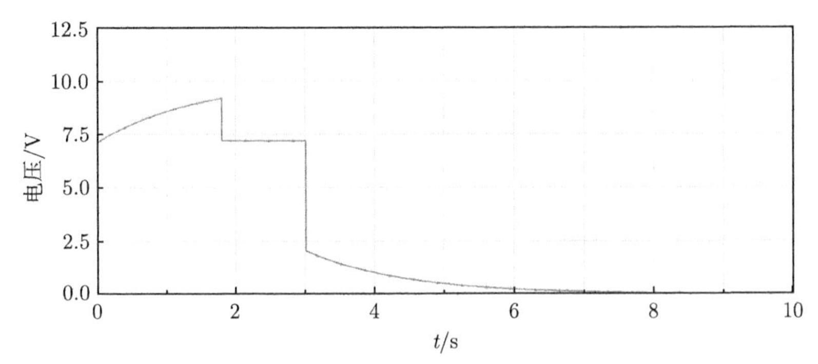

图 3.28 阶跃输入下输出电压响应实验中 C-F 型分数阶电容两端电压曲线

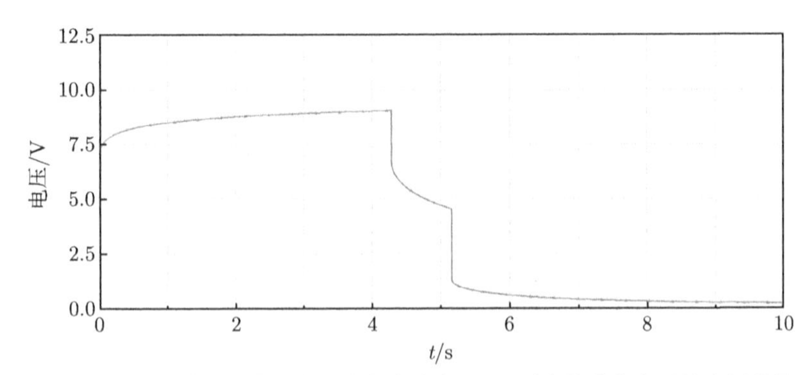

图 3.29 阶跃输入下输出电压响应实验中 A-B 型分数阶电容两端电压曲线

由于分数阶电容的阻抗不是纯电抗，它由实部和虚部组成，因此其暂态特性和整数阶电容的暂态特性有较大的区别。例如，由于分数阶阻抗均有实部，也就是含有等效电阻，因此零初始条件的阶跃电容电压响应，并非由零开始，而是有一个非零初值。C-F 型和 A-B 型分数阶电容电压均有突变的暂态现象。总之，由于不同分数阶定义的分抗形式不同，逼近电路拓扑实现不同，它们的暂态响应曲线也有区别，也就是说，不同定义下分数阶电容的暂态特性是不同的，在使用不同定义下的分数阶电容时，应该注意这些区别和特点。

3.4.2 分数阶电感暂态时域仿真

分数阶电感暂态时域仿真实验电路如图 3.30 所示。图中直流电源电压为 E_0，S_{char} 为充电开关，S_{disc} 为放电开关，S'_{disc} 为续流开关。实验分析充电开关 S_{char} 闭合的电感电流充电过程、充电开关 S_{char} 断开同时续流开关 S'_{disc} 闭合的电感电流续流过程、续流开关 S'_{disc} 断开同时放电开关 S_{disc} 闭合的电感电流放电过程。电路仿真参数为电源电压 $E_0 = 10\text{V}$，电阻 $R_{\text{char}} = R_{\text{disc}} = 2\Omega$，分数阶电感的感值 $L_\beta = 400\text{mH}$，分数阶阶次 $\beta = 0.5$。实验初始条件为分数阶电感电流为 0A。实验中的分数阶电感分别采用 Caputo 型、C-F 型和 A-B 型分数阶电感的电路拓扑进行实验。所得流过电感的电流的实验曲线分别如图 3.31~图 3.33 所示。三个图的电感电流曲线均由三段组成，即电感充电、电感续流和电感放电。以图 3.32 的 C-F 型分数阶电感暂态仿真实验为例，在 $t = 0\text{s}$ 时，闭合充电开关 S_{char}，处于充电阶段；在电感电流未达到最大值的 $t = 1.9\text{s}$ 时，断开充电开关 S_{char}，同时闭合续流开关 S'_{disc}，处于续流阶段；在 $t = 3.1\text{s}$ 时，断开续流开关 S'_{disc}，同时闭合放电开关 S_{disc}，处于放电阶段。

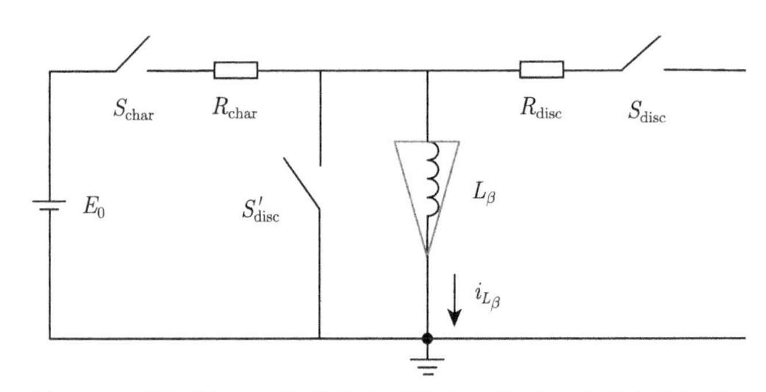

图 3.30 阶跃输入下分数阶电感输出电流响应实验电路拓扑

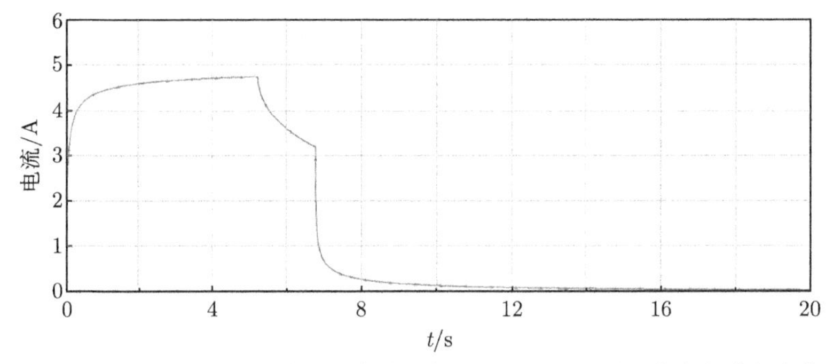

图 3.31 阶跃输入下电感输出电流响应实验中 Caputo 型分数阶电感电流曲线

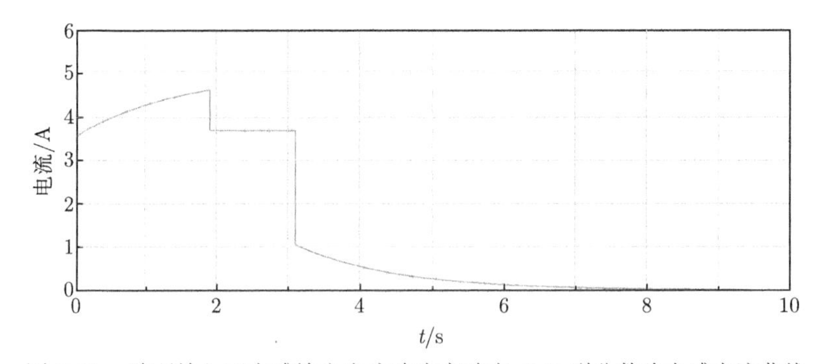

图 3.32 阶跃输入下电感输出电流响应实验中 C-F 型分数阶电感电流曲线

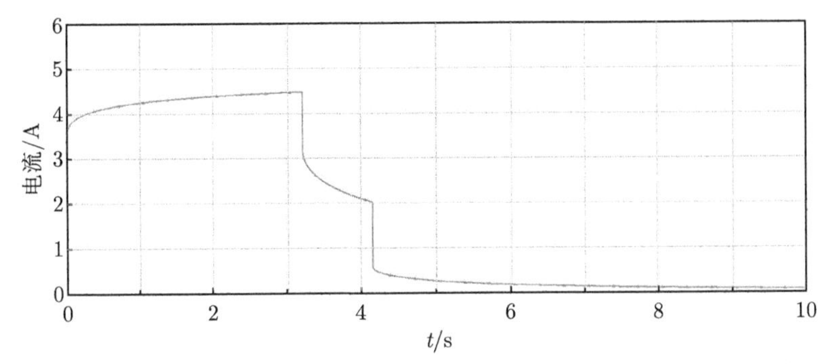

图 3.33 阶跃输入下电感输出电流响应实验中 A-B 型分数阶电感电流曲线

由于分数阶电感的导纳含有实部和虚部，其暂态特性和整数阶电感的暂态特性有较大的区别。例如，虽然实验初始条件电感电流为 0A，但 C-F 及 A-B 定义下电感电流的充电响应并非由零开始，而是有一个非零初值。C-F 型和 A-B 型分数阶电感的电流均有突变的暂态现象，这些都是由分数阶定义的特点所引起的。另外，由于不同分数阶定义的分数阶电感的导纳形式不同，不同分数阶定义的分数阶电感逼近电路拓扑实现也不同，它们的暂态响应特性也是有区别的，在使用不同定义下的分数阶电感时，应该注意这些区别和特点。

第 4 章　分数阶 RLC 电路时域数学模型及实验

本章介绍 Caputo 型、C-F 型和 A-B 型三种分数阶 RC、RL 和 RLC 电路的时域数学模型及实验分析。推导任意输入信号时 RC、RL 串联和并联电路时域数学模型，通过实验分析电容阶次 α 和电感阶次 β 对电路系统时域响应的影响。推导任意输入信号时 RLC 串联和并联电路时域数学模型，给出 RLC 分数阶电路欠阻尼、临界阻尼和过阻尼的条件，通过实验分析电容阶次 α 和电感阶次 β 对电路系统时域响应的影响。

根据第 3 章中介绍的分数阶电容和分数阶电感的逼近电路拓扑实现，构建实验平台，进行分数阶 RC 和 RLC 电路的分数阶元件阶次的拟合实验，进行分数阶电容的电路拓扑实验。根据分数阶电感的逼近拓扑实现，构建电路仿真平台，进行分数阶电感的电路拓扑实验。

4.1　分数阶 RC/RL 电路时域数学模型

4.1.1　分数阶 RC/RL 电路及基本方程式

由分数阶电容和电阻组成的电路，即分数阶 RC 电路。最简单的电路形式有串联和并联两种，如图 4.1（a）和（b）所示，图中 C_α 为阶数为 α 的分数阶电容。串联电路中，供电电源为电压源 $u_i(t)$；并联电路中，供电电源为电流源 $i_i(t)$。

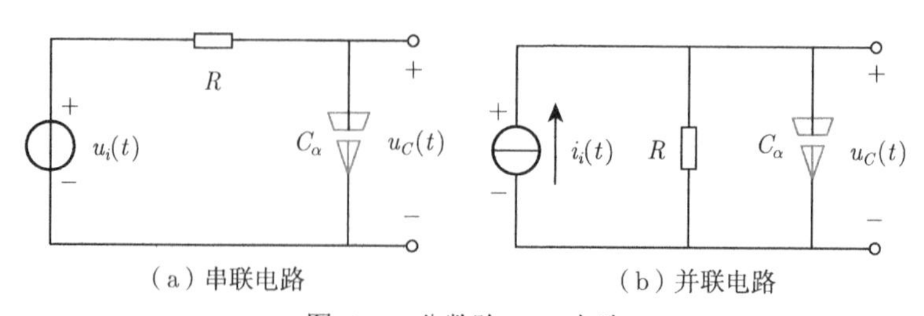

（a）串联电路　　（b）并联电路

图 4.1　分数阶 RC 电路

由分数阶电感和电阻组成的电路，即分数阶 RL 电路。最简单的电路形式有串联和并联两种，如图 4.2（a）和（b）所示，图中 L_β 为阶数为 β 的分数阶电感。

本节分析 Caputo 型、C-F 型和 A-B 型三种分数阶定义下四种电路的时域数学模型。对于串联 RC 电路（图 4.1（a）），分析电压源 $u_i(t)$ 输入时，电容两端输出电压 $u_C(t)$ 的时域响应，也称为时域数学模型。对于并联 RC 电路（图 4.1

(b))，分析电流源 $i_i(t)$ 输入时，电容两端输出电压 $u_C(t)$ 的时域数学模型。对于串联 RL 电路（图 4.2（a）），分析电压源 $u_i(t)$ 输入时，流过电感的输出电流 $i_L(t)$ 的时域数学模型。对于并联 RL 电路（图 4.2（b）），分析电流源 $i_i(t)$ 输入时，流过电感的输出电流 $i_L(t)$ 的时域数学模型。并以图 4.1（a）电路为例做详细推导和仿真实验分析。

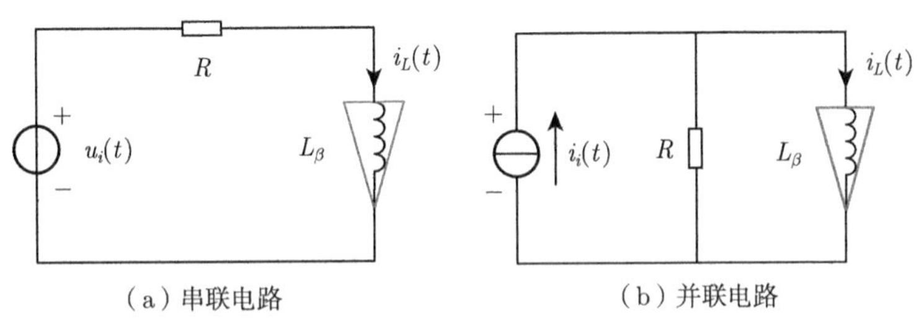

图 4.2　分数阶 RL 电路

为了求得分数阶电路的时域模型，需要列写分数阶电路物理量之间关系的方程式。其中一种方法是在整数阶电路方程式的基础上，将整数阶微积分用分数阶微积分代替，将整数阶元件用分数阶元件代替。有些方法在做替换处理时，会额外乘上以时间为单位的辅助参数 $\sigma^{1-\alpha}$，表示系统中的分数阶时间分量，即在系统保守和耗散（conservative and dissipative）之间的中间行为[81]。有些方法只从分数阶元器件本身的角度考虑，并没有设置辅助参量[82]。本章采用不考虑辅助参数的分数阶方程式列写方法。

根据基尔霍夫定律，可以得到电阻为 R、电容为 C、电感为 L 的整数阶 RC、RL 电路的方程式。

串联 RC 电路方程式为

$$\mathcal{D}u_C(t) + \frac{1}{RC}u_C(t) = \frac{1}{RC}u_i(t) \tag{4.1}$$

串联 RL 电路方程式为

$$\mathcal{D}i_L(t) + \frac{R}{L}i_L(t) = \frac{1}{L}u_i(t) \tag{4.2}$$

并联 RC 电路方程式为

$$\mathcal{D}u_C(t) + \frac{1}{RC}u_C(t) = \frac{1}{C}i_i(t) \tag{4.3}$$

并联 RL 电路方程式为

$$\mathcal{D}i_L(t) + \frac{R}{L}i_L(t) = \frac{R}{L}i_i(t) \tag{4.4}$$

式中，$\mathcal{D}$ 为整数阶微分算子；$u_i(t)$ 和 $i_i(t)$ 分别为供电电压源和供电电流源。

将整数阶方程式（4.1）～式（4.4）中的整数阶微分算子替换为分数阶微分算子，分数阶电容的容值设为 C_α，分数阶电感的感量设为 L_β，即可得到如图 4.1 和图 4.2 所示对应的分数阶 RC、RL 电路的方程式。

分数阶串联 RC 电路方程式为

$$\mathcal{D}^\alpha u_C(t)+\frac{1}{RC_\alpha}u_C(t)=\frac{1}{RC_\alpha}u_i(t) \tag{4.5}$$

分数阶串联 RL 电路方程式为

$$\mathcal{D}^\beta i_L(t)+\frac{R}{L_\beta}i_L(t)=\frac{1}{L_\beta}u_i(t) \tag{4.6}$$

分数阶并联 RC 电路方程式为

$$\mathcal{D}^\alpha u_C(t)+\frac{1}{RC_\alpha}u_C(t)=\frac{1}{C_\alpha}i_i(t) \tag{4.7}$$

分数阶并联 RL 电路方程式为

$$\mathcal{D}^\beta i_L(t)+\frac{R}{L_\beta}i_L(t)=\frac{R}{L_\beta}i_i(t) \tag{4.8}$$

式中，$\mathcal{D}^\alpha$ 为 α 阶分数阶微分算子；$\mathcal{D}^\beta$ 为 β 阶分数阶微分算子；$u_i(t)$ 和 $i_i(t)$ 分别为分数阶 RC 电路和 RL 电路中的供电电压源和电流源。分数阶微分算子的具体算式和分数阶微积分的定义方式有关，不同的定义下，微分算子是不同的。下面分别进行不同定义下时域数学模型的分析。

4.1.2　Caputo 型分数阶 RC/RL 电路时域数学模型

本节分析 Caputo 定义下分数阶串联 RC 电路的时域数学模型，即分析图 4.1（a）电路，输入电压源 $u_i(t)$ 作用下，电容两端的输出电压 $u_C(t)$ 的数学模型。

如果输入为阶跃电压源 $u_i(t)=E_0\mathbf{1}(t)$，设分数阶电容两端的初始电压$u_C(0)=U_0$，将电压源 $u_i(t)=E_0\mathbf{1}(t)$ 代入方程（4.5），并进行拉普拉斯变换，其中分数阶微分算子 $\mathcal{D}^\alpha$ 的变换采用 Caputo 型的拉普拉斯变换式（式（2.27）），可得

$$\begin{aligned}s^\alpha U_C(s)-s^{\alpha-1}U_0&=\frac{E_0}{sRC_\alpha}-\frac{U_C(s)}{RC_\alpha}\\ \left(s^\alpha+\frac{1}{RC_\alpha}\right)U_C(s)&=\frac{E_0}{sRC_\alpha}+s^{\alpha-1}U_0\end{aligned} \tag{4.9}$$

整理可得 s 域下分数阶电容两端输出电压 $U_C(s)$ 为

$$U_C(s)=\frac{s^{\alpha-1}U_0}{s^\alpha+\dfrac{1}{RC_\alpha}}-\frac{s^{\alpha-1}E_0}{s^\alpha+\dfrac{1}{RC_\alpha}}+\frac{E_0}{s} \tag{4.10}$$

对式（4.10）求拉普拉斯逆变换，得到 Caputo 型串联 RC 电路在阶跃电压输入下的时域数学模型为

$$u_C(t) = E_0 + (U_0 - E_0) \cdot \mathcal{E}_\alpha \left(-\frac{t^\alpha}{RC_\alpha} \right) \tag{4.11}$$

式中，$\mathcal{E}_\alpha$ 为 Mittag-Leffler 函数。

对方程(4.5)进行拉普拉斯变换，其中分数阶微分算子 $\mathcal{D}^\alpha$ 的变换采用 Caputo 型的拉普拉斯变换式，可得任意输入源 $u_i(t)$ 时的时域数学模型，推导过程如下。

对方程（4.5）进行拉普拉斯变换，可得

$$s^\alpha U_C(s) - s^{\alpha-1} U_0 + \frac{1}{RC_\alpha} U_C(s) = \frac{1}{RC_\alpha} U_i(s) \tag{4.12}$$

整理得

$$\left(s^\alpha + \frac{1}{RC_\alpha} \right) U_C(s) = \frac{1}{RC_\alpha} U_i(s) + s^{\alpha-1} U_0 \tag{4.13}$$

于是得到 s 域下分数阶电容两端输出电压 $U_C(s)$ 为

$$U_C(s) = \frac{1}{RC_\alpha s^\alpha + 1} U_i(s) + \frac{RC_\alpha s^{\alpha-1}}{RC_\alpha s^\alpha + 1} U_0 \tag{4.14}$$

对式（4.14）求拉普拉斯逆变换，可求得 Caputo 型串联 RC 电路在任意输入电压源下的时域数学模型为

$$u_C(t) = \frac{t^{\alpha-1}}{RC_\alpha} \mathcal{E}_{\alpha,\alpha} \left(-\frac{t^\alpha}{RC_\alpha} \right) u_i(t) + \mathcal{E}_\alpha \left(-\frac{t^\alpha}{RC_\alpha} \right) U_0 \tag{4.15}$$

式中，$\mathcal{E}_\alpha$ 和 $\mathcal{E}_{\alpha,\alpha}$ 分别为 Mittag-Leffler 单参数和双参数函数。

采用同样的方法，可以推导得到 Caputo 型分数阶并联 RC 电路、串联及并联 RL 电路的时域数学模型，在此不再赘述，直接给出任意输入电压源 $u_i(t)$（对串联电路）或任意输入电流源 $i_i(t)$（对并联电路）的时域数学模型。

Caputo 型分数阶并联 RC 电路的输出电压时域数学模型为

$$u_C(t) = \frac{t^{\alpha-1}}{C_\alpha} \mathcal{E}_{\alpha,\alpha} \left(-\frac{t^\alpha}{RC_\alpha} \right) i_i(t) + \mathcal{E}_\alpha \left(-\frac{t^\alpha}{RC_\alpha} \right) U_0 \tag{4.16}$$

Caputo 型分数阶串联 RL 电路的输出电流时域数学模型为

$$i_L(t) = \frac{t^{\beta-1}}{L_\beta} \mathcal{E}_{\beta,\beta} \left(-\frac{R}{L_\beta} t^\beta \right) u_i(t) + \mathcal{E}_\beta \left(-\frac{R}{L_\beta} t^\beta \right) I_0 \tag{4.17}$$

Caputo 型分数阶并联 RL 电路的输出电流时域数学模型为

$$i_L(t) = \frac{R}{L_\beta} t^{\beta-1} \mathcal{E}_{\beta,\beta} \left(-\frac{R}{L_\beta} t^\beta \right) i_i(t) + \mathcal{E}_\beta \left(-\frac{R}{L_\beta} t^\beta \right) I_0 \tag{4.18}$$

式中，U_0 为电容两端的初始电压；I_0 为流过电感的初始电流值；$\mathcal{E}_\alpha$、$\mathcal{E}_\beta$ 为单参数 Mittag-Leffler 函数；$\mathcal{E}_{\alpha,\alpha}$、$\mathcal{E}_{\beta,\beta}$ 为双参数 Mittag-Leffler 函数。

RC、RL 串联电路和并联电路是对偶电路。分析比较式（4.15）、式（4.16）、式（4.17）和式（4.18）的函数形式是一致的，区别只在于函数中的参数不同。

4.1.3 C-F 型分数阶 RC/RL 电路时域数学模型

本节以分数阶串联 RC 电路输出电压的时域数学模型为例进行分析，分别推导常值阶跃输入电压源、正弦周期输入电压源以及任意输入电压源三种情况。

1. 常值阶跃输入电压源的时域模型

将常值阶跃输入电压源 $u_i(t) = E_0\mathbf{1}(t)$ 代入方程（4.5）并进行拉普拉斯变换，其中分数阶微分算子 $\mathcal{D}^\alpha$ 的变换采用 C-F 型的拉普拉斯变换式（式（2.32）），可得

$$\begin{aligned} \frac{sU_C(s) - U_0}{s + \alpha(1-s)} &= \frac{E_0}{sRC_\alpha} - \frac{U_C(s)}{RC_\alpha} \\ \left[s + \frac{(1-\alpha)s + \alpha}{RC_\alpha} \right] U_C(s) &= \frac{(1-\alpha)s+\alpha}{sRC_\alpha} E_0 + U_0 \end{aligned} \tag{4.19}$$

整理得 s 域下分数阶电容两端输出电压 $U_C(s)$ 为

$$\begin{aligned} U_C(s) &= \frac{(1-\alpha)s+\alpha}{(RC_\alpha + 1 - \alpha)s + \alpha} \cdot \frac{E_0}{s} + \frac{RC_\alpha U_0}{(RC_\alpha + 1 - \alpha)s + \alpha} \\ &= \frac{1-\alpha}{\eta} \cdot \frac{s + \dfrac{\alpha}{1-\alpha}}{s + \dfrac{\alpha}{\eta}} \cdot \frac{E_0}{s} + \frac{RC_\alpha U_0}{\eta} \cdot \frac{1}{s + \dfrac{\alpha}{\eta}} \\ &= \frac{1-\alpha}{\eta} \cdot \frac{E_0}{s + \dfrac{\alpha}{\eta}} + \frac{1}{\eta} \cdot \frac{\alpha}{s + \dfrac{\alpha}{\eta}} \cdot \frac{E_0}{s} + \frac{RC_\alpha U_0}{\eta} \cdot \frac{1}{s + \dfrac{\alpha}{\eta}} \\ &= \frac{RC_\alpha U_0 + (1-\alpha)E_0}{\eta} \cdot \frac{1}{s + \dfrac{\alpha}{\eta}} + \frac{E_0}{s} - \frac{E_0}{s + \dfrac{\alpha}{\eta}} \\ &= \frac{RC_\alpha(U_0 - E_0)}{\eta} \cdot \frac{1}{s + \dfrac{\alpha}{\eta}} + \frac{E_0}{s} \end{aligned} \tag{4.20}$$

式中，中间变量 $\eta = RC_\alpha + 1 - \alpha$；$U_0$ 为电容两端初始电压。对式（4.20）求拉普拉斯逆变换，可以得到常值阶跃输入电压源时，C-F 型分数阶串联 RC 电路的时域模型为

$$u_C(t) = E_0 + \frac{RC_\alpha (U_0 - E_0)}{RC_\alpha + 1 - \alpha} \cdot \exp\left(-\frac{\alpha}{\eta} t\right) \tag{4.21}$$

2. 正弦周期输入电压源的时域模型

将正弦周期输入电压源 $u_i(t) = E_0 \sin(\omega t)$ 代入式（4.5）并进行拉普拉斯变换，其中分数阶微分算子 $\mathcal{D}^\alpha$ 的变换采用 C-F 型的拉普拉斯变换式，可得

$$\frac{sU_C(s) - U_0}{s + \alpha(1-s)} = \frac{E_0}{RC_\alpha} \frac{\omega}{s^2 + \omega^2} - \frac{U_C(s)}{RC_\alpha} \tag{4.22}$$

推导可得 s 域下分数阶电容两端输出电压 $U_C(s)$ 为

$$\begin{aligned} U_C(s) &= \frac{(1-\alpha)E_0}{\eta} \cdot \frac{s + \dfrac{\alpha}{1-\alpha}}{s + \dfrac{\alpha}{\eta}} \cdot \frac{\omega}{s^2+\omega^2} + \frac{RC_\alpha U_0}{\eta} \cdot \frac{1}{s + \dfrac{\alpha}{\eta}} \\ &= \frac{(1-\alpha)\omega E_0}{\eta} \cdot \left(\frac{X_1 s + X_2}{s^2+\omega^2} + \frac{X_3}{s + \dfrac{\alpha}{\eta}} \right) + \frac{RC_\alpha U_0}{\eta} \cdot \frac{1}{s + \dfrac{\alpha}{\eta}} \\ &= \frac{(1-\alpha)E_0}{\eta} \left(\frac{\omega X_1 s}{s^2+\omega^2} + \frac{X_2 \omega}{s^2+\omega^2} \right) \\ &\quad + \frac{(1-\alpha)\omega E_0 X_3 + RC_\alpha U_0}{\eta} \cdot \frac{1}{s + \dfrac{\alpha}{\eta}} \end{aligned} \tag{4.23}$$

式中，中间变量 X_1、X_2 和 X_3 分别为

$$\begin{aligned} X_1 &= -\frac{RC_\alpha \alpha \eta}{(1-\alpha)(\alpha^2 + \omega^2 \eta^2)} \\ X_2 &= 1 + \frac{RC_\alpha \alpha^2}{(1-\alpha)(\alpha^2 + \omega^2\eta^2)} \\ X_3 &= \frac{RC_\alpha \alpha \eta}{(1-\alpha)(\alpha^2 + \omega^2\eta^2)} \end{aligned}$$

对式（4.23）求拉普拉斯逆变换，可以得到正弦周期输入时，C-F 型分数阶串联 RC 电路的时域模型为

$$u_C(t) = \frac{(1-\alpha)\omega X_1 E_0}{\eta} \cos(\omega t)$$

$$
\begin{aligned}
&+\frac{(1-\alpha)\,X_2E_0}{\eta}\sin(\omega t)\\
&+\frac{(1-\alpha)\,\omega E_0X_3+RC_\alpha U_0}{\eta}\cdot\exp\left(-\frac{\alpha}{\eta}t\right)
\end{aligned}
\tag{4.24}
$$

3. 任意输入电压源的时域模型

采用 C-F 型拉普拉斯变换式，对方程（4.5）进行拉普拉斯变换，即可得 s 域下任意输入电压源 $u_i(t)$ 时，分数阶电容两端输出电压 $U_C\,(s)$ 为

$$
\begin{aligned}
U_C\,(s)&=\frac{RC_\alpha U_0+[s+\alpha\,(1-s)]\,U_i\,(s)}{\eta s+\alpha}\\
&=\frac{RC_\alpha U_0}{\eta}\cdot\frac{1}{s+\dfrac{\alpha}{\eta}}+\frac{1-\alpha}{\eta}U_i(s)+X\frac{1}{s+\dfrac{\alpha}{\eta}}U_i(s)
\end{aligned}
\tag{4.25}
$$

式中，中间变量 $X=\dfrac{\alpha}{\eta}-\dfrac{\alpha\,(1-\alpha)}{\eta^2}$，而 $\eta=RC_\alpha+1-\alpha$。通过卷积定理，可以直接得出其时域数学模型为

$$
\begin{aligned}
u_C\,(t)=&\frac{RC_\alpha U_0}{\eta}\exp\left(-\frac{\alpha}{\eta}\cdot t\right)+\frac{1-\alpha}{\eta}u_i\,(t)\\
&+X\int_0^t u_i\,(t-\tau)\cdot\exp\left(-\frac{\alpha}{\eta}\cdot\tau\right)\mathrm{d}\tau
\end{aligned}
\tag{4.26}
$$

采用同样的方法，可以推导得到 C-F 型分数阶并联 RC 电路、串联 RL 电路、并联 RL 电路的时域数学模型。

C-F 型分数阶并联 RC 电路电容两端输出电压的时域数学模型为

$$
\begin{aligned}
u_C\,(t)=&\frac{R^2C_\alpha U_0}{\eta}\exp\left(-\frac{\alpha}{\eta}\cdot t\right)+\frac{R(1-\alpha)}{\eta}i_i\,(t)\\
&+RX\int_0^t i_i\,(t-\tau)\cdot\exp\left(-\frac{\alpha}{\eta}\cdot\tau\right)\mathrm{d}\tau
\end{aligned}
\tag{4.27}
$$

C-F 型分数阶串联 RL 电路流过电感的输出电流的时域数学模型为

$$
\begin{aligned}
i_L\,(t)=&\frac{L_\beta I_0}{\mu}\exp\left(-\frac{R\beta}{\mu}\cdot t\right)+\frac{1-\beta}{\mu}u_i\,(t)\\
&+Y\int_0^t u_i\,(t-\tau)\cdot\exp\left(-\frac{R\beta}{\mu}\cdot\tau\right)\mathrm{d}\tau
\end{aligned}
\tag{4.28}
$$

C-F 型分数阶并联 RL 电路流过电感的输出电流的时域数学模型为

$$
i_L\,(t)=\frac{RL_\beta I_0}{\mu}\exp\left(-\frac{R\beta}{\mu}\cdot t\right)+\frac{R(1-\beta)}{\mu}i_i\,(t)
$$

$$+ RY\int_0^t i_i(t-\tau)\cdot\exp\left(-\frac{R\beta}{\mu}\cdot\tau\right)\mathrm{d}\tau \tag{4.29}$$

式中，U_0 为电容两端的初始电压；I_0 为流过电感的初始电流；α 为分数阶电容的阶次；β 为分数阶电感的阶次。中间变量 $X=\dfrac{\alpha}{\eta}-\dfrac{\alpha(1-\alpha)}{\eta^2}$，而 $\eta=RC_\alpha+1-\alpha$。中间变量 $Y=\dfrac{\beta}{\mu}-\dfrac{R\beta(1-\beta)}{\mu^2}$，而 $\mu=L_\beta+R(1-\beta)$。

分析 C-F 型分数阶串并联 RC、RL 电路对应的四个时域数学模型即式(4.26)、式（4.27)、式（4.28）和式（4.29)，它们的函数形式是一致的，区别只在于函数中的参数不同。

4.1.4 A-B 型分数阶 RC/RL 电路时域数学模型

如果采用 A-B 型拉普拉斯变换式（式（2.37)），对串联和并联 RC、RL 电路的基本方程式进行拉普拉斯变换运算，就可以得到 A-B 型分数阶 RC、RL 电路对应的时域数学模型。对图 4.1（a）所示的串联 RC 电路，如果输入电压源是常值阶跃电压源 $u_i(t)=E_0\mathbf{1}(t)$，将其代入式（4.5）并求 A-B 型拉普拉斯变换，可得

$$\frac{s^\alpha U_C(s^{\alpha-1})-U_0}{s^\alpha+\alpha(1-s^\alpha)}=\frac{E_0}{sRC_\alpha}-\frac{U_C(s)}{RC_\alpha}$$

$$\{[RC_\alpha+(1-\alpha)]s^\alpha+\alpha\}U_C(s)=\frac{(1-\alpha)s^\alpha+\alpha}{s}E_0+RC_\alpha s^{\alpha-1}U_0 \tag{4.30}$$

整理后，可以得到 s 域下分数阶电容两端输出电压 $U_C(s)$ 为

$$\begin{aligned}U_C(s)&=\frac{(1-\alpha)s^\alpha+\alpha}{\eta s^\alpha+\alpha}\cdot\frac{E_0}{s}+\frac{RC_\alpha U_0 s^{\alpha-1}}{\eta s^\alpha+\alpha}\\&=\frac{1-\alpha}{\eta}\cdot\frac{s^\alpha+\dfrac{\alpha}{1-\alpha}}{s^\alpha+\dfrac{\alpha}{\eta}}\cdot\frac{E_0}{s}+\frac{RC_\alpha U_0}{\eta}\cdot\frac{s^{\alpha-1}}{s^\alpha+\dfrac{\alpha}{\eta}}\\&=\frac{E_0}{\eta}\cdot\left(\frac{-RC_\alpha s^{\alpha-1}}{s^\alpha+\dfrac{\alpha}{\eta}}+\frac{\eta}{s}\right)+\frac{RC_\alpha U_0}{\eta}\cdot\frac{s^{\alpha-1}}{s^\alpha+\dfrac{\alpha}{\eta}}\\&=\frac{E_0}{s}+\frac{RC_\alpha(U_0-E_0)}{\eta}\cdot\frac{s^{\alpha-1}}{s^\alpha+\dfrac{\alpha}{\eta}}\end{aligned} \tag{4.31}$$

对式（4.31）求拉普拉斯逆变换，可以得到常值阶跃电压源输入时，A-B 型

分数阶串联 RC 电路的时域数学模型为

$$u_C(t) = E_0 + \frac{RC_\alpha (U_0 - E_0)}{\eta} \cdot \mathcal{E}_\alpha \left(-\frac{\alpha}{\eta} t^\alpha \right) \tag{4.32}$$

式中，$\mathcal{E}_\alpha$ 为单参数 Mittag-Leffler 函数；U_0 为电容两端的初始电压。

对串联和并联 RC、RL 电路的基本方程式 (4.5) ~ 式 (4.8) 进行 A-B 型拉普拉斯变换，再经过复杂的推导，最后整理可以得到任意输入电压源、电流源的时域数学模型。

A-B 型分数阶串联 RC 电路电容两端输出电压的时域数学模型为

$$\begin{aligned} u_C(t) = &\frac{RC_\alpha U_0}{\eta} \mathcal{E}_\alpha \left(-\frac{\alpha}{\eta} \cdot t^\alpha \right) + \frac{1-\alpha}{\eta} u_i(t) \\ &+ X \int_0^t u_i(t-\tau) \cdot \mathcal{E}_\alpha \left(-\frac{\alpha}{\eta} \cdot \tau^\alpha \right) \mathrm{d}\tau \end{aligned} \tag{4.33}$$

A-B 型分数阶并联 RC 电路电容两端输出电压的时域数学模型为

$$\begin{aligned} u_C(t) = &\frac{R^2 C_\alpha U_0}{\eta} \mathcal{E}_\alpha \left(-\frac{\alpha}{\eta} \cdot t^\alpha \right) + \frac{R(1-\alpha)}{\eta} i_i(t) \\ &+ RX \int_0^t i_i(t-\tau) \cdot \mathcal{E}_\alpha \left(-\frac{\alpha}{\eta} \cdot \tau^\alpha \right) \mathrm{d}\tau \end{aligned} \tag{4.34}$$

A-B 型分数阶串联 RL 电路流过电感输出电流的时域数学模型为

$$\begin{aligned} i_L(t) = &\frac{L_\beta I_0}{\mu} \mathcal{E}_\beta \left(-\frac{R\beta}{\mu} \cdot t^\beta \right) + \frac{1-\beta}{\mu} u_i(t) \\ &+ Y \int_0^t u_i(t-\tau) \cdot \mathcal{E}_\beta \left(-\frac{R\beta}{\mu} \cdot \tau^\beta \right) \mathrm{d}\tau \end{aligned} \tag{4.35}$$

A-B 型分数阶并联 RL 电路流过电感输出电流的时域数学模型为

$$\begin{aligned} i_L(t) = &\frac{RL_\beta I_0}{\mu} \mathcal{E}_\beta \left(-\frac{R\beta}{\mu} \cdot t^\beta \right) + \frac{R(1-\beta)}{\mu} i_i(t) \\ &+ RY \int_0^t i_i(t-\tau) \cdot \mathcal{E}_\beta \left(-\frac{R\beta}{\mu} \cdot \tau^\beta \right) \mathrm{d}\tau \end{aligned} \tag{4.36}$$

式中，中间变量 $X = \dfrac{\alpha}{\eta} - \dfrac{\alpha(1-\alpha)}{\eta^2}$，而 $\eta = RC_\alpha + 1 - \alpha$；中间变量 $Y = \dfrac{\beta}{\mu} - \dfrac{R\beta(1-\beta)}{\mu^2}$，而 $\mu = L_\beta + R(1-\beta)$；$\mathcal{E}_\alpha$ 和 $\mathcal{E}_\beta$ 为 Mittag-Leffler 函数；U_0 为电容两端的初始电压；I_0 为流过电感的初始电流。

分析 A-B 型分数阶串并联 RC、RL 电路对应的四个时域数学模型，即式（4.33）、式（4.34）、式（4.35）和式（4.36），同样可以看出，它们的函数形式是一致的，区别只在于函数中参数不同。

对比 C-F 型与 A-B 型分数阶 RC、RL 电路的时域数学模型，二者的区别仅为：C-F 型分数阶电路时域数学模型中的非奇异核为指数函数，而 A-B 型分数阶电路时域数学模型中的非奇异核为广义的指数函数，即 Mittag-Leffler 函数。

4.1.5 分数阶串联 RC 电路时域模型数值仿真

根据 4.1.2节 ~4.1.4节分析得到的结论，同一分数阶定义下，串联或并联 RC、RL 电路时域数学模型的函数形式是一致的，而数值仿真实际就是基于函数进行仿真实验分析，因此选取任意一种 RC、RL 电路进行分析，其结论都可以推广至另外三种 RC、RL 电路。本节选取串联 RC 电路进行数值仿真，电路元件参数为 $R = 100\Omega$、$C_\alpha = 4700\mu\text{F}$，分别进行电容两端初始电压 $U_0 = 0\text{V}$ 时的充电实验仿真，或 $U_0 = 0\text{V}$ 条件的 $u_C(t)$ 阶跃响应实验仿真，以及电容两端初始电压为 $U_0 = 20\text{V}$ 时电源电压为零的放电实验仿真。

图 4.3 是阶跃输入电压源 $u_i(t) = 20 \cdot \mathbf{1}(t)$ 时，C-F 型分数阶 RC 电路的充电仿真结果。图 4.3（a）和（b）分别是采用式（4.21）阶跃输入的时域模型和式（4.26）任意输入的时域模型。图 4.3（c）是（a）和（b）实验结果的误差。

图 4.4 是正弦周期输入电压源 $u_i(t) = \sin(2\pi t)$ 时，C-F 型分数阶 RC 电路的充电仿真结果。图 4.4（a）和（b）分别是采用式（4.24）正弦周期输入的时域模型和式（4.26）任意输入的时域模型。图 4.4（c）是（a）和（b）实验结果的误差。

图 4.5 是电容初值为 20V，电源短路的 C-F 型分数阶 RC 电路的放电仿真结果。图 4.5（a）和（b）分别采用式（4.21）阶跃输入的时域模型和式（4.26）任意输入的时域模型。图 4.5（c）是（a）和（b）实验结果的误差。

上述三组仿真中，均选取了分数阶阶次 α 为 0.2、0.4、0.6、0.8 四组参数，由仿真结果可以看出，分数阶阶次较小时，阶跃输入充放电时间都较慢，随着分数阶阶次增大，充放电时间变快。对于正弦周期输入，输出电压 $u_C(t)$ 的幅值和周期都受分数阶阶次的影响。三组仿真均设置了 $\alpha = 1$ 的实验，也就是整数阶 RC 电路，从图 4.3~ 图 4.5 中可以看出分数阶 RC 电路和整数阶 RC 电路时域响应曲线的差别。另外，三组实验均进行了误差分析，由图 4.3~ 图 4.5 中（c）曲线可以看出误差均为零。式（4.21）和式（4.24）是针对特定输入电压源分析得到的时域模型，而式（4.26）是针对任意输入电压源分析得到的时域模型通式，理应含特定输入电源的情况，因此误差必定为零。

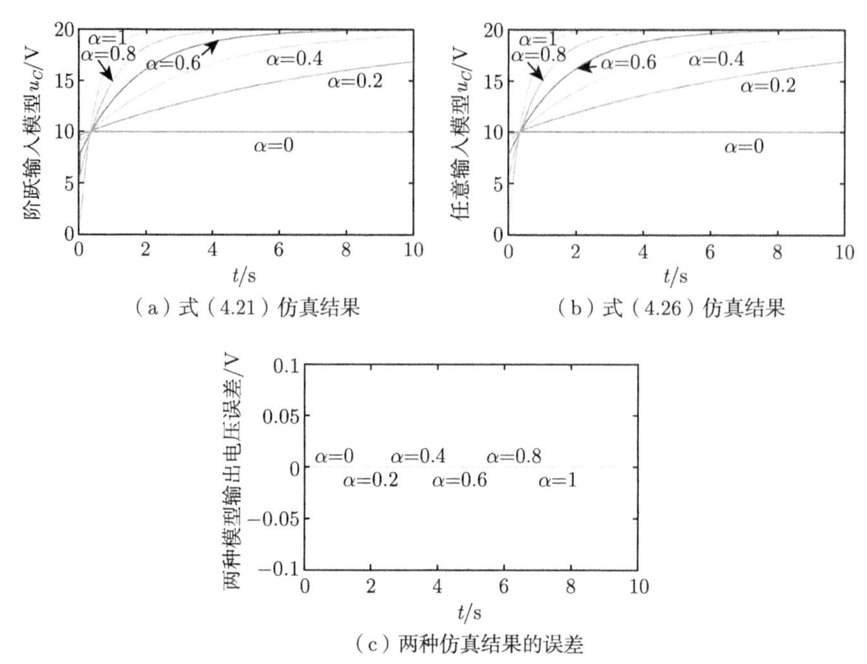

（a）式（4.21）仿真结果　（b）式（4.26）仿真结果

（c）两种仿真结果的误差

图 4.3　阶跃输入时 C-F 型分数阶 RC 电路充电曲线

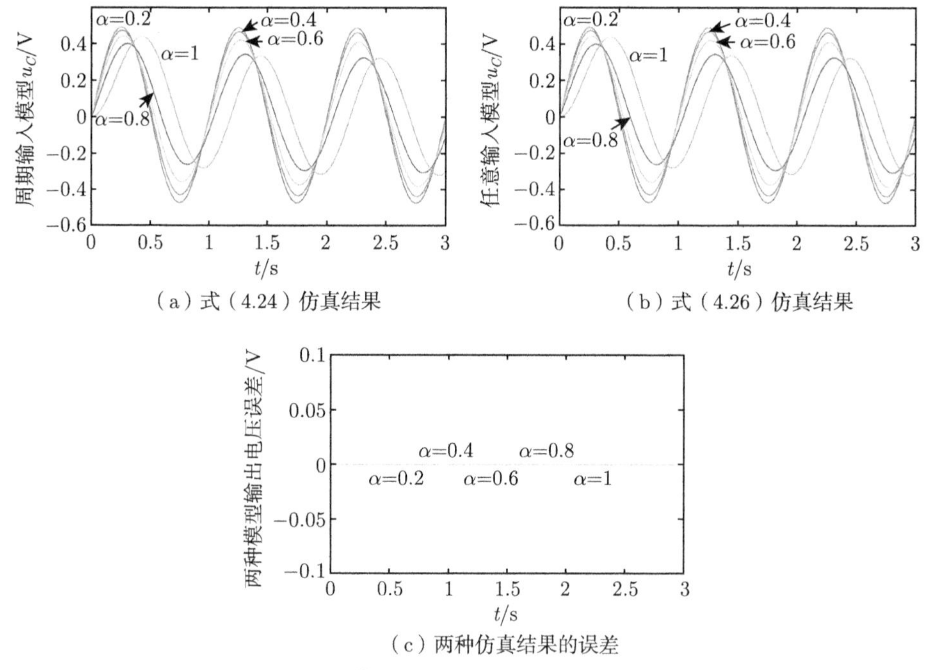

（a）式（4.24）仿真结果　（b）式（4.26）仿真结果

（c）两种仿真结果的误差

图 4.4　正弦周期输入时 C-F 型分数阶 RC 电路充电曲线

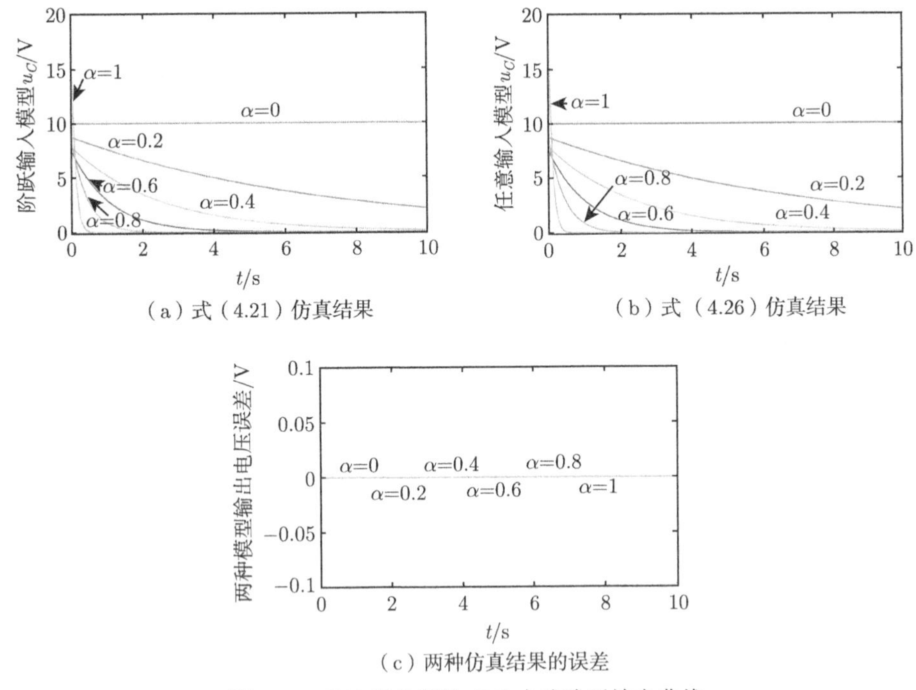

(a) 式 (4.21) 仿真结果

(b) 式 (4.26) 仿真结果

(c) 两种仿真结果的误差

图 4.5 C-F 型分数阶 RC 电路阶跃放电曲线

由于式 (4.26) 是任意输入电压源的时域模型，理论上讲可以用于分析任意复杂形式的输入电压源的响应，若输入电压源为 $u_i(t) = 2t\sin^2(\pi t)\cos(\pi t)$，仿真可得电容两端输出电压曲线如图 4.6所示，从图中可以看到随着电容分数阶阶次的不同，而呈现出不同的电压响应曲线。

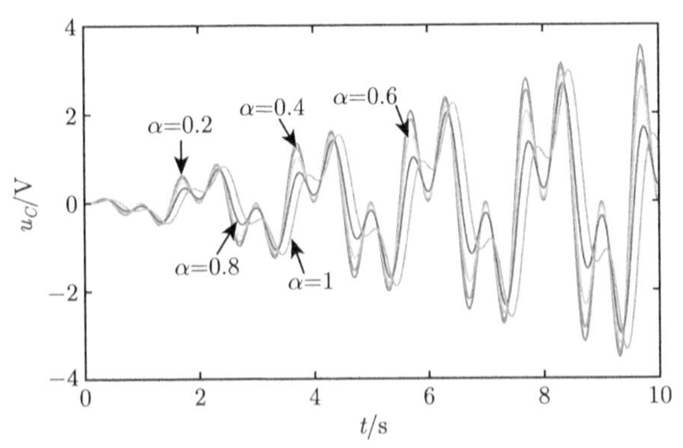

图 4.6 复杂输入电压源时 C-F 型分数阶 RC 电路电压曲线

为了分析比较不同定义下分数阶 RC 电路时域模型的特点，分别对 A-B 型、

C-F 型和 Caputo 型分数阶 RC 电路进行两组参数的数值仿真实验，实验所选分数阶电容阶次为 0.2、0.5 和 0.7，另外进行了整数阶数值仿真实验。仿真参数组一为 $R = 100\Omega$，$C_\alpha = 4700\mu\text{F}$，电容电压初值 $U_0 = 0\text{V}$，电源电压为 20V 常值阶跃电压。仿真参数组二为 $R = 200\Omega$，$C_\alpha = 1000\mu\text{F}$，电容电压初值 $U_0 = 0\text{V}$，电源电压为 15V 常值阶跃电压。仿真结果如图 4.7 和图 4.8 所示。图 4.7（a）～（c）和图 4.8（a）～（c）分别为 α 为 0.2、0.5 和 0.7 时的电压响应曲线。相同分数阶阶次时，A-B 型分数阶 RC 电路、C-F 型分数阶 RC 电路和 Caputo 型分数阶 RC 电路的输出电压响应的变化规律是不同的。分数阶阶次也会对输出电压响应的变化规律产生影响。另外，A-B 型和 C-F 型分数阶电路的电压响应都有一个大于零的初值，这个初值随电容阶次的不同而有差异，并且相同实验参数时，A-B 型和 C-F 型的初值也不同，使用模型时应注意。图 4.7（d）和图 4.8（d）是 $\alpha = 1$ 时的仿真曲线，即电容变为整数阶，得到的仿真曲线也应该是整数阶 RC 充电响应曲线，三条曲线是重合的。

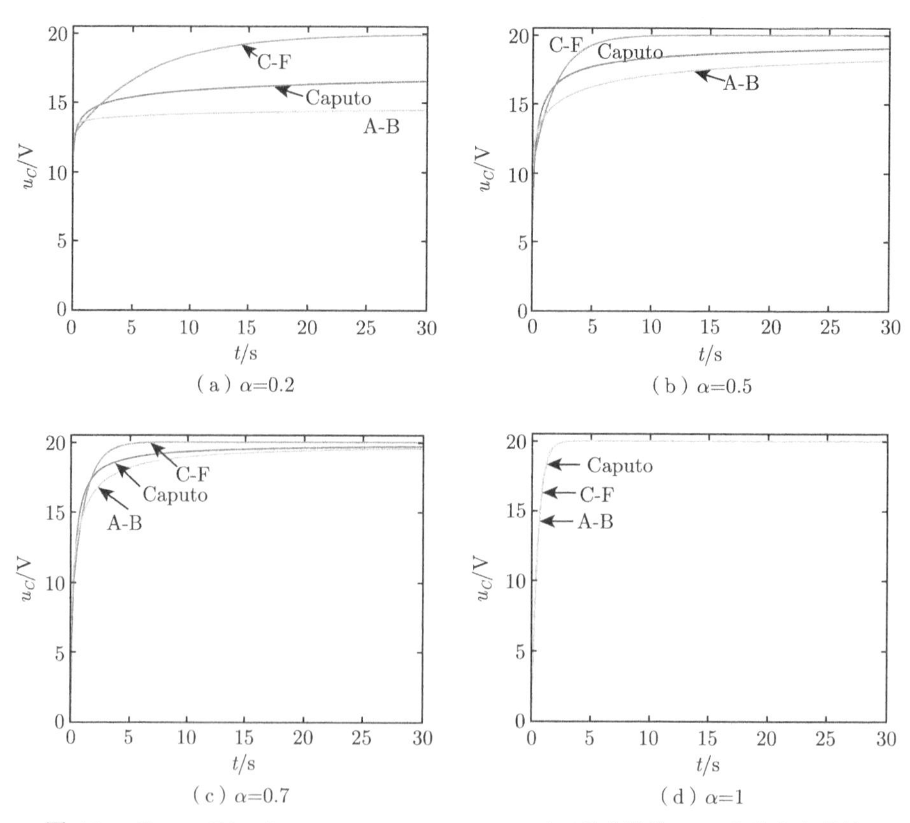

图 4.7　$E_0 = 20\text{V}$、$C_\alpha = 4700\mu\text{F}$、$R = 100\Omega$ 时三种分数阶 RC 电路充电曲线

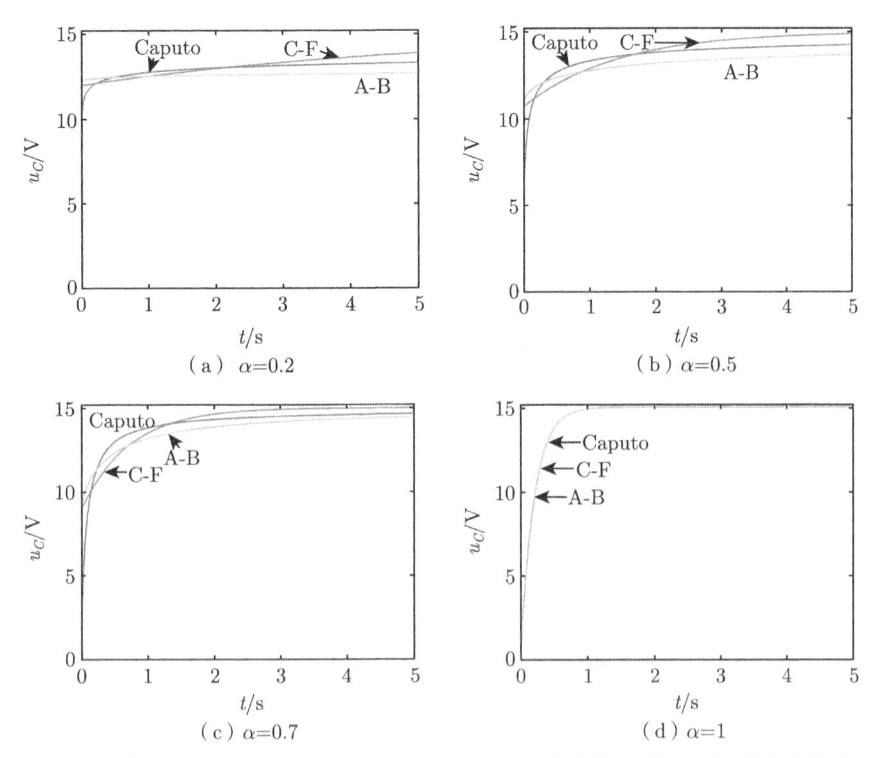

（a）α=0.2 （b）α=0.5 （c）α=0.7 （d）α=1

图 4.8 $E_0 = 15\text{V}$、$C_\alpha = 1000\mu\text{F}$、$R = 200\Omega$ 时分数阶串联 RC 电路充电曲线

4.2 分数阶 RLC 电路时域数学模型

4.2.1 分数阶 RLC 电路及基本方程式

由分数阶电容、分数阶电感和电阻组成的电路，即为分数阶 RLC 电路，最简单的电路有串联和并联两种形式，图 4.9（a）为一种分数阶 RLC 串联电路，供电电源为电压源 $u_i(t)$，图 4.9（b）为一种分数阶 RLC 并联电路，供电电源为电流源 $i_i(t)$。两个电路图中，C_α 为阶次为 α 的分数阶电容，L_β 为阶次为 β 的分数阶电感，若 $\alpha = \beta$，则称为同元次分数阶 RLC 电路。

本节分析 Caputo 型、C-F 型和 A-B 型三种分数阶定义下，RLC 电路的时域数学模型。为了推导时域数学模型，首先要列写基本方程式。先来回顾整数阶 RLC 电路的基本方程式。如果图 4.9（a）中的分数阶元件换成整数阶电容 C 和电感 L，则根据基尔霍夫电压定律，有

$$L\mathcal{D}i_L(t) + Ri_L(t) = u_i(t) - u_C(t) \tag{4.37}$$

而 $C\mathcal{D}u_C(t) = i_L(t)$。

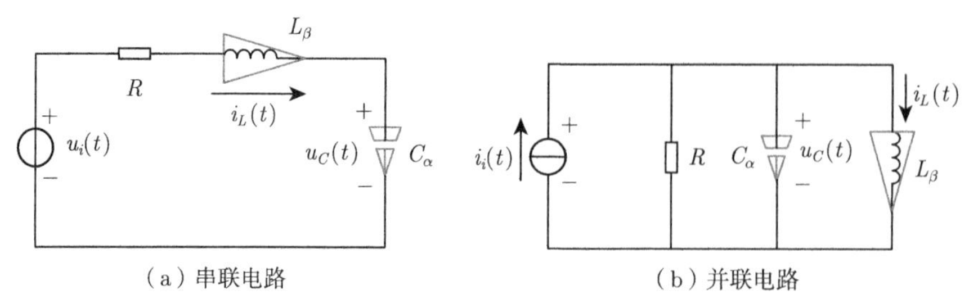

图 4.9 分数阶 RLC 电路

同样，如果图 4.9（b）中的分数阶元件换成整数阶电容 C 和电感 L，则根据基尔霍夫电流定律，有

$$C\mathcal{D}u_C(t)+\frac{u_C(t)}{R}=i_i(t)-i_L(t) \tag{4.38}$$

而 $L\mathcal{D}i_L(t)=u_C(t)$。

将整数阶方程中的整数阶微分算子 $\mathcal{D}$ 替换为分数阶微分算子 $\mathcal{D}^\alpha$ 或 $\mathcal{D}^\beta$，分数阶电容的容值设为 C_α，分数阶电感的感量设为 L_β，即可得图 4.9（a）和（b）分数阶串联和并联电路的基本方程式。

分数阶串联 RLC 电路的基本方程式为

$$C_\alpha\mathcal{D}^\alpha u_C(t)=i_L(t) \tag{4.39a}$$

$$L_\beta\mathcal{D}^\beta i_L(t)+Ri_L(t)=u_i(t)-u_C(t) \tag{4.39b}$$

分数阶并联 RLC 电路的基本方程式为

$$L_\beta\mathcal{D}^\beta i_L(t)=u_C(t) \tag{4.40a}$$

$$C_\alpha\mathcal{D}^\alpha u_C(t)+\frac{u_C(t)}{R}=i_i(t)-i_L(t) \tag{4.40b}$$

4.2.2 Caputo 型分数阶 *RLC* 电路时域数学模型

首先推导 Caputo 型分数阶串联 RLC 电路的时域数学模型；分析图 4.9（a）电路，输入为电压源 $u_i(t)$ 时，电容两端输出电压 $u_C(t)$ 的数学模型。根据 Caputo 定义下的拉普拉斯变换式，可列写方程（4.39）中 $\mathcal{D}^\alpha u_C(t)$ 和 $\mathcal{D}^\beta i_L(t)$ 的拉普拉斯变换式分别为

$$\mathcal{L}_C\left\{\mathcal{D}^\alpha u_C(t)\right\}=s^\alpha U_C(s)-s^{\alpha-1}U_0 \tag{4.41a}$$

$$\mathcal{L}_C\left\{\mathcal{D}^\beta i_L(t)\right\}=\mathcal{L}_C\left\{\mathcal{D}^\beta\left(C_\alpha\mathcal{D}^\alpha u_C(t)\right)\right\}$$

$$= C_\alpha s^{\alpha+\beta} U_C(s) - C_\alpha s^{\alpha+\beta-1} U_0 - s^{\beta-1} I_0 \tag{4.41b}$$

式中，U_0 为分数阶电容两端的初始电压；I_0 为流过分数阶电感的初始电流。

s 域下 Caputo 型分数阶 RLC 电路输出电压 $U_C(s)$ 为

$$\begin{aligned} U_C(s) =& \frac{RC_\alpha s^{\alpha-1} + L_\beta C_\alpha s^{\alpha+\beta-1}}{RC_\alpha s^\alpha + L_\beta C_\alpha s^{\alpha+\beta} + 1} U_0 + \frac{L_\beta s^{\beta-1}}{RC_\alpha s^\alpha + L_\beta C_\alpha s^{\alpha+\beta} + 1} I_0 \\ &+ \frac{1}{RC_\alpha s^\alpha + L_\beta C_\alpha s^{\alpha+\beta} + 1} U_i(s) \end{aligned} \tag{4.42}$$

式中，U_0 为分数阶电容两端的初始电压；I_0 为流过分数阶电感的初始电流。

在零初始状态下，即 $U_0 = 0\text{V}$，$I_0 = 0\text{A}$ 时，式（4.42）可简化为

$$U_C(s) = \frac{1}{RC_\alpha s^\alpha + L_\beta C_\alpha s^{\alpha+\beta} + 1} U_i(s) \tag{4.43}$$

对于分数阶电容与分数阶电感阶次相等的同元次情况，即 $\alpha = \beta$ 时，式（4.43）可以进一步简化为

$$U_C(s) = \frac{1}{L_\beta C_\alpha s^{2\alpha} + RC_\alpha s^\alpha + 1} U_i(s) \tag{4.44}$$

式（4.44）是 Caputo 型串联 RLC 电路在零初始状态下同元次的 s 域数学模型。而

$$\begin{aligned} \frac{1}{L_\beta C_\alpha s^{2\alpha} + RC_\alpha s^\alpha + 1} &= \frac{1/L_\beta C_\alpha}{s^{2\alpha} + \dfrac{R}{L_\beta} s^\alpha + \dfrac{1}{L_\beta C_\alpha}} \\ &= \frac{1/L_\beta C_\alpha}{(s^\alpha - \lambda_{01})(s^\alpha - \lambda_{02})} \end{aligned} \tag{4.45}$$

其中的根为

$$\lambda_{01,02} = \frac{-RC_\alpha \pm \sqrt{(RC_\alpha)^2 - 4L_\beta C_\alpha}}{2L_\beta C_\alpha} \tag{4.46}$$

当系统参数满足 $R^2 = 4\dfrac{L_\beta}{C_\alpha}$ 时，具有两个相同的实数根，为

$$\lambda_{01,02} = \lambda_{00} = -\frac{R}{2L_\beta} \tag{4.47}$$

这种情况下，Caputo 型分数阶串联 RLC 电路的 s 域数学模型可以整理为

$$U_C(s) = \frac{1}{L_\beta C_\alpha} \cdot \frac{1}{(s^\alpha - \lambda_{00})^2} U_i(s) \tag{4.48}$$

通过拉普拉斯逆变换，可以得到这种情况下 Caputo 型分数阶串联 RLC 电路的时域数学模型为

$$u_C(t) = \frac{t^{2\alpha-1}}{L_\beta C_\alpha}\mathcal{E}^2_{\alpha,2\alpha}(\lambda_{00}t^\alpha)u_i(t) \tag{4.49}$$

式中，$\mathcal{E}^2_{\alpha,2\alpha}$ 为三参数 Mittag-Leffler 函数。

当系统满足 $R^2 \neq 4\dfrac{L_\beta}{C_\alpha}$ 时，具有两个不同的实数根，为

$$\lambda_{01} = \frac{-RC_\alpha + \sqrt{(RC_\alpha)^2 - 4L_\beta C_\alpha}}{2L_\beta C_\alpha} \tag{4.50a}$$

$$\lambda_{02} = \frac{-RC_\alpha - \sqrt{(RC_\alpha)^2 - 4L_\beta C_\alpha}}{2L_\beta C_\alpha} \tag{4.50b}$$

这种情况下，Caputo 型分数阶串联 RLC 电路的 s 域数学模型可以整理为

$$U_C(s) = \frac{1}{\vartheta_S}\left(\frac{1}{s^\alpha - \lambda_{01}}U_i(s) - \frac{1}{s^\alpha - \lambda_{02}}U_i(s)\right) \tag{4.51}$$

式中，$\vartheta_S = L_\beta C_\alpha(\lambda_{01} - \lambda_{02})$。可求得这种情况下 Caputo 型分数阶串联 RLC 电路系统的时域数学模型为

$$u_C(t) = \frac{t^{\alpha-1}}{\vartheta_S}\left[\mathcal{E}_{\alpha,\alpha}(\lambda_{01}t^\alpha) - \mathcal{E}_{\alpha,\alpha}(\lambda_{02}t^\alpha)\right]u_i(t) \tag{4.52}$$

式中，$\mathcal{E}_{\alpha,\alpha}$ 为双参数 Mittag-Leffler 函数。

对于图 4.9（b）的并联分数阶 RLC 电路，将分析输入为电流源 $i_i(t)$ 时，流过电感的输出电流 $i_L(t)$ 的时域数学模型。采用 Caputo 定义下的拉普拉斯变换式，对并联电路的方程（4.40）进行拉普拉斯变换，并整理可得 s 域下 Caputo 型的分数阶并联 RLC 电路流过电感的输出电流 $I_L(s)$ 为

$$\begin{aligned} I_L(s) = & \frac{1}{L_\beta C_\alpha s^{\alpha+\beta} + \dfrac{L_\beta}{R}s^\beta + 1}I_i(s) + \frac{L_\beta C_\alpha s^{\alpha+\beta-1} + \dfrac{L_\beta}{R}s^{\beta-1}}{L_\beta C_\alpha s^{\alpha+\beta} + \dfrac{L_\beta}{R}s^\beta + 1}I_0 \\ & + \frac{C_\alpha s^{\alpha-1}}{L_\beta C_\alpha s^{\alpha+\beta} + \dfrac{L_\beta}{R}s^\beta + 1}U_0 \end{aligned} \tag{4.53}$$

在 $\alpha = \beta$ 的同元次情况和零初始条件情况下，式（4.53）可整理为

$$I_L(s) = \frac{1}{L_\beta C_\alpha s^{2\alpha} + \dfrac{L_\beta}{R}s^\alpha + 1}I_i(s)$$

$$
= \frac{\dfrac{1}{L_\beta C_\alpha}}{s^{2\alpha} + \dfrac{1}{RC_\alpha} s^\alpha + \dfrac{1}{L_\beta C_\alpha}} I_i(s)
$$

$$
= \frac{\dfrac{1}{L_\beta C_\alpha}}{(s^\alpha - \lambda_{01p})(s^\alpha - \lambda_{02p})} I_i(s) \tag{4.54}
$$

其中的根为

$$
\lambda_{01p,02p} = \frac{-L_\beta \pm \sqrt{L_\beta^2 - 4L_\beta C_\alpha R^2}}{2L_\beta C_\alpha R} \tag{4.55}
$$

当系统参数满足 $R^2 = \dfrac{L_\beta}{4C_\alpha}$ 时，具有两个相同的实数根，为

$$
\lambda_{01p} = \lambda_{02p} = \lambda_{00p} = -\frac{1}{2RC_\alpha} \tag{4.56}
$$

这种情况下，Caputo 型分数阶并联 RLC 电路的时域数学模型为

$$
i_L(t) = \frac{t^{2\alpha-1}}{L_\beta C_\alpha} \mathcal{E}_{\alpha,2\alpha}^2(\lambda_{00p} t^\alpha) i_i(t) \tag{4.57}
$$

式中，$\mathcal{E}_{\alpha,2\alpha}^2$ 为三参数 Mittag-Leffler 函数。

当系统参数满足 $R^2 \neq \dfrac{L_\beta}{4C_\alpha}$ 时，Caputo 型分数阶并联 RLC 电路的时域数学模型为

$$
i_L(t) = \frac{t^{\alpha-1}}{\vartheta_p} \left[\mathcal{E}_{\alpha,\alpha}(\lambda_{01p} t^\alpha) - \mathcal{E}_{\alpha,\alpha}(\lambda_{02p} t^\alpha)\right] i_i(t) \tag{4.58}
$$

式中，$\vartheta_p = L_\beta C_\alpha(\lambda_{01p} - \lambda_{02p})$；$\mathcal{E}_{\alpha,\alpha}$ 为双参数 Mittag-Leffler 函数；λ_{01p} 和 λ_{02p} 为

$$
\lambda_{01p} = \frac{-L_\beta + \sqrt{L_\beta^2 - 4L_\beta C_\alpha R^2}}{2L_\beta C_\alpha R} \tag{4.59a}
$$

$$
\lambda_{02p} = \frac{-L_\beta - \sqrt{L_\beta^2 - 4L_\beta C_\alpha R^2}}{2L_\beta C_\alpha R} \tag{4.59b}
$$

4.2.3 C-F 型分数阶 RLC 电路时域数学模型

首先推导 C-F 型分数阶串联 RLC 电路的时域数学模型。根据 C-F 定义下的拉普拉斯变换，可列写式（4.39）中 $\mathcal{D}^\alpha u_C(t)$ 和 $\mathcal{D}^\beta i_L(t)$ 的拉普拉斯变换分别为

$$\mathcal{L}_{\mathrm{CF}}\left\{\mathcal{D}^{\alpha}u_C(t)\right\}=\frac{sU_C(s)-U_0}{\alpha+(1-\alpha)s} \tag{4.60a}$$

$$\begin{aligned}\mathcal{L}_{\mathrm{CF}}\left\{\mathcal{D}^{\beta}i_L(t)\right\}&=\mathcal{L}_{\mathrm{CF}}\left\{\mathcal{D}^{\beta}\left(C_\alpha\mathcal{D}^{\alpha}u_C(t)\right)\right\}\\&=\frac{s\left(C_\alpha\dfrac{sU_C(s)-U_0}{s+(1-\alpha)s}\right)-I_0}{\beta+(1-\beta)s}\end{aligned} \tag{4.60b}$$

式中，U_0 为分数阶电容两端的初始电压；I_0 为流过分数阶电感的初始电流。

因此，s 域下 C-F 型的分数阶串联 RLC 电路的方程式为

$$L_\beta\frac{s\left(C_\alpha\dfrac{sU_C(s)-U_0}{s+(1-\alpha)s}\right)-I_0}{s+(1-\beta)s}+RC_\alpha\frac{sU_C(s)-U_0}{s+(1-\alpha)s}+U_C(s)=U_i(s) \tag{4.61}$$

整理之后可以得到电容两端的输出电压 $U_C(s)$ 为

$$U_C(s)=T_{\mathrm{CF1}}(s)U_0+T_{\mathrm{CF2}}(s)I_0+G_{\mathrm{CF}}(s)U_i(s) \tag{4.62}$$

其中，设 $\eta=RC_\alpha+1-\alpha$，可得式（4.62）各函数为

$$T_{\mathrm{CF1}}(s)=\frac{\left[(1-\beta)RC_\alpha+L_\beta C_\alpha\right]s+\beta RC_\alpha}{\left[(1-\beta)\eta+L_\beta C_\alpha\right]s^2+\left[\beta\eta+\alpha(1-\beta)\right]s+\alpha\beta} \tag{4.63}$$

$$T_{\mathrm{CF2}}(s)=\frac{(1-\alpha)L_\beta s+\alpha L_\beta}{\left[(1-\beta)\eta+L_\beta C_\alpha\right]s^2+\left[\beta\eta+\alpha(1-\beta)\right]s+\alpha\beta} \tag{4.64}$$

$$G_{\mathrm{CF}}(s)=\frac{(1-\alpha)(1-\beta)s^2+(\alpha+\beta-2\alpha\beta)s+\alpha\beta}{\left[(1-\beta)\eta+L_\beta C_\alpha\right]s^2+\left[\beta\eta+\alpha(1-\beta)\right]s+\alpha\beta} \tag{4.65}$$

在零初始状态下，即 $U_0=0\mathrm{V}$、$I_0=0\mathrm{A}$ 时，式（4.62）仅需考虑 $G_{\mathrm{CF}}(s)$ 部分，式（4.62）可重新整理得到

$$U_C(s)=\frac{(1-\alpha)(1-\beta)s^2+(\alpha+\beta-2\alpha\beta)s+\alpha\beta}{\left[(1-\beta)\eta+L_\beta C_\alpha\right]s^2+\left[\beta\eta+\alpha(1-\beta)\right]s+\alpha\beta}U_i(s) \tag{4.66}$$

为了更简洁地进行接下来的推导，将式（4.66）中的系数进行替换后得

$$\begin{aligned}U_C(s)&=\frac{B_2s^2+B_1s+B_0}{A_2s^2+A_1s+A_0}U_i(s)\\&=\frac{B_2}{A_2}U_i(s)+\frac{X_1s+X_0}{A_2^2\left(s^2+\dfrac{A_1}{A_2}s+\dfrac{A_0}{A_2}\right)}U_i(s)\end{aligned} \tag{4.67}$$

式中，系数的替换有如下关系：

$$B_2=(1-\alpha)(1-\beta),\quad B_1=\alpha+\beta-2\alpha\beta,\quad B_0=A_0=\alpha\beta$$
$$A_2=(1-\beta)\eta+L_\beta C_\alpha,\quad A_1=\beta\eta+\alpha(1-\beta)$$
$$X_1=A_2B_1-A_1B_2=RC_\alpha\alpha(1-\beta)^2+L_\beta C_\alpha(\alpha+\beta-2\alpha\beta)$$
$$X_0=A_2B_0-A_0B_2=\alpha\beta\left[RC_\alpha(1-\beta)+L_\beta C_\alpha\right]$$

对式（4.67）中第二项的分母多项式，可进行因式分解为 $(s-\lambda_{11})(s-\lambda_{12})$，其中的根为

$$\lambda_{11,12}=-\frac{A_1}{2A_2}\pm\frac{\sqrt{A_1^2-4A_0A_2}}{2A_2}\tag{4.68}$$

当系统参数满足

$$\begin{aligned}&A_1^2-4A_0A_2\\=&[\beta\eta+\alpha(1-\beta)]^2-4\alpha\beta\left[(1-\beta)\eta+L_\beta C_\alpha\right]=0\end{aligned}\tag{4.69}$$

时，有两个相同的实数根，为

$$\lambda_{11,12}=\lambda_{10}=-\frac{A_1}{2A_2}$$

这种情况下，C-F 型分数阶串联 RLC 电路的 s 域数学模型可以整理为

$$U_C(s)=\frac{B_2}{A_2}U_i(s)+\frac{K_{01}}{s-\lambda_{10}}U_i(s)+\frac{K_{02}}{(s-\lambda_{10})^2}U_i(s)\tag{4.70}$$

式中，中间变量 $K_{01}=X_1/A_2^2$，$K_{02}=(X_1\lambda_{10}+X_0)/A_2^2$。

通过拉普拉斯逆变换及卷积定理，可以得到这种情况下 C-F 型 RLC 分数阶串联电路的时域数学模型为

$$\begin{aligned}u_C(t)=&\frac{B_2}{A_2}u_i(t)+K_{01}\int_0^t u_i(t-\tau)\cdot\exp(\lambda_{10}\tau)\,\mathrm{d}\tau\\&+K_{02}\int_0^t u_i(t-\tau)\cdot t\cdot\exp(\lambda_{10}\tau)\,\mathrm{d}\tau\end{aligned}\tag{4.71}$$

当系统参数满足

$$\begin{aligned}&A_1^2-4A_0A_2\\=&[\beta\eta+\alpha(1-\beta)]^2-4\alpha\beta\left[(1-\beta)\eta+L_\beta C_\alpha\right]>0\end{aligned}\tag{4.72}$$

时，有两个不同的实数根，为

$$\lambda_{11}=-\frac{A_1}{2A_2}+\frac{\sqrt{A_1^2-4A_0A_2}}{2A_2}$$

$$\lambda_{12} = -\frac{A_1}{2A_2} - \frac{\sqrt{A_1^2 - 4A_0A_2}}{2A_2}$$

这种情况下，C-F 型分数阶串联 RLC 电路的 s 域数学模型可以整理为

$$U_C(s) = \frac{B_2}{A_2}U_i(s) + \frac{K_{11}}{s-\lambda_{11}}U_i(s) + \frac{K_{12}}{s-\lambda_{12}}U_i(s) \tag{4.73}$$

式中，中间变量 K_{11} 和 K_{12} 为

$$K_{11} = \left(X_1/A_2^2\right) - K_{12}$$
$$K_{12} = \left(X_1\lambda_{12} + X_0\right) / \left[A_2^2\left(\lambda_{12} - \lambda_{11}\right)\right]$$

通过拉普拉斯逆变换及卷积定理，可以得到这种情况下 C-F 型分数阶串联 RLC 电路的时域数学模型为

$$\begin{aligned} u_C(t) = & \frac{B_2}{A_2}u_i(t) + K_{11}\int_0^t u_i\left(t-\tau\right)\cdot\exp\left(\lambda_{11}\tau\right)\mathrm{d}\tau \\ & + K_{12}\int_0^t u_i\left(t-\tau\right)\cdot\exp\left(\lambda_{12}\tau\right)\mathrm{d}\tau \end{aligned} \tag{4.74}$$

图 4.10是电路参数满足条件式（4.72）情形下阶跃输入电容电压响应曲线，其中的仿真参数设为 $R=3\Omega$，$C_\alpha=0.5\mathrm{F}$，$L_\beta=0.5\mathrm{H}$，电源电压为 1V 阶跃电压。实验电容阶次 α 和电感阶次 β 的选择也满足条件式（4.72）。从图中可以看出，电容阶次 α 和电感阶次 β 对系统响应都有影响，而电容阶次 α 对电容电压响应的影响更加明显；随着阶次 α 的减小，响应时间变长，随着阶次 β 的减小，响应时间也变长。另外，响应曲线呈现无超调单调上升变化，与整数阶线性二阶系统的过阻尼状态的阶跃响应曲线一致。因此，条件式（4.72）也称为分数阶 RLC 电路系统的过阻尼状态条件，式（4.74）也称为过阻尼状态下的时域数学模型。

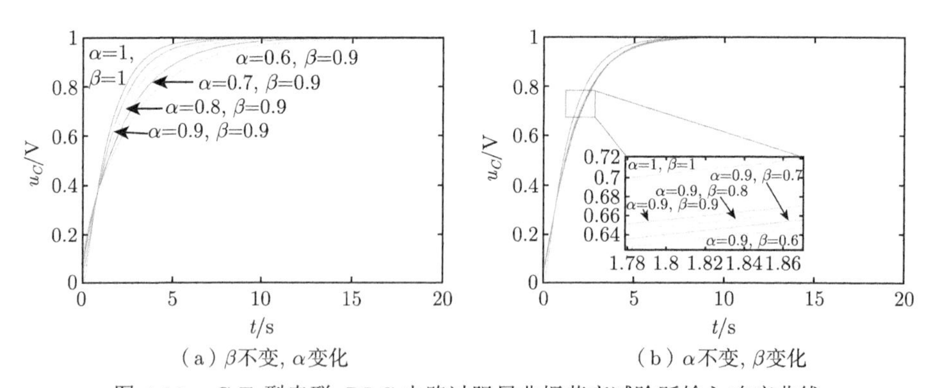

（a）β不变，α变化　　　　（b）α不变，β变化

图 4.10　C-F 型串联 RLC 电路过阻尼非振荡衰减阶跃输入响应曲线

当系统参数满足

$$\begin{aligned}&A_1^2-4A_0A_2\\=&[\beta\eta+\alpha(1-\beta)]^2-4\alpha\beta\left[(1-\beta)\eta+L_\beta C_\alpha\right]<0\end{aligned} \tag{4.75}$$

时，有一对共轭复数根，为

$$\lambda_{11}=-\frac{A_1}{2A_2}+\mathrm{j}\frac{\sqrt{4A_0A_2-A_1^2}}{2A_2}$$
$$\lambda_{12}=-\frac{A_1}{2A_2}-\mathrm{j}\frac{\sqrt{4A_0A_2-A_1^2}}{2A_2}$$

设实部 $k_{\mathrm{re}}=\mathrm{Re}(\lambda_{11})=-A_1/(2A_2)$，虚部 $k_{\mathrm{im}}=\mathrm{Im}(\lambda_{11})=\sqrt{4A_0A_2-A_1^2}/(2A_2)$，则输出电压的 s 域模型可以重新整理为

$$U_C(s)=\frac{B_2}{A_2}U_i(s)+\frac{K_{21}(s-k_{\mathrm{re}})}{(s-k_{\mathrm{re}})^2+k_{\mathrm{im}}^2}U_i(s)+\frac{K_{22}k_{\mathrm{im}}}{(s-k_{\mathrm{re}})^2+k_{\mathrm{im}}^2}U_i(s) \tag{4.76}$$

式中，中间变量 $K_{21}=X_1/A_2^2$，$K_{22}=(X_0-X_1k_{\mathrm{re}})/(A_2^2k_{\mathrm{im}})$。

参考卷积定理以及三角函数的基本性质，通过拉普拉斯逆变换可以得到这种情况下 C-F 型分数阶串联 RLC 电路的时域数学模型为

$$\begin{aligned}u_C(t)=&\frac{B_2}{A_2}u_i(t)+K_{21}\int_0^t u_i(t-\tau)\cdot\exp(k_{\mathrm{re}}\tau)\cdot\cos(k_{\mathrm{im}}\tau)\mathrm{d}\tau\\&+K_{22}\int_0^t u_i(t-\tau)\cdot\exp(k_{\mathrm{re}}\tau)\cdot\sin(k_{\mathrm{im}}\tau)\mathrm{d}\tau\end{aligned} \tag{4.77}$$

图 4.11 是电路参数满足条件式（4.75）情况下的电容电压响应曲线。其中的仿真参数为 $R=0.5\Omega$，$C_\alpha=0.5\mathrm{F}$，$L_\beta=0.5\mathrm{H}$，电源电压为 1V 阶跃电压。实验电容阶次 α 和电感阶次 β 的选择也满足条件式（4.75）。从图 4.11可以看出，电容阶次 α 和电感阶次 β 对系统的响应有类似的影响。阶次增大时，上升时间变短，超调量增大，振荡次数增加。这种条件下的响应曲线呈现振荡衰减变化，与整数阶线性二阶系统的欠阻尼状态的响应曲线一致。因此，条件式（4.75）也称为分数阶 RLC 电路系统的欠阻尼条件，式（4.77）也称为欠阻尼状态下的时域数学模型。条件式（4.69）也称为分数阶 RLC 电路系统的临界阻尼条件。

从分数阶 RLC 电路系统欠阻尼条件式（4.75）、临界阻尼条件式（4.69）和过阻尼条件式（4.72）可以看出，分数阶 RLC 电路的阻尼状态除了会受到阻值、容值和感量的影响之外，还会受到分数阶元件阶次的影响。例如，设电路参数 $R=1\Omega$，$C_\alpha=1\mathrm{F}$，$L_\beta=0.1\mathrm{H}$，当 $\alpha=0.1$、$\beta=0.5$ 时系统为过阻尼状态，当 $\alpha=0.9$、$\beta=0.5$ 时系统为欠阻尼状态。同时，分数阶电容和电感的阶次对系统的响应也有着不同的影响，这也说明 C-F 型分数阶 RLC 电路与整数阶 RLC 电路相比，在描述实际电路特性时有着更大的自由度。

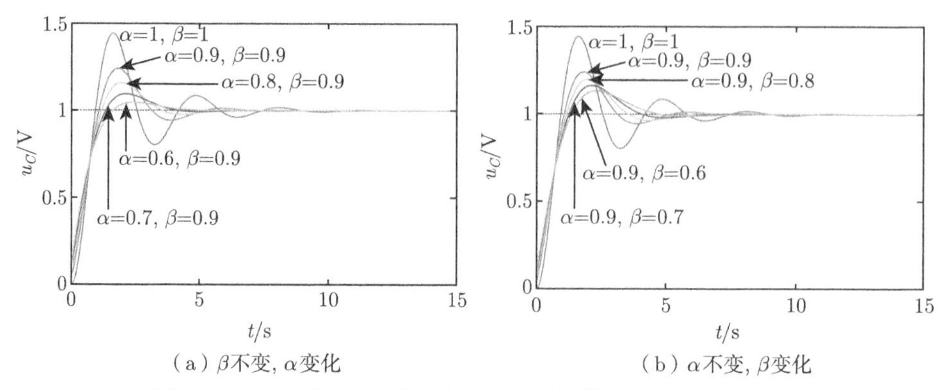

(a) β不变, α变化　　(b) α不变, β变化

图 4.11　C-F 型 RLC 电路欠阻尼衰减振荡阶跃输入响应曲线

C-F 型分数阶并联 RLC 系统时域数学模型的推导过程与串联电路系统类似，在此直接给出推导并验证后的时域数学模型。分析输入为电流源 $i_i(t)$，流过电感的输出电流 $i_L(t)$ 的数学模型。s 域下 C-F 型分数阶并联 RLC 电路方程为

$$I_L(s) = T_{\mathrm{CF}1p}(s)U_0 + T_{\mathrm{CF}2p}(s)I_0 + G_{\mathrm{CF}p}(s)I_i(s) \tag{4.78}$$

式中

$$\begin{cases} T_{\mathrm{CF}1p}(s) = \dfrac{o_{41}s + o_{42}}{o_{11}s^2 + o_{12}s + o_0} \\ T_{\mathrm{CF}2p}(s) = \dfrac{o_{31}s + o_{32}}{o_{11}s^2 + o_{12}s + o_0} \\ G_{\mathrm{CF}p}(s) = \dfrac{o_{21}s^2 + o_{22}s + o_0}{o_{11}s^2 + o_{12}s + o_0} \end{cases} \tag{4.79}$$

中间变量为

$$\begin{cases} o_{11} = \left(\dfrac{L_\beta}{R} + 1 - \beta\right)(1-\alpha) + L_\beta C_\alpha \\ o_{12} = \beta(1-\alpha) + \alpha\left(\dfrac{L_\beta}{R} + 1 - \beta\right) \\ o_{21} = (1-\alpha)(1-\beta) \\ o_{22} = \alpha(1-\beta) + \beta(1-\alpha) \\ o_{31} = \dfrac{L_\beta}{R}(1-\alpha) - L_\beta C_\alpha \\ o_{32} = \dfrac{L_\beta}{R}\alpha \\ o_{41} = C_\alpha(1-\beta) \\ o_{42} = \beta C_\alpha \\ o_0 = \alpha\beta \end{cases} \tag{4.80}$$

在零初始状态下，可求得两个根为

$$\lambda_{11p}, \lambda_{12p} = -\frac{o_{12}}{2o_{11}} \pm \frac{\sqrt{o_{12}^2 - 4o_{11}o_0}}{2o_{11}} \tag{4.81}$$

当参数满足 $o_{12}^2 - 4o_{11}o_0 = 0$ 时，系统有两个相等的实数根 $\lambda_{10p} = -\dfrac{o_{12}}{2o_{11}}$，此时系统的时域数学模型为

$$\begin{aligned} i_L(t) =& \frac{o_{21}}{o_{11}} i_i(t) + K_{01p}\int_0^t i_i(t-\tau)\exp(\lambda_{10p}\tau)\mathrm{d}\tau \\ &+ K_{02p}\int_0^t i_i(t-\tau)\tau\exp(\lambda_{10p}\tau)\mathrm{d}\tau \end{aligned} \tag{4.82}$$

式中，中间变量为

$$\begin{cases} K_{01p} = \dfrac{o_1}{o_{11}^2} \\ K_{02p} = \dfrac{o_1\lambda_{0p}}{o_{11}^2} + \dfrac{o_2}{o_{11}^2} \\ o_1 = o_{22}o_{11} - o_{21}o_{12} \\ o_2 = o_0\left(o_{11} - o_{21}\right) \end{cases} \tag{4.83}$$

当参数满足 $o_{12}^2 > 4o_{11}o_0$ 时，系统有两个不同的实数根，为

$$\begin{cases} \lambda_{11p} = -\dfrac{o_{12}}{2o_{11}} + \dfrac{\sqrt{o_{12}^2 - 4o_{11}o_0}}{2o_{11}} = -\dfrac{o_{12}}{2o_{11}} + \dfrac{F_{p1}}{2o_{11}} \\ \lambda_{12p} = -\dfrac{o_{12}}{2o_{11}} - \dfrac{\sqrt{o_{12}^2 - 4o_{11}o_0}}{2o_{11}} = -\dfrac{o_{12}}{2o_{11}} - \dfrac{F_{p1}}{2o_{11}} \end{cases} \tag{4.84}$$

式中，$F_{p1} = \sqrt{o_{12}^2 - 4o_{11}o_0}$，此时系统的时域数学模型为

$$\begin{aligned} i_L(t) =& \frac{o_{21}}{o_{11}} i_i(t) + K_{11p}\int_0^t i_i(t-\tau)\exp(\lambda_{11p}\tau)\mathrm{d}\tau \\ &+ K_{12p}\int_0^t i_i(t-\tau)\exp(\lambda_{12p}\tau)\mathrm{d}\tau \end{aligned} \tag{4.85}$$

中间变量为

$$\begin{cases} K_{11p} = \dfrac{o_2}{o_{11}F_{p1}} + \dfrac{o_1}{2o_{11}^2} - \dfrac{o_1 o_{12}}{2o_{11}^2 F_{p1}} \\ K_{12p} = -\dfrac{o_2}{o_{11}F_{p1}} + \dfrac{o_1}{2o_{11}^2} + \dfrac{o_1 o_{12}}{2o_{11}^2 F_{p1}} \end{cases} \tag{4.86}$$

当参数满足 $o_{12}^2 < 4o_{11}o_0$ 时，系统有一对共轭复数根为

$$\begin{cases} \lambda_{11p} = -\dfrac{o_{12}}{2o_{11}} + \mathrm{j}\dfrac{\sqrt{4o_{11}o_0 - o_{12}^2}}{2o_{11}} = -\dfrac{o_{12}}{2o_{11}} + \mathrm{j}\dfrac{F_{p2}}{2o_{11}} \\ \lambda_{12p} = -\dfrac{o_{12}}{2o_{11}} - \mathrm{j}\dfrac{\sqrt{4o_{11}o_0 - o_{12}^2}}{2o_{11}} = -\dfrac{o_{12}}{2o_{11}} - \mathrm{j}\dfrac{F_{p2}}{2o_{11}} \end{cases} \tag{4.87}$$

式中，$F_{p2} = \sqrt{4o_{11}o_0 - o_{12}^2}$，此时系统的时域数学模型为

$$\begin{aligned} i_L(t) =& \frac{o_{21}}{o_{11}} i_i(t) + K_{21p} \int_0^t i_i(t-\tau)\exp(-z\tau)\cos(q\tau)\,\mathrm{d}\tau \\ & + K_{22p} \int_0^t i_i(t-\tau)\exp(-z\tau)\sin(q\tau)\,\mathrm{d}\tau \end{aligned} \tag{4.88}$$

中间变量为

$$\begin{cases} K_{21p} = \dfrac{o_1}{o_{11}^2} \\ K_{22p} = \dfrac{2o_2o_{11} - o_1o_{12}}{o_{11}^2 F_{p2}} \\ z = \dfrac{o_{12}}{2o_{11}} \\ q = \dfrac{F_{p2}}{2o_{11}} \end{cases} \tag{4.89}$$

4.2.4 A-B 型分数阶 *RLC* 电路时域数学模型

首先推导 A-B 型分数阶串联 *RLC* 电路的数学模型。根据 A-B 定义下的拉普拉斯变换，可知

$$\mathcal{L}_{\mathrm{AB}}\left\{\mathcal{D}^\alpha u_C(t)\right\} = \frac{s^\alpha U_C(s) - s^{\alpha-1}U_0}{(1-\alpha)s^\alpha + \alpha} \tag{4.90}$$

以及

$$\begin{aligned} \mathcal{L}_{\mathrm{AB}}\left\{\mathcal{D}^\beta i_L(t)\right\} &= \mathcal{L}_{\mathrm{AB}}\left\{\mathcal{D}^\beta\left(C_\alpha\mathcal{D}^\alpha u_C(t)\right)\right\} \\ &= \frac{s^\beta\left(C_\alpha\dfrac{s^\alpha U_C(s) - s^{\alpha-1}U_0}{(1-\alpha)s^\alpha+\alpha}\right) - s^{\beta-1}I_0}{(1-\beta)s^\beta+\beta} \end{aligned} \tag{4.91}$$

因此，s 域下 A-B 型分数阶串联 *RLC* 电路的方程式为

$$\begin{aligned} & L_\beta\frac{s^\beta\left(C_\alpha\dfrac{s^\alpha U_C(s) - s^{\alpha-1}U_0}{(1-\alpha)s^\alpha+\alpha}\right) - s^{\beta-1}I_0}{(1-\beta)s^\beta+\beta} \\ & + RC_\alpha\frac{s^\alpha U_C(s) - s^{\alpha-1}U_0}{(1-\alpha)s^\alpha+\alpha} + U_C(s) = U_i(s) \end{aligned} \tag{4.92}$$

式中，U_0 为分数阶电容两端的初始电压；I_0 为流过分数阶电感的初始电流。

整理之后可以得到电容两端的输出电压的 $U_C(s)$ 为

$$U_C(s) = T_{\text{AB1}}(s)U_0 + T_{\text{AB2}}(s)I_0 + G_{\text{AB}}(s)U_i(s) \tag{4.93}$$

同样设 $\eta = RC_\alpha + 1 - \alpha$，可得式（4.93）各函数为

$$T_{\text{AB1}}(s) = \frac{[(1-\beta)RC_\alpha + L_\beta C_\alpha]\, s^{\alpha+\beta-1} + \beta RC_\alpha s^{\alpha-1}}{[(1-\beta)\eta + L_\beta C_\alpha]\, s^{\alpha+\beta} + \beta\eta s^\alpha + \alpha(1-\beta)s^\beta + \alpha\beta} \tag{4.94}$$

$$T_{\text{AB2}}(s) = \frac{(1-\alpha)L_\beta s^{\alpha+\beta-1} + \alpha L_\beta s^{\beta-1}}{[(1-\beta)\eta + L_\beta C_\alpha]\, s^{\alpha+\beta} + \beta\eta s^\alpha + \alpha(1-\beta)s^\beta + \alpha\beta} \tag{4.95}$$

$$G_{\text{AB}}(s) = \frac{(1-\alpha)(1-\beta)s^{\alpha+\beta} + \beta(1-\alpha)s^\alpha + \alpha(1-\beta)s^\beta + \alpha\beta}{[(1-\beta)\eta + L_\beta C_\alpha]\, s^{\alpha+\beta} + \beta\eta s^\alpha + \alpha(1-\beta)s^\beta + \alpha\beta} \tag{4.96}$$

在零初始状态下，式（4.93）所示的 A-B 型分数阶串联 RLC 电路的输出电压表达式可以简化为

$$U_C(s) = \frac{(1-\alpha)(1-\beta)s^{\alpha+\beta} + \beta(1-\alpha)s^\alpha + \alpha(1-\beta)s^\beta + \alpha\beta}{[(1-\beta)\eta + L_\beta C_\alpha]\, s^{\alpha+\beta} + \beta\eta s^\alpha + \alpha(1-\beta)s^\beta + \alpha\beta}U_i(s) \tag{4.97}$$

本节讨论 $\alpha = \beta$ 的同元次的情况，此时 A-B 型分数阶串联 RLC 电路的同元次数学模型为

$$U_C(s) = \frac{(1-\alpha)^2 s^{2\alpha} + 2\alpha(1-\alpha)s^\alpha + \alpha^2}{[(1-\alpha)\eta + L_\beta C_\alpha]\, s^{2\alpha} + \alpha(\eta + 1 - \alpha)s^\alpha + \alpha^2}U_i(s) \tag{4.98}$$

为了更简洁地进行接下来的推导，将式（4.98）中的系数进行替换后得

$$\begin{aligned} U_C(s) &= \frac{B_{20}s^{2\alpha} + B_{10}s^\alpha + B_{00}}{A_{20}s^{2\alpha} + A_{10}s^\alpha + A_{00}}U_i(s) \\ &= \frac{B_{20}}{A_{20}}U_i(s) + \frac{X_{10}s^\alpha + X_{00}}{A_{20}^2\left(s^{2\alpha} + \dfrac{A_{10}}{A_{20}}s^\alpha + \dfrac{A_{00}}{A_{20}}\right)}U_i(s) \end{aligned} \tag{4.99}$$

式中，系数的替换有如下关系：

$$\begin{aligned} &B_{20} = (1-\alpha)^2, \quad B_{10} = 2\alpha(1-\alpha), \quad B_{00} = A_{00} = \alpha^2 \\ &A_{20} = (1-\alpha)\eta + L_\beta C_\alpha, \quad A_{10} = \alpha(\eta + 1 - \alpha) \\ &X_{10} = A_{20}B_{10} - A_{10}B_{20} = \alpha(1-\alpha)(RC_\alpha + 2L_\beta C_\alpha - \alpha RC_\alpha) \end{aligned}$$

$$X_{00}=A_{20}B_{00}-A_{00}B_{20}=\alpha^2\left[RC_\alpha\left(1-\alpha\right)+L_\beta C_\alpha\right]$$

对式（4.99）分母多项式部分进行因式分解，可求得根为

$$\lambda_{21,22}=-\frac{A_{10}}{2A_{20}}\pm\frac{\sqrt{A_{10}^2-4A_{00}A_{20}}}{2A_{20}}$$

当 $A_{10}^2=4A_{00}A_{20}$ 时,系统有两个相同的实数根为 $\lambda_{21}=\lambda_{22}=\lambda_{20}=-\dfrac{A_{10}}{2A_{20}}$，式（4.99）可以因式分解为

$$U_C(s)=\frac{B_{20}}{A_{20}}U_i(s)+\frac{K_{03}}{s^\alpha-\lambda_{20}}U_i(s)+\frac{K_{04}}{\left(s^\alpha-\lambda_{20}\right)^2}U_i(s)\tag{4.100}$$

式中，中间变量 $K_{03}=X_{10}/A_{20}^2, K_{04}=\left(X_{10}\lambda_{20}+X_{00}\right)/A_{20}^2$。

因此，$A_{10}^2=4A_{00}A_{20}$ 时 A-B 型的同元次分数阶串联 RLC 电路的时域数学模型为

$$\begin{aligned}u_C(t)=&\frac{B_2}{A_2}u_i(t)+K_{03}\int_0^t u_i\left(t-\tau\right)\cdot\tau^{\alpha-1}\cdot\mathcal{E}_{\alpha,\alpha}\left(\lambda_{20}\tau^\alpha\right)\mathrm{d}\tau\\&+K_{04}\int_0^t u_i\left(t-\tau\right)\cdot\tau^{\alpha-1}\cdot\mathcal{E}_{\alpha,\alpha}^2\left(\lambda_{20}\tau^\alpha\right)\mathrm{d}\tau\end{aligned}\tag{4.101}$$

当 $A_{10}^2>4A_{00}A_{20}$ 时，式（4.99）可以因式分解为

$$U_C(s)=\frac{B_{20}}{A_{20}}U_i(s)+\frac{K_{13}}{s^\alpha-\lambda_{21}}U_i(s)+\frac{K_{14}}{s^\alpha-\lambda_{22}}U_i(s)\tag{4.102}$$

式中

$$\begin{cases}\lambda_{21}=-\dfrac{A_{10}}{2A_{20}}+\dfrac{\sqrt{A_{10}^2-4A_{00}A_{20}}}{2A_{20}}\\\lambda_{22}=-\dfrac{A_{10}}{2A_{20}}-\dfrac{\sqrt{A_{10}^2-4A_{00}A_{20}}}{2A_{20}}\end{cases}\tag{4.103}$$

中间变量为

$$\begin{aligned}&K_{13}=\left(X_{10}/A_{20}^2\right)-K_{14}\\&K_{14}=\left(X_{10}\lambda_{22}+X_{00}\right)/\left[A_{20}^2\left(\lambda_{22}-\lambda_{21}\right)\right]\end{aligned}$$

因此，$A_{10}^2>4A_{00}A_{20}$ 时 A-B 型同元次分数阶串联 RLC 电路的时域数学模型为

$$u_C(t)=\frac{B_2}{A_2}u_i(t)+K_{13}\int_0^t u_i\left(t-\tau\right)\cdot\tau^{\alpha-1}\cdot\mathcal{E}_{\alpha,\alpha}\left(\lambda_{21}\tau^\alpha\right)\mathrm{d}\tau$$

$$+ K_{14} \int_0^t u_i(t-\tau) \cdot \tau^{\alpha-1} \cdot \mathcal{E}_{\alpha,\alpha}\left(\lambda_{22}\tau^{\alpha}\right) \mathrm{d}\tau \tag{4.104}$$

A-B 型分数阶并联 RLC 电路的时域数学模型的推导过程与串联电路类似，在此直接给出推导并验证后的时域数学模型。将分析输入为电流源 $i_i(t)$，流过电感的输出电流 $i_L(t)$ 的数学模型。考虑 $\alpha=\beta$ 的同元次分数阶并联 RLC 电路系统。s 域下 A-B 型分数阶并联 RLC 电路方程为

$$I_L(s) = T_{\mathrm{AB1}p}(s)U_0 + T_{\mathrm{AB2}p}(s)I_0 + G_{\mathrm{AB}p}(s)I_i(s) \tag{4.105}$$

式中

$$\begin{cases} T_{\mathrm{AB1}p}(s) = \dfrac{o'_{41}s^{\alpha} + o'_{42}}{o'_{11}s^{2\alpha} + o'_{12}s^{\alpha} + o'_0} \\ T_{\mathrm{AB2}p}(s) = \dfrac{o'_{31}s^{\alpha} + o'_{32}}{o'_{11}s^{2\alpha} + o'_{12}s^{\alpha} + o_0} \\ G_{\mathrm{AB}p}(s) = \dfrac{o'_{21}s^{2\alpha} + o'_{22}s^{\alpha} + o'_0}{o'_{11}s^{s\alpha} + o'_{12}s^{\alpha} + o'_0} \end{cases} \tag{4.106}$$

中间变量为

$$\begin{cases} o'_{11} = \left(\dfrac{L_\beta}{R} + 1 - \alpha\right)(1-\alpha) + L_\beta C_\alpha \\ o'_{12} = 2\alpha(1-\alpha) + \alpha\dfrac{L_\beta}{R} \\ o'_{21} = (1-\alpha)^2 \\ o'_{22} = 2\alpha(1-\alpha) \\ o'_{31} = \dfrac{L_\beta}{R}(1-\alpha) - L_\beta C_\alpha \\ o'_{32} = \dfrac{L_\beta}{R}\alpha \\ o'_{41} = C_\alpha(1-\alpha) \\ o'_{42} = \alpha C_\alpha \\ o'_0 \ = \alpha^2 \end{cases} \tag{4.107}$$

在零初始状态下，当 $o'^2_{12} = 4o'_{11}o'_0$ 时，系统有两个相等的实数根，此时系统的时域数学模型为

$$\begin{aligned} i_L(t) = & \frac{o'_{21}}{o'_{11}} i_i(t) + K_{03p} \int_0^t i_i(t-\tau) \cdot \tau^{\alpha-1} \cdot \mathcal{E}_{\alpha,\alpha}\left(\lambda_{20p}\tau^{\alpha}\right) \mathrm{d}\tau \\ & + K_{04p} \int_0^t i_i(t-\tau) \cdot \tau^{\alpha-1} \cdot \mathcal{E}^2_{\alpha,\alpha}\left(\lambda_{20p}\tau^{\alpha}\right) \mathrm{d}\tau \end{aligned} \tag{4.108}$$

式中，$\lambda_{20p}=-\dfrac{o'_{12}}{2o'_{11}}$ 为此模式下的系统实数根，中间变量为

$$\begin{cases}K_{03p}=\dfrac{o'_1}{o'^2_{11}}\\K_{04p}=\dfrac{o'_1\lambda_{10p}}{o'^2_{11}}+\dfrac{o'_2}{o'^2_{11}}\\o'_1=o'_{22}o'_{11}-o'_{21}o'_{12}\\o'_2=o'_0\left(o'_{11}-o'_{21}\right)\end{cases}\tag{4.109}$$

当 $o'^2_{12}>4o'_{11}o'_0$ 时，系统有两个不相等的实数根，此时系统的时域数学模型为

$$\begin{aligned}i_L(t)=&\frac{o'_{21}}{o'_{11}}i_i(t)+K_{13p}\int_0^t i_i\left(t-\tau\right)\cdot\tau^{\alpha-1}\cdot\mathcal{E}_{\alpha,\alpha}\left(\lambda_{21p}\tau^{\alpha}\right)\mathrm{d}\tau\\&+K_{14p}\int_0^t i_i\left(t-\tau\right)\cdot\tau^{\alpha-1}\cdot\mathcal{E}_{\alpha,\alpha}\left(\lambda_{22p}\tau^{\alpha}\right)\mathrm{d}\tau\end{aligned}\tag{4.110}$$

系统的两个实数根为

$$\begin{cases}\lambda_{21p}=-\dfrac{o'_{12}}{2o'_{11}}+\dfrac{\sqrt{o'^2_{12}-4o'_{11}o'_0}}{2o'_{11}}=-\dfrac{o'_{12}}{2o'_{11}}+\dfrac{F'_{p1}}{2o'_{11}}\\\lambda_{22p}=-\dfrac{o'_{12}}{2o'_{11}}-\dfrac{\sqrt{o'^2_{12}-4o'_{11}o'_0}}{2o'_{11}}=-\dfrac{o'_{12}}{2o'_{11}}-\dfrac{F'_{p1}}{2o'_{11}}\end{cases}\tag{4.111}$$

中间变量为

$$\begin{cases}K_{13p}=\dfrac{o'_2}{o'_{11}F'_{p1}}+\dfrac{o'_1}{2o'^2_{11}}-\dfrac{o'_1o'_{12}}{2o'^2_{11}F'_{p1}}\\K_{14p}=-\dfrac{o'_2}{o'_{11}F'_{p1}}+\dfrac{o'_1}{2o'^2_{11}}+\dfrac{o'_1o'_{12}}{2o'^2_{11}F'_{p1}}\\F'_{p1}=o'^2_{12}-4o'_{11}o'_0\end{cases}\tag{4.112}$$

4.3 分数阶电路数学模型拟合实验

本节介绍分数阶电路元件阶次拟合实验，通过 RC 和 RLC 电路充电和放电实验数据与分数阶电路模型所得数据进行比较，通过 MATLAB 中的拟合函数，拟合分数阶元件的阶次。具体将进行 C-F 型和 Caputo 型 RC 电路分数阶阶次拟合实验和 C-F 型 RLC 电路分数阶阶次拟合实验。

4.3.1 *RC* 电路拟合实验

RC 电路拟合实验线路如图 4.12所示，电容为电解电容，电阻为黄铜电阻，电源为直流电源。$S_{\rm char}$ 和 $S_{\rm disc}$ 为空气开关。开关 $S_{\rm char}$ 动作，实现电路充电实

验；开关 S_{disc} 动作，实现放电实验。R_{char} 和 R_{disc} 阻值相同，即充电回路和放电回路的 RC 参数相同。具体实验平台如附录图 1 所示，由直流电源（北京大华 DH1718E-5 型直流双路跟踪稳压稳流电源）、YOKOGAWA DL350 示波记录仪、Tektronix TDS1012B-SC 双通道数字示波器、空气开关，以及实验电容、电感、电阻等组成。

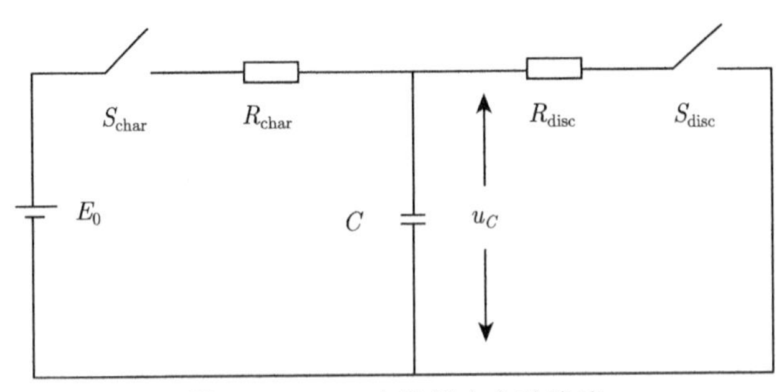

图 4.12 RC 电路拟合实验线路

设置实验参数为电源电压 $E_0 = 10\mathrm{V}$，电容容值 $C = 3300\mu\mathrm{F}$，电阻阻值 $R = 20\Omega$，电容电压 u_C 的初值为 0V。进行阶跃电源电压输入的充电实验，采集电容两端电压数据，截取代表充电过程的数据，并进行去噪处理。将实验数据导入 nlinfit(*) 函数①。将实验参数 $E_0 = 10\mathrm{V}$、$C = 3300\mu\mathrm{F}$、$R = 20\Omega$ 代入 C-F 型分数阶 RC 电路的分数阶电容电压 $u_C(t)$ 的阶跃响应数学模型，即式（4.21）。设分数阶阶次初值并代入 MATLAB 中的 nlinfit(*) 函数中。使用 nlinfit(*) 函数拟合与实验所得数据最接近的分数阶阶次 α。反复上述电路充电实验 5 次，分别进行拟合得到分数阶阶次为 0.9425、0.9428、0.9426、0.9425、0.9426，列于表 4.1第一行 (表头除外) 第 4 列。电容电压充电至稳定后，进行放电实验，采集电容两端电压数据，截取代表放电过程的数据，并进行去噪处理，导入 nlinfit(*) 函数，与同参数的 C-F 型分数阶 RC 电路的分数阶电容放电电压数学模型进行拟合，得出与实验数据最接近的分数阶阶次，反复做放电实验 5 次，分别进行拟合，得到 5 个分数阶阶次，列于表 4.1第一行第 5 列。改变实验参数 $E_0 = 20\mathrm{V}$、$C = 3300\mu\mathrm{F}$、$R = 20\Omega$，$E_0 = 10\mathrm{V}$、$C = 6800\mu\mathrm{F}$、$R = 20\Omega$，可得所拟合分数阶阶次列于表 4.1第二行和第三行。表 4.1第 1、2、3 列给出对应的实验参数。如果将实验数据和 Caputo 型分数阶 RC 电路的电容电压 $u_C(t)$ 的响应数学模型拟合，则可以得到 Caputo 型分数阶电容的阶次，三组参数的拟合结果列于表 4.2 中。

分析表 4.1 和表 4.2 可以看出，相同的电路元件在 C-F 和 Caputo 分数阶定

① nlinfit(*) 函数是非线性拟合函数，其调用格式为 beta=nlinfit(X，Y，modelfun，beta0)。其中，X 和 Y 分别为预测变量及响应值，modelfun 为指定的函数模型，beta0 为待定系数的初值，beta 为通过非线性回归得到的系数。

义下所拟合出的分数阶阶次是不同的。也就是说，同样的元件，采用不同分数阶定义进行数学模型描述时，阶次是不同的。

表 4.1 C-F 型分数阶 RC 电路分数阶阶次拟合结果

电源电压/V	电容/μF	电阻/Ω	拟合阶次（充电）					拟合阶次（放电）				
			充电 1	充电 2	充电 3	充电 4	充电 5	放电 1	放电 2	放电 3	放电 4	放电 5
10	3300	20	0.9425	0.9428	0.9426	0.9425	0.9426	0.9432	0.9432	0.9432	0.9432	0.9432
20	3300	20	0.9406	0.9406	0.9411	0.941	0.9412	0.943	0.943	0.943	0.943	0.943
10	6800	20	0.894	0.8941	0.894	0.8941	0.8939	0.8943	0.8944	0.8943	0.8944	0.8945

表 4.2 Caputo 型分数阶 RC 电路分数阶阶次拟合结果

电源电压/V	电容/μF	电阻/Ω	拟合阶次（充电）					拟合阶次（放电）				
			充电 1	充电 2	充电 3	充电 4	充电 5	放电 1	放电 2	放电 3	放电 4	放电 5
10	3300	20	0.749	0.7487	0.7485	0.7485	0.7492	0.7511	0.7505	0.7503	0.7504	0.7508
20	3300	20	0.7508	0.7516	0.7526	0.7521	0.7531	0.7589	0.758	0.7586	0.7595	0.7591
10	6800	20	0.6782	0.6767	0.6786	0.6751	0.6824	0.6856	0.6828	0.6865	0.6793	0.676

用拟合阶次的平均值作为分数阶电容的阶次，可以画出特定参数组的充电和放电曲线。当 $E_0 = 10\text{V}$、$C = 3300\mu\text{F}$、$R = 20\Omega$ 时，C-F 型分数阶 RC 电路充电和放电时电容电压 $u_C(t)$ 的数学表达式分别如式（4.113）和式（4.114）所示。

$$u_C(t) = 10 - 5.3484 \cdot \exp(-7.64t) \tag{4.113}$$

$$u_C(t) = 5.3746 \cdot \exp(-7.68t) \tag{4.114}$$

Caputo 型分数阶 RC 电路充电和放电时电容电压 $u_C(t)$ 的数学表达式分别如式（4.115）和式（4.116）所示。

$$u_C(t) = 10 - 10\mathcal{E}_{0.75}\left(-\frac{t^{0.75}}{0.066}\right) \tag{4.115}$$

$$u_C(t) = 10\mathcal{E}_{0.75}\left(-\frac{t^{0.75}}{0.066}\right) \tag{4.116}$$

由此，可以绘制出充电实验曲线如图 4.13（a）所示，图中给出了 C-F 型和 Caputo 型分数阶模型对应的充电曲线，以及实验所测得的充电曲线和阶次为 1 时的整数阶模型充电曲线。各种模型与实验数据的误差比较如图 4.13（b）所示。放电实验曲线及各种模型与实验数据的误差比较如图 4.14（a）和（b）所示。

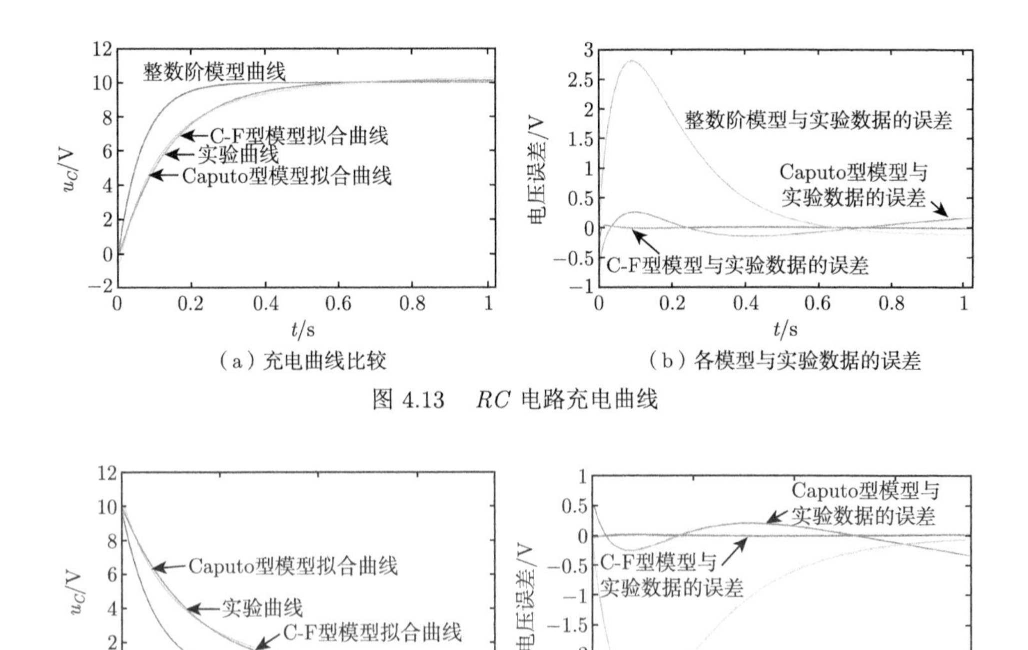

（a）充电曲线比较　（b）各模型与实验数据的误差

图 4.13　*RC* 电路充电曲线

（a）放电曲线比较　（b）各模型与实验数据的误差

图 4.14　*RC* 电路放电曲线

4.3.2 *RLC* 电路拟合比较实验

RLC 电路拟合实验线路如图 4.15 所示。图中 R、L、C 为工业用电阻、电感和电容，E_0 为直流电源，$S_{\rm char}$ 为空气开关。实验平台具体组成如附录图 1 所示。

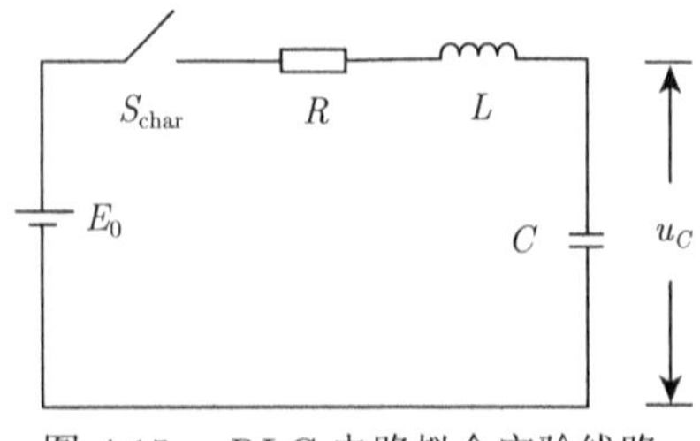

图 4.15　*RLC* 电路拟合实验线路

根据 4.2 节分析，*RLC* 电路有过阻尼工作状态和欠阻尼工作状态。C-F 型分数阶 *RLC* 电路的过阻尼条件为式（4.72），欠阻尼条件为式（4.75）。据此条件，可以选择不同的电容、电感和电阻参数组合，分别进行过阻尼和欠阻尼两种状态的电路拟合实验。

在过阻尼状态实验中，分别选择电源电压为 10V、15V，电容容值为 4700μF、6800μF，电感感量为 2mH、0.24mH，电阻阻值为 20Ω、50Ω。具体实验参数组合列于表 4.3前四列。

在欠阻尼状态实验中，分别选择电源电压为 5V、8V，电容容值为 2200μF、150μF，电感感量为 2mH、0.24mH，电阻阻值为 0.82Ω、1Ω。具体实验参数组合列于表 4.4前四列。

设置过阻尼实验参数为电源电压 $E_0 = 10\text{V}$，电容容值 $C = 4700\mu\text{F}$，电感感量为 $L = 2\text{mH}$，电阻阻值为 $R = 50\Omega$，电容电压 u_C 初值为 0V。进行阶跃电源电压输入的充电实验，采集电容两端电压数据，截取代表充电过程的数据，并做去噪处理。将实验数据导入 MATLAB 中的 lsqcurvefit(*) 函数[①]。将实验参数 $E_0 = 10\text{V}$、$C = 4700\mu\text{F}$、$L = 2\text{mH}$、$R = 50\Omega$ 代入 C-F 型分数阶 RLC 电路的分数阶电容电压 $u_C(t)$ 的阶跃响应数学模型式（4.74），将分数阶阶次初值代入 lsqcurvefit(*) 函数中，并假设分析 $\alpha = \beta$ 的同元次情况。使用 lsqcurvefit(*) 函数拟合与实验所得数据最接近的分数阶阶次 α，反复上述电路充电实验 3 次，可分别进行拟合得到分数阶阶次为 0.9904、0.9903、0.9902，列于表 4.3第一行第 2、3、4 大列中。同理可得到其他实验参数的拟合结果，列于表 4.3。

表 4.3 C-F 型分数阶 RLC 模型在过阻尼状态下的阶次拟合结果

电源电压/V	电容/μF	电感/mH	电阻/Ω	实验 1			实验 2			实验 3		
				α_1	$[R]^2_{Z_1}$	$[R]^2_{\text{CF}_1}$	α_2	$[R]^2_{Z_2}$	$[R]^2_{\text{CF}_2}$	α_3	$[R]^2_{Z_3}$	$[R]^2_{\text{CF}_3}$
10	4700	2	50	0.9904	0.9976	0.9991	0.9903	0.9972	0.9992	0.9902	0.9974	0.9992
15	4700	2	50	0.9879	0.9955	0.9981	0.9887	0.9947	0.9979	0.9875	0.9950	0.9979
10	6800	2	50	0.9709	0.9974	0.9992	0.9688	0.9973	0.9994	0.9697	0.9975	0.9992
15	6800	2	50	0.9719	0.9952	0.9976	0.9729	0.9943	0.9975	0.9726	0.9949	0.9975
10	6800	2	20	0.9739	0.9975	0.9993	0.9731	0.9976	0.9993	0.9735	0.9975	0.9993
15	6800	2	20	0.9723	0.9958	0.9987	0.9725	0.9957	0.9989	0.9721	0.9959	0.9988
10	6800	0.24	20	0.9726	0.9974	0.9989	0.9722	0.9971	0.9987	0.9723	0.9972	0.9986
15	6800	0.24	20	0.9731	0.9962	0.9991	0.9732	0.9961	0.9992	0.9728	0.9959	0.9989

设置欠阻尼实验参数组合如表 4.4 第一大列所示，进行电容电压初值为零的阶跃电源电压输入的充电实验，采集电容电压实验数据，截取代表充电过程的数据，并做去噪处理后导入 lsqcurvefit(*) 函数，与同参数的 C-F 型分数阶 RLC 电路分数阶电容电压 $u_C(t)$ 的阶跃响应数学模型进行拟合，得到电容分数阶阶次 α 和电感分数阶阶次 β，反复三次，分别得到三次实验所拟合的分数阶阶次。对六组实验参数均进行三次拟合实验，所拟合的分数阶阶次分别列于表 4.4～

① lsqcurvefit(*) 函数应用于非线性优化问题，其调用格式为 x=lsqcurvefit(fun，x_0，xdata，ydata)，其中拟合数据 xdata 和 ydata 分别为自变量和因变量，fun 为指定的函数模型，x_0 为待定系数初值，x 为拟合得到的待定系数，且 x 取值满足最小二乘法意义下的残差平方和最小。

表 4.6 中。

表 4.4 C-F 型分数阶 RLC 模型在欠阻尼状态下的阶次拟合结果 1

电源电压 /V	电容 /μF	电感 /mH	电阻 /Ω	实验 1			
				α_1	β_1	$[R]^2_{Z_1}$	$[R]^2_{\mathrm{CF}_1}$
5	2200	2	0.82	0.9997	0.9968	0.9431	0.9857
8	2200	2	0.82	0.9996	0.9965	0.9273	0.9855
5	150	2	0.82	0.9989	0.9969	0.9685	0.9867
8	150	2	0.82	0.9991	0.9955	0.9476	0.9912
5	2200	2	1	0.9995	0.9963	0.9643	0.9871
8	2200	2	1	0.9996	0.9962	0.9476	0.9844
5	150	0.24	0.82	0.9989	0.9985	0.9143	0.9794
8	150	0.24	0.82	0.9991	0.9983	0.9288	0.9765

表 4.5 C-F 型分数阶 RLC 模型在欠阻尼状态下的阶次拟合结果 2

电源电压 /V	电容 /μF	电感 /mH	电阻 /Ω	实验 2			
				α_2	β_2	$[R]^2_{Z_2}$	$[R]^2_{\mathrm{CF}_2}$
5	2200	2	0.82	0.9995	0.9969	0.9475	0.9855
8	2200	2	0.82	0.9997	0.9963	0.9248	0.9854
5	150	2	0.82	0.9987	0.9961	0.9597	0.9868
8	150	2	0.82	0.9986	0.9959	0.9532	0.9894
5	2200	2	1	0.9996	0.9964	0.9689	0.9879
8	2200	2	1	0.9995	0.9967	0.9532	0.9847
5	150	0.24	0.82	0.9987	0.9986	0.9126	0.9752
8	150	0.24	0.82	0.9985	0.9984	0.9262	0.9766

表 4.6 C-F 型分数阶 RLC 模型在欠阻尼状态下的阶次拟合结果 3

电源电压 /V	电容 /μF	电感 /mH	电阻 /Ω	实验 3			
				α_3	β_3	$[R]^2_{Z_3}$	$[R]^2_{\mathrm{CF}_3}$
5	2200	2	0.82	0.9996	0.9967	0.9435	0.9852
8	2200	2	0.82	0.9995	0.9962	0.9276	0.9851
5	150	2	0.82	0.9988	0.9964	0.9612	0.9863
8	150	2	0.82	0.9989	0.9958	0.9513	0.9901
5	2200	2	1	0.9997	0.9965	0.9621	0.9881
8	2200	2	1	0.9995	0.9958	0.9455	0.9849
5	150	0.24	0.82	0.9987	0.9988	0.9168	0.9803
8	150	0.24	0.82	0.9988	0.9981	0.9278	0.9792

用拟合分数阶电容阶次的平均值作为分数阶电容的阶次，用拟合的分数阶电感阶次的平均值作为分数阶电感的阶次，可以画出特定参数组的充电曲线。选 $E_0 = 10\mathrm{V}$、$R = 50\Omega$、$C = 4700\mu\mathrm{F}$、$L = 2\mathrm{mH}$ 参数组，则由式（4.74）可知，过阻尼状态下 C-F 型分数阶 RLC 电路充电电容电压的数学计算公式为

$$u_C(t) = 10 - 9.6 \cdot \exp(-4.05t) + 0.000007 \cdot \exp(-101.67t) \tag{4.117}$$

其中，$\alpha=\beta$，是这组实验参数三次实验所拟合阶次的平均值，即表 4.3第一行拟合结果 0.9904、0.9903、0.9902 的平均值。由此，可画出过阻尼状态下，充电电容电压实验曲线如图 4.16（a）所示，图 4.16（b）为各模型曲线与实验数据的误差比较。

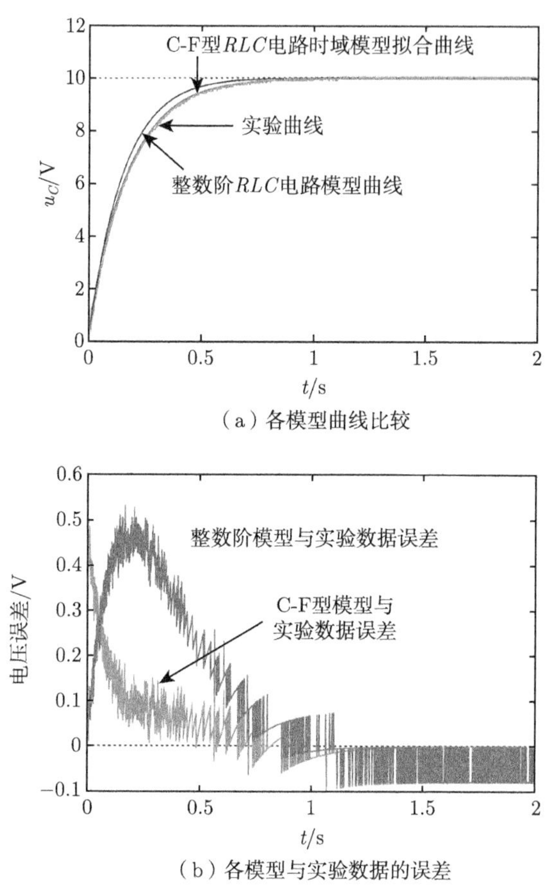

（a）各模型曲线比较

（b）各模型与实验数据的误差

图 4.16　过阻尼状态串联 RLC 电路输出电压曲线

选 $E_0=8\text{V}$，$R=0.82\Omega$，$C=2200\mu\text{F}$，$L=2\text{mH}$ 参数组，则由式（4.77）可知，欠阻尼状态下 C-F 型分数阶 RLC 电路充电电容电压的数学计算公式为

$$\begin{aligned}u_C(t)=&21.16-20.2\cdot\exp\left(-234.7t\right)\cdot\cos\left(155.6t\right)\\&-16.3\cdot\exp\left(-234.7t\right)\cdot\sin\left(155.6t\right)\end{aligned}\tag{4.118}$$

其中，阶次是这组实验参数三次实验所拟合阶次的平均值，即 α 为 0.9996、0.9997、0.9995 的平均值，β 为 0.9965、0.9963、0.9962 的平均值。由此可画出欠阻尼状

态下充电电容电压实验曲线如图 4.17（a）所示，图 4.17（b）为各模型曲线与实验数据的误差比较。

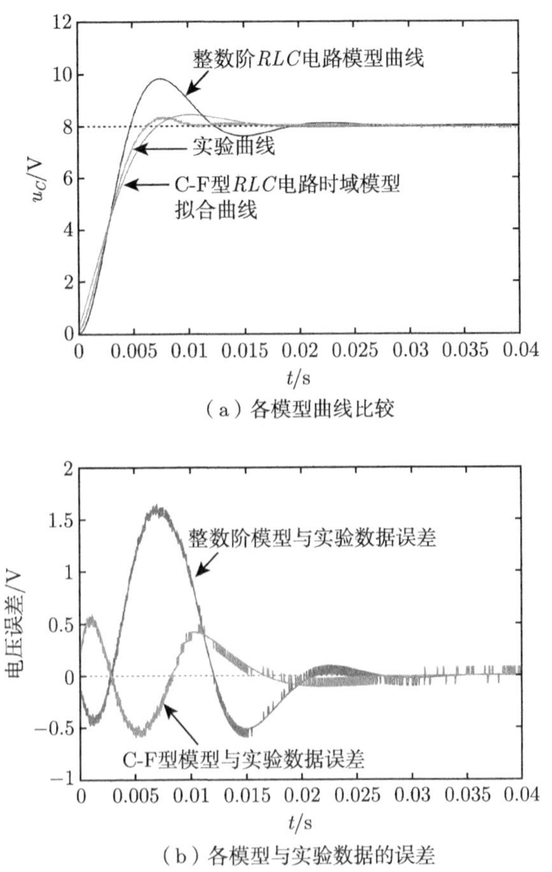

（a）各模型曲线比较

（b）各模型与实验数据的误差

图 4.17　欠阻尼状态串联 *RLC* 电路输出电压曲线

表 4.3 中，$[R]^2$ 是反映一个量相比于另一个量准确度的指标，它的定义为

$$[R]^2 = 1 - \frac{\sum\limits_{i=1}^{n} (y_i - \hat{y})^2}{\sum\limits_{i=1}^{n} (y_i - \bar{y})^2} = 1 - \frac{\text{SSE}}{\text{SST}} \tag{4.119}$$

式中，SSE 为两个量误差平方和；SST 为两个量误差总平方和，在这里可用于表示建模的精度。$[R]_Z^2$ 表示整数阶模型与实验数据的吻合度，$[R]_{\text{CF}}^2$ 表示 C-F 型分数阶模型与实验数据的吻合度。

从实验数据可以看出，采用 C-F 型分数阶来描述实验电容和实验电感，相比于采用整数阶描述，具有更高的吻合度。

实验所用电容和电感元件，在不同的重复实验中拟合所得分数阶阶次平均值和标准差列于表 4.7。6 个实验元件在不同次重复实验中拟合所得分数阶阶次的标准差在万分之二到千分之二之间。因此，所拟合元件的分数阶阶次是元件本身的固有特性。

表 4.7　实验用元件分数阶阶次平均值和标准差

元件	平均分数阶阶次	标准差
C_1(4700μF)	0.9892	0.00130
C_2(6800μF)	0.9722	0.00128
C_3(2200μF)	0.9996	0.00008
C_4(150μF)	0.9988	0.00018
L_1(2mH)	0.9963	0.00024
L_2(0.24mH)	0.9985	0.00040

4.4　分数阶阻抗的电路拓扑实现电路实验

4.4.1　分数阶电容的电路拓扑实现电路实验

本节通过串联 RC 电路充电实验进行分数阶电容的电路拓扑实现的电路实验，实验电路如图 4.18 所示。其中 E_0 为直流电源，R 为工业用电阻，S_{char} 为空气开关。实验平台具体组成如附录图 1 所示。实验线路中，C_α 为分数阶电容的电路拓扑实现，其电路拓扑结构取决于分数阶定义的形式和分数阶阶次。例如，容值为 1000μF，阶次为 0.5 的 Caputo 型、C-F 型、A-B 型分数阶电容的电路拓扑实现电路，分别如图 3.3、图 3.5（a）和图 3.6 所示。实验电路中，分数阶电容 C_α 是根据这些电路拓扑图，用对应参数的工业用电阻和电容搭建的。分数阶定义不同，容值不同，分数阶阶次不同，电路拓扑都不一样。附录中图 2、图 3 和图 4 分别给出了 $\alpha = 0.25$、0.5，$C_\alpha = 1000$μF、0.01F、0.022F 时，C-F 型、Caputo 型和 A-B 型分数阶电容的逼近电路拓扑实物图。

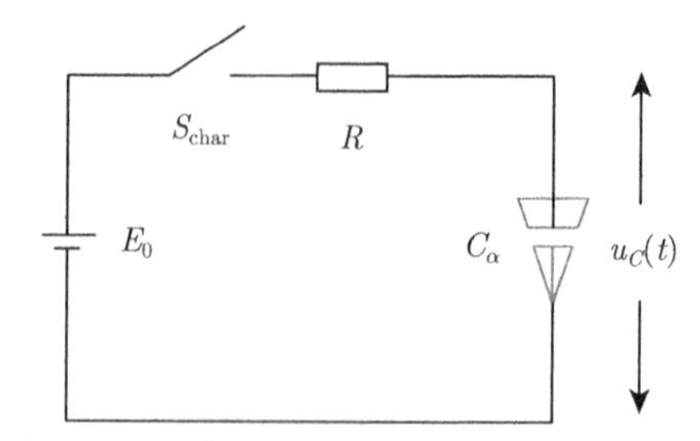

图 4.18　分数阶电容电路拓扑实现实验线路

实验参数设置为，电源电压 $E_0 = 15$V，电阻阻值 $R = 200\Omega$，两组分数阶阶次分别为 $\alpha = 0.25$、0.5，三种电容容值分别为 $C_\alpha = 1000$μF、0.01F、0.022F，

进行 Caputo 型、C-F 型、A-B 型三种分数阶定义下分数阶电容逼近电路拓扑实现电路的实验，共计 18 组实验。实验通过控制空气开关 S_{char} 实现阶跃充电实验，实测分数阶电路拓扑实现电路的电容电压。相同分数阶定义对应的 6 组实验所测得的实验曲线，有着相同的特点，因此书中只给出其中一组参数的实验结果。图 4.19 ~ 图 4.21分别给出了其中一组参数 $C_\alpha = 1000\mu\text{F}$，$\alpha = 0.5$ 时，Caputo 型、C-F 型和 A-B 型分数阶 RC 电路实现的电容电压示波器视图。示波器图中，纵向刻度为 5V/格，横向刻度为 1s/格。图中实验曲线出现突变的时刻，是实验电源电压阶跃变化的时刻，即阶跃充电实验开关 S_{char} 闭合时刻。从实验曲线可以看出，三种定义下，电容电压都出现了突变的暂态现象，与 3.4节分数阶阻抗暂态特性分析结果一致。

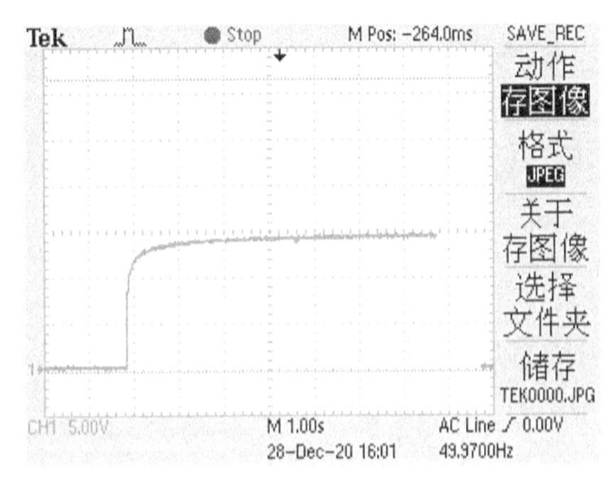

图 4.19 $C_\alpha = 1000\mu\text{F}$、$\alpha = 0.5$ 时 Caputo 型分数阶 RC 电路实验示波器视图

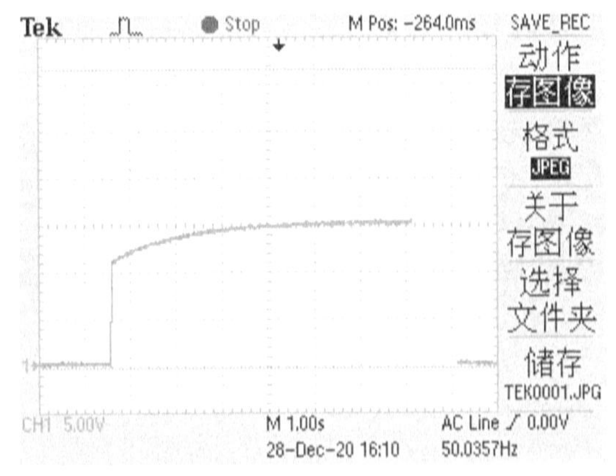

图 4.20 $C_\alpha = 1000\mu\text{F}$、$\alpha = 0.5$ 时 C-F 型分数阶 RC 电路实验示波器视图

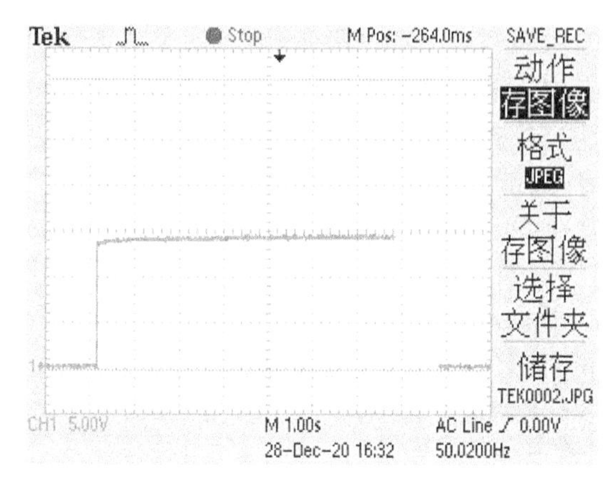

图 4.21　$C_\alpha = 1000\mu\text{F}$、$\alpha = 0.5$ 时 A-B 型分数阶 RC 电路实验示波器视图

根据 4.1 节的分析结果，图 4.18 所示 RC 电路，初值为零的电容电压阶跃响应数学模型分别如式（4.120）～ 式（4.122）所示。

Caputo 型分数阶 RC 电路时域数学模型为

$$^{\mathrm{C}}u_C\left(t\right) = E_0 - E_0 \cdot \mathcal{E}_\alpha\left(-\frac{t^\alpha}{RC_\alpha}\right) \tag{4.120}$$

C-F 型分数阶 RC 电路时域数学模型为

$$^{\mathrm{CF}}u_C\left(t\right) = E_0 - \frac{RC_\alpha E_0}{RC_\alpha + 1 - \alpha}\exp\left(-\frac{\alpha t}{RC_\alpha + 1 - \alpha}\right) \tag{4.121}$$

A-B 型分数阶 RC 电路时域数学模型为

$$^{\mathrm{AB}}u_C\left(t\right) = E_0 - \frac{RC_\alpha E_0}{RC_\alpha + 1 - \alpha}\mathcal{E}_\alpha\left(-\frac{\alpha t^\alpha}{RC_\alpha + 1 - \alpha}\right) \tag{4.122}$$

将具体的实验参数 E_0、R、C_α、α 代入上述公式，可通过 MATLAB 数值仿真得到电容电压的响应曲线。图 4.22 ～ 图 4.24分别给出了其中一组参数 $C_\alpha = 1000\mu\text{F}$、$\alpha = 0.5$ 时，Caputo 型、C-F 型和 A-B 型分数阶 RC 电路充电电容电压的数值仿真响应曲线。图中同时给出了相同参数的分数阶电容电路拓扑实现电路的电容电压实测值。

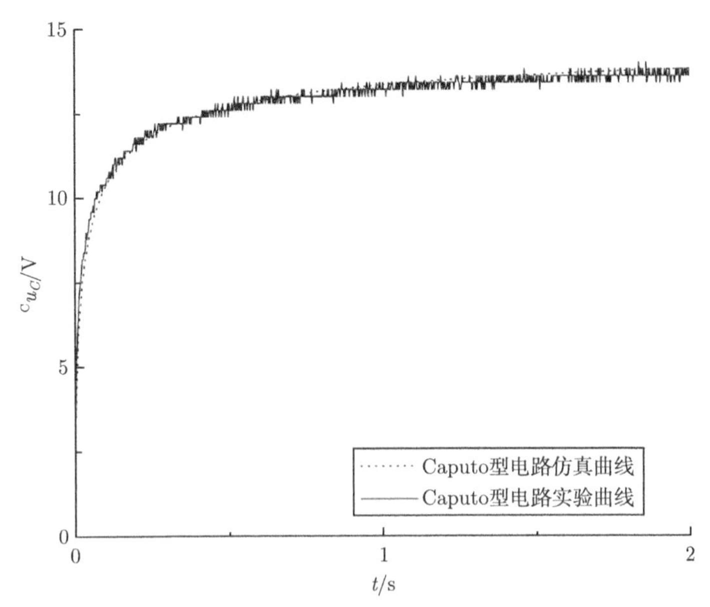

图 4.22 $C_\alpha = 1000\mu F$、$\alpha = 0.5$ 时 Caputo 型分数阶串联 RC 电路电压响应曲线

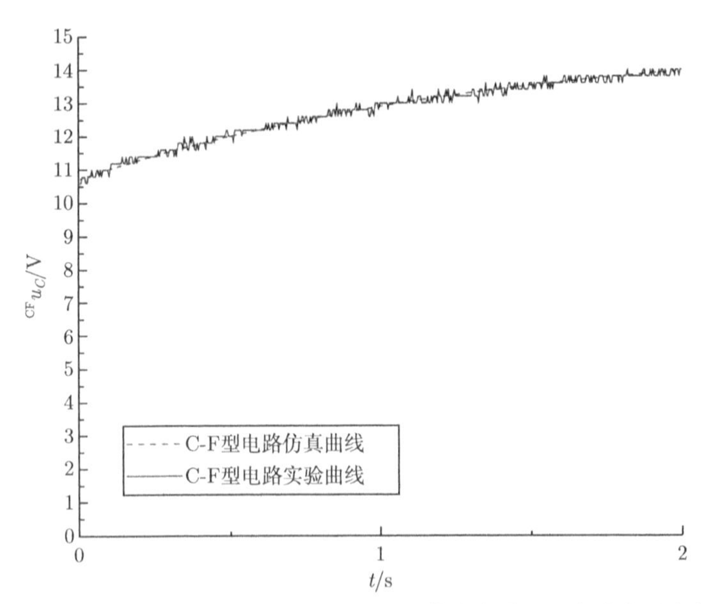

图 4.23 $C_\alpha = 1000\mu F$、$\alpha = 0.5$ 时 C-F 型分数阶串联 RC 电路电压响应曲线

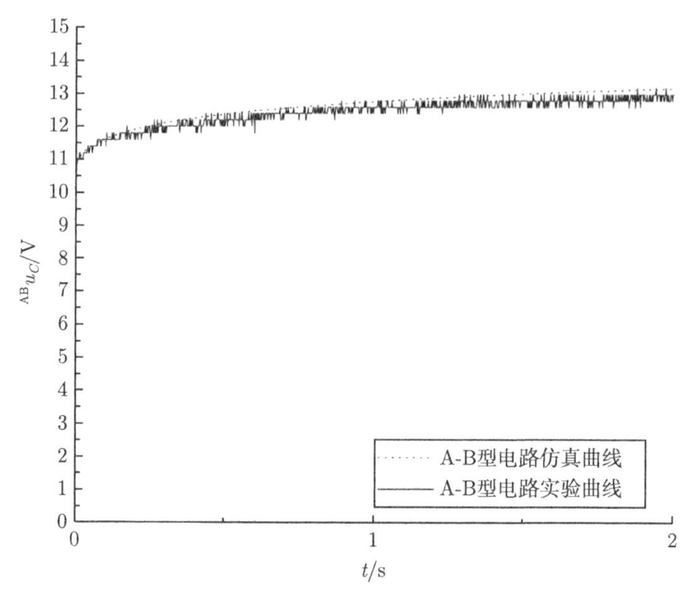

图 4.24 $C_\alpha = 1000\mu\mathrm{F}$、$\alpha = 0.5$ 时 A-B 型分数阶串联 RC 电路电压响应曲线

4.4.2 分数阶电感的电路拓扑实现电路实验

本节通过 RL 串联电路充电实验，进行分数阶电感的电路拓扑实现的电路仿真，实验电路如图 4.25所示。在 Multisim 中搭建该电路，其中分数阶电感采用第 3章介绍的电路拓扑实现，分数阶电感感量 $L_\beta = 400\mathrm{mH}$，阶次为 $\beta = 0.5$ 的电路拓扑如图 3.13所示。阶次为 $\beta = 0.75$ 的电路拓扑如图 3.14和图 3.15所示。图 3.15是图 3.14阻抗结构图中 $Z_{0.5}$ 的拓扑实现展开结构。

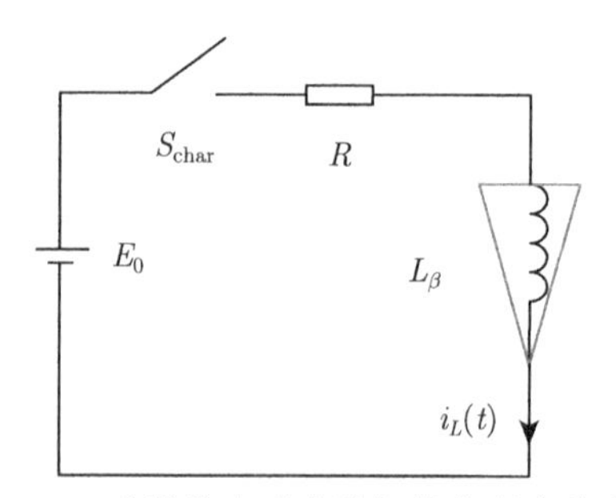

图 4.25 分数阶电感电路拓扑实现实验电路

电路仿真参数设置为：电源电压幅值 $E_0 = 15\mathrm{V}$，电阻阻值 $R = 1\Omega$，电感感量 $L_\beta = 400\mathrm{mH}$，两种分数阶阶次 $\beta = 0.25$、0.5。进行 Caputo 型、C-F 型、A-B 型三种分数阶定义的分数阶电感逼近电路拓扑实现电路仿真实验，共计 6 组仿真实验。设定电源电压为阶跃信号，通过 Multisim 可得到每一组仿真参数及特定分

数阶定义的电流响应曲线。

根据 4.1 节的分析结果，图 4.25 所示的 RL 电路，在初值为零的电感电流的阶跃响应的数学模型分别如式（4.123）～式（4.125）所示。

Caputo 型分数阶串联 RL 电路时域数学模型为

$$^{\mathrm{C}}i_L(t)=\frac{E_0}{R}-\frac{E_0}{R}\cdot\mathcal{E}_\beta\left(-\frac{R\cdot t^\beta}{L_\beta}\right) \tag{4.123}$$

C-F 型分数阶串联 RL 电路时域数学模型为

$$^{\mathrm{CF}}i_L(t)=\frac{E_0}{R}-\frac{L_\beta}{L_\beta+R-\beta R}\cdot\frac{E_0}{R}\cdot\exp\left(-\frac{\beta R\cdot t}{L_\beta+R-\beta R}\right) \tag{4.124}$$

A-B 型分数阶串联 RL 电路时域数学模型为

$$^{\mathrm{AB}}i_L(t)=\frac{E_0}{R}-\frac{L_\beta}{L_\beta+R-\beta R}\cdot\frac{E_0}{R}\cdot\mathcal{E}_\beta\left(-\frac{\beta R\cdot t^\beta}{L_\beta+R-\beta R}\right) \tag{4.125}$$

将具体的实验参数 E_0、R、L_β、β 代入上述公式，可通过 MATLAB 数值仿真得到电感电流的响应曲线。

图 4.26 给出了其中一组参数 $L_\beta=400\text{mH}$、$\beta=0.75$ 时 Caputo 型、C-F 型和 A-B 型分数阶串联 RL 电路数值仿真和逼近电路拓扑实验电路的仿真实验曲线，图 4.27 为 $\beta=0.5$ 时的数值仿真和电路仿真曲线。对比图中 Caputo 型分数阶串联 RL 电路的数值仿真数据所绘曲线和电路仿真数据所绘曲线，两条实验曲线是重合的。分析图中 C-F 型和 A-B 型串联 RL 电路的数值仿真数据和电路仿真数据，两种实验所得曲线也是重合的。

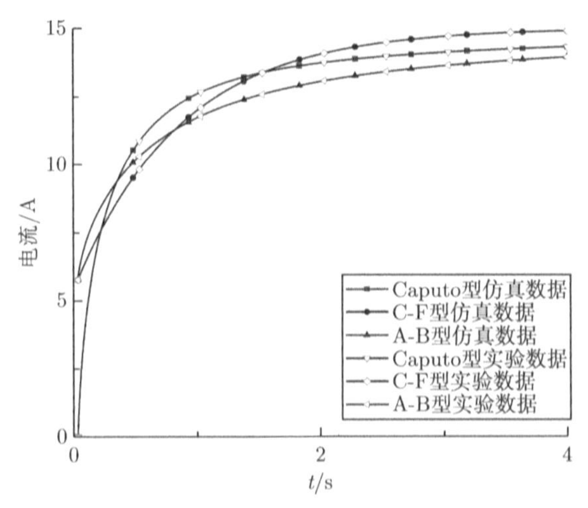

图 4.26　$L_\beta=400\text{mH}$、$\beta=0.75$ 时分数阶串联 RL 电路电流响应曲线

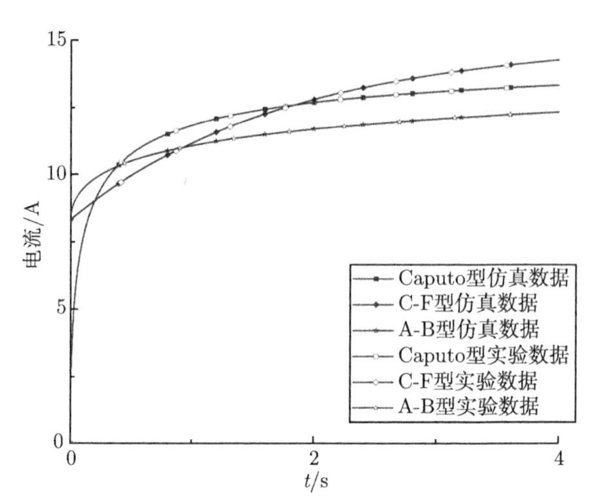

图 4.27　$L_\beta = 400\text{mH}$、$\beta = 0.5$ 时分数阶串联 RL 电路电流响应曲线

第 5 章　分数阶 RLC 电路系统特性分析

第 4 章分析了分数阶 RLC 电路的时域数学模型，并分析了分数阶电容阶次 α 和电感阶次 β 对阶跃响应特性的影响，当输入电源是角频率为 ω 的正弦交流信号时，电路的复阻抗与电源角频率有关，当复阻抗虚部为零时，出现谐振现象。本章分析 C-F 定义和 A-B 定义下分数阶 RLC 电路的阻抗特性、谐振特性、品质因数、频带宽度等特性。由于 RLC 串联电路和 RLC 并联电路之间有对偶关系，本章仅以 RLC 串联电路为例进行分析。

5.1　C-F 型分数阶 RLC 电路系统特性分析

5.1.1　C-F 型分数阶 RLC 电路系统阻抗特性

根据第 3 章 C-F 型分数阶电容和电感的阻抗模型，即式（3.25）和式（3.36），可以得到 C-F 定义下分数阶 RLC 串联电路系统阻抗为

$$\begin{aligned}
{}^{\mathrm{CF}}Z &= R + {}^{\mathrm{CF}}Z_{C_\alpha} + {}^{\mathrm{CF}}Z_{L_\beta} \\
&= R + \frac{(1-\alpha)\mathrm{j}\omega + \alpha}{\mathrm{j}\omega C_\alpha} + \frac{\mathrm{j}\omega L_\beta}{(1-\beta)\mathrm{j}\omega + \beta} \\
&= R + \frac{1-\alpha}{C_\alpha} - \mathrm{j}\frac{\alpha}{\omega C_\alpha} + \frac{L_\beta(1-\beta)\omega^2}{\beta^2 + (1-\beta)^2\omega^2} + \mathrm{j}\frac{L_\beta \beta\omega}{\beta^2 + (1-\beta)^2\omega^2}
\end{aligned} \tag{5.1}$$

式中，R 为电阻值；C_α 为分数阶电容的容值；α 为电容阶次；L_β 为分数阶电感的感量；β 为电感阶次。

如果用符号 M 表示复阻抗的实部，N 表示复阻抗的虚部，则式（5.1）可写为

$${}^{\mathrm{CF}}Z = M + \mathrm{j}N \tag{5.2}$$

式中

$$\begin{cases}
M = R + \dfrac{1-\alpha}{C_\alpha} + \dfrac{L_\beta(1-\beta)\omega^2}{\beta^2 + (1-\beta)^2\omega^2} = \dfrac{M_1\omega^2 + M_2}{(1-\beta)^2 C_\alpha\omega^2 + \beta^2 C_\alpha} \\
N = \dfrac{L_\beta\beta\omega}{\beta^2 + (1-\beta)^2\omega^2} - \dfrac{\alpha}{\omega C_\alpha} = \dfrac{N_1\omega^2 - N_2}{(1-\beta)^2 C_\alpha\omega^3 + \beta^2 C_\alpha\omega}
\end{cases} \tag{5.3}$$

其中的中间变量分别为

$$M_1 = [(1-\beta)RC_\alpha + L_\beta C_\alpha + (1-\alpha)(1-\beta)](1-\beta)$$
$$M_2 = (RC_\alpha + 1 - \alpha)\beta^2$$
$$N_1 = \beta L_\beta C_\alpha - \alpha(1-\beta)^2$$
$$N_2 = \alpha\beta^2$$

本书只讨论分数阶阶次 $0 < \alpha < 1$ 和 $0 < \beta < 1$ 的情况，由式（5.3）可知，复阻抗实部恒大于零。

选取两组电路参数 $R = 100\Omega$、$C_\alpha = 1\text{F}$、$L_\beta = 1\text{H}$，以及 $R = 100\Omega$、$C_\alpha = 0.5\text{F}$、$L_\beta = 1.5\text{H}$ 来分析阻抗幅频、相频及实部和虚部的频率特性，重点分析电容阶次 α 和电感阶次 β 对特性的影响，通过 MATLAB 仿真，可得到两组参数的阻抗实部和虚部的频率特性 $M(\omega)$ 和 $N(\omega)$ 分别如图 5.1～图 5.4 所示。

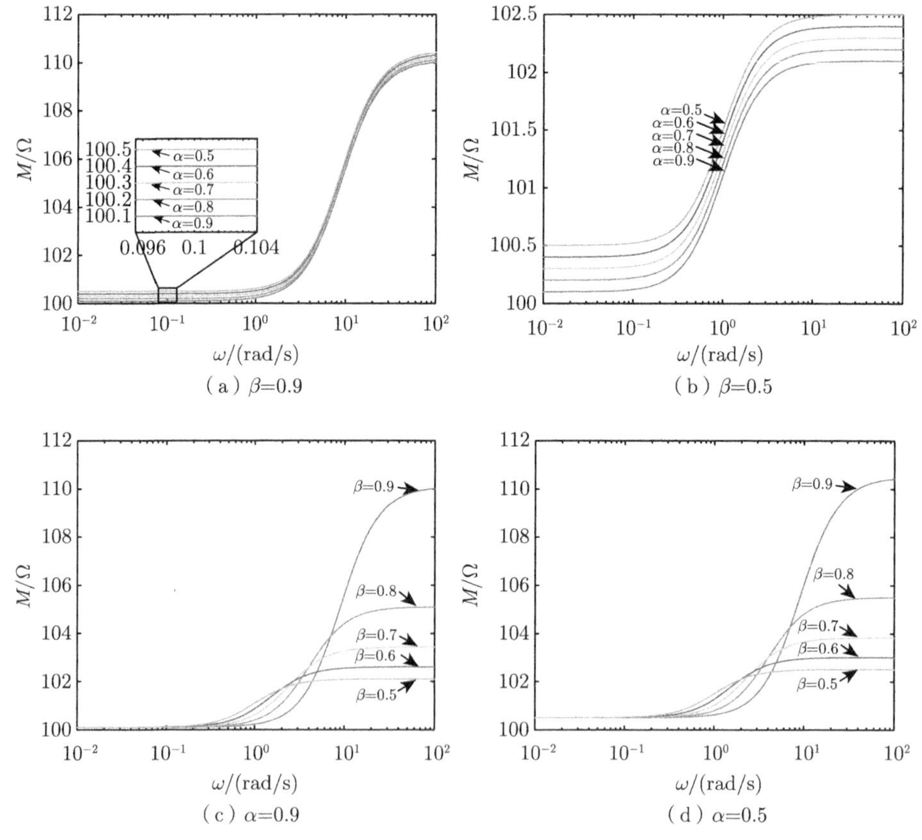

图 5.1 $R = 100\Omega$、$C_\alpha = 1\text{F}$、$L_\beta = 1\text{H}$ 时 C-F 型分数阶 RLC 串联电路阻抗实部频率特性

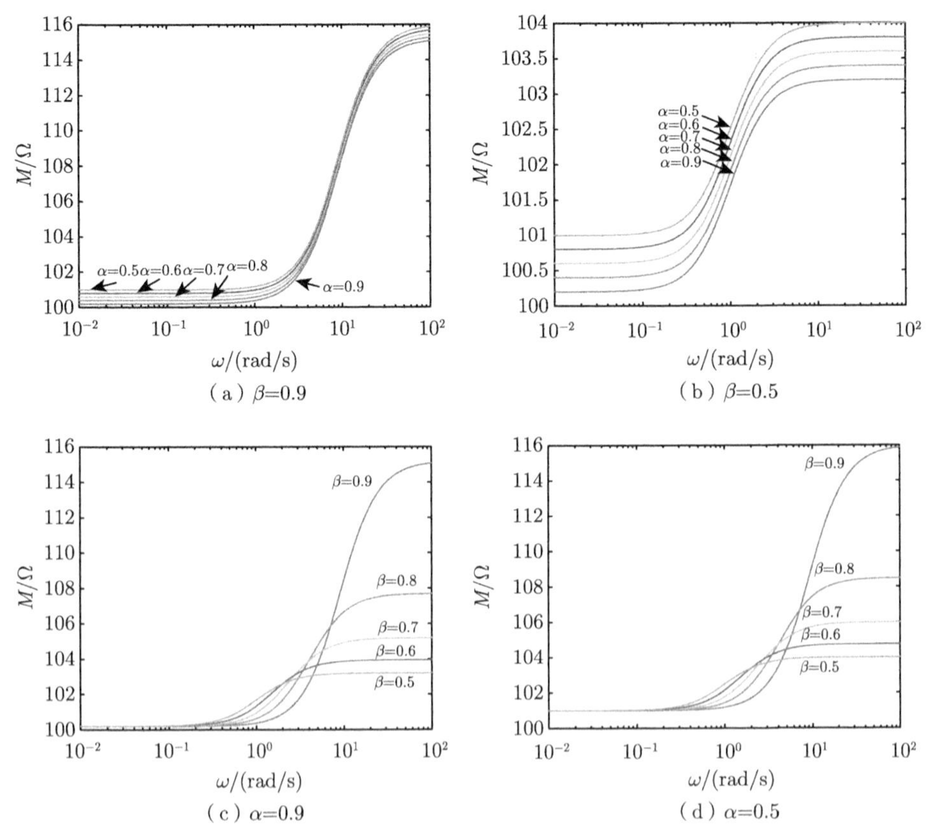

图 5.2 $R=100\Omega$、$C_\alpha=0.5\text{F}$、$L_\beta=1.5\text{H}$ 时 C-F 型分数阶 RLC 串联电路阻抗实部频率特性

图 5.1 和图 5.2 分别是两组参数在电容阶次 α 和电感阶次 β 为不同组合时阻抗实部的频率特性。由图可知，两组不同的参数所得的频率特性具有类似的变化规律。在低频段、中频段和高频段呈现不同的频率特性特点。在低频段，电路系统的阻抗实部随频率变化较小，其值接近于电阻阻值，且阶次 α 和 β 对阻抗实部影响较小。在中频段，阶次 α 和 β 对阻抗实部值影响很大，其值随频率增大而明显增加。在高频段，阻抗实部随频率变化的幅度又变小，但阶次 α 和 β 对高频段阻抗实部值影响较大。划分低、中、高三个特征频段的频率值，是受阶次 α 和 β 值的影响的。另外，当电感阶次 β 为一定值时，阻抗实部随电容阶次 α 变大而变小；当电容阶次 α 为一定值时，阻抗实部随电感阶次 β 变大而变大。

图 5.3 和图 5.4 分别是两组参数在电容阶次 α 和电感阶次 β 为不同组合时阻抗虚部的频率特性。由图可知，两组不同的电路参数所得频率特性有类似的变化规律，在角频率大于 1rad/s 的频段，电路系统的阻抗虚部值变化很小，其值接近于零。根据分数阶阶次 α 和 β 值的不同，在高频段的某个频率处，出现了正向

峰值，即阻抗虚部最大值点。这个最大值点对应的频率，随着电感阶次 β 的增大而增大，但受电容阶次 α 变化的影响较小。在角频率小于 1rad/s 的频段，阻抗虚部受频率变化的影响较大，其值随频率的增大而明显增大。在低频段，电感阶次 β 对阻抗虚部影响甚小，而电容阶次 α 对阻抗虚部影响较大，阻抗虚部值随阶次 α 增大而变小。

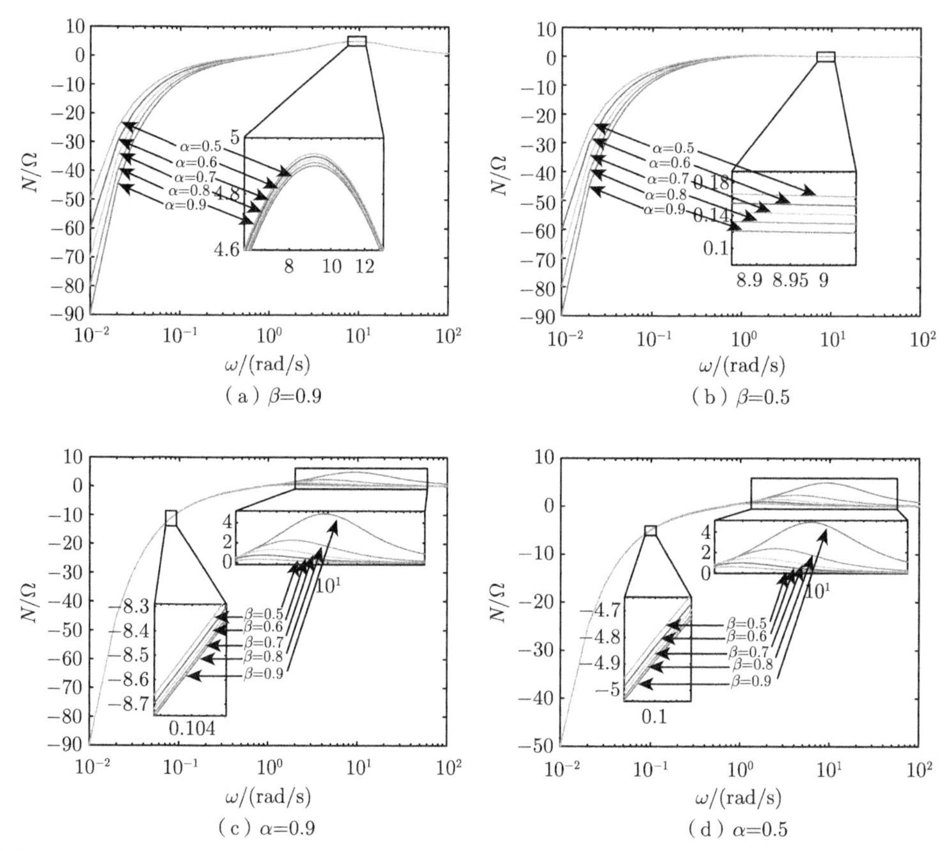

图 5.3 $R = 100\Omega$、$C_\alpha = 1\text{F}$、$L_\beta = 1\text{H}$ 时 C-F 型分数阶 RLC 串联电路阻抗虚部频率特性

根据式 (5.2) 可以求得 RLC 串联电路复阻抗的幅值和相角，两组参数的阻抗幅值频率特性 $|Z(\omega)|$ 和相角频率特性 $\varphi(\omega)$ 分别如图 5.5 和图 5.6 所示。其中，幅值频率特性的纵坐标 $|Z|$ 表示系统的增益倍数，用 abs 表示。由图可知，两组不同的电路参数所得幅频特性和相频特性都有类似的变化规律。电容阶次 α 对阻抗的幅频和相频特性影响较大，电感阶次 β 对阻抗的幅频和相频特性影响很小。电容和电感为 $0 < \alpha < 1$ 和 $0 < \beta < 1$ 的分数阶阶次时，阻抗幅频和相频特性呈现出的特性趋势与整数阶电容、电感是一样的。例如，低频时表现出带通特性，

高频时表现出带阻特性。

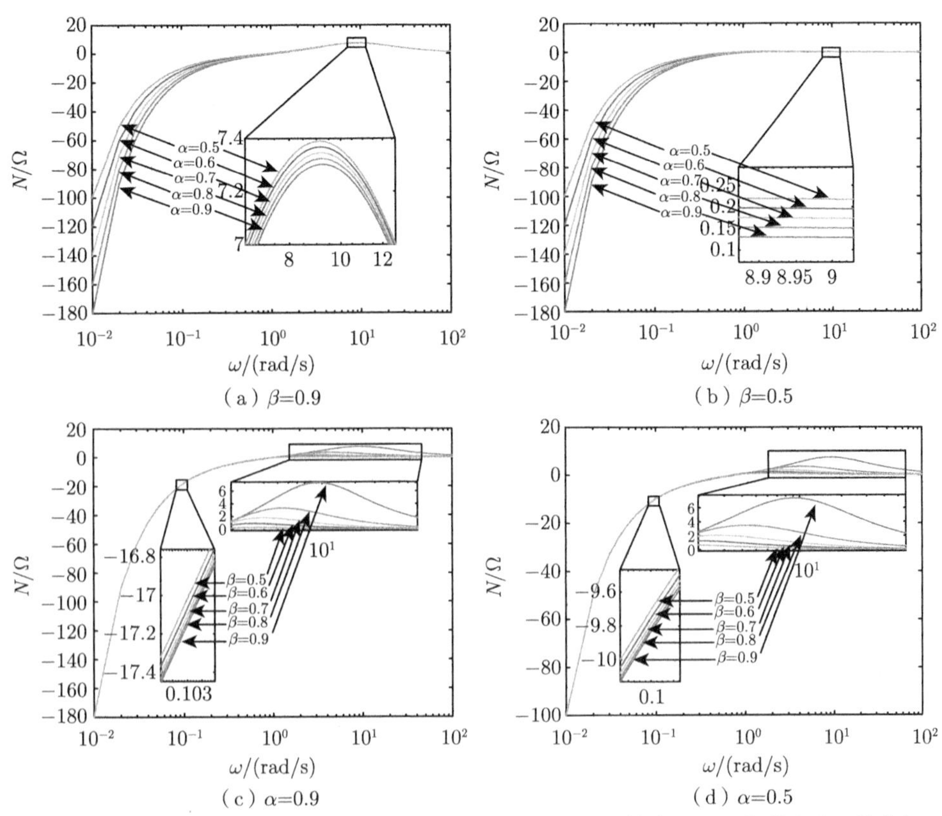

(a) β=0.9 (b) β=0.5

(c) α=0.9 (d) α=0.5

图 5.4 $R = 100\Omega$、$C_\alpha = 0.5\mathrm{F}$、$L_\beta = 1.5\mathrm{H}$ 时 C-F 型分数阶 RLC 串联电路阻抗虚部频率特性

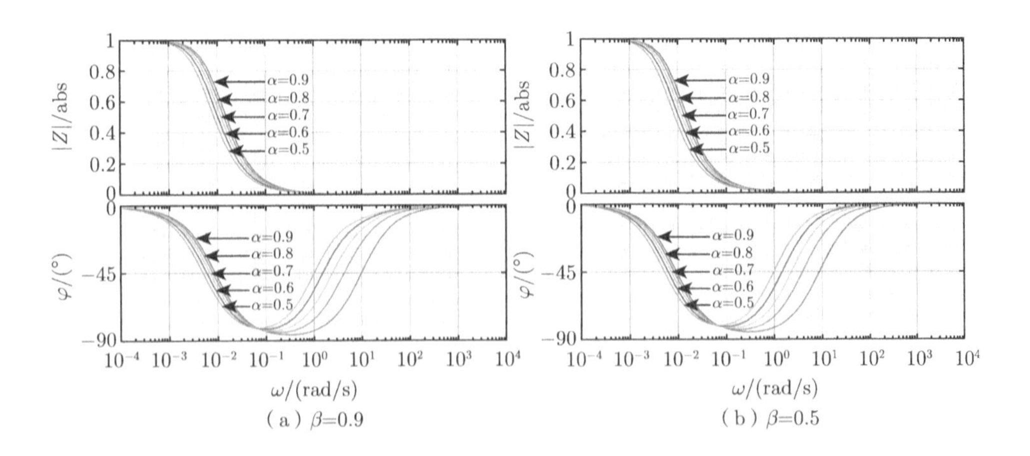

(a) β=0.9 (b) β=0.5

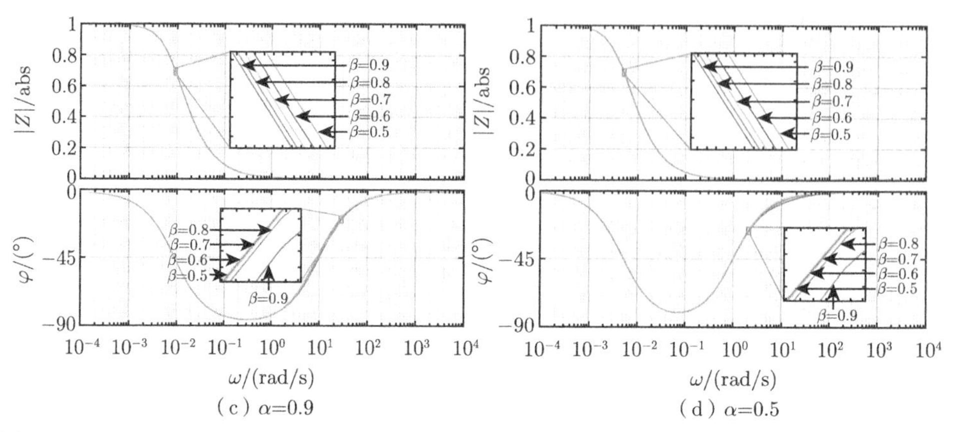

图 5.5　$R = 100\Omega$、$C_\alpha = 1\text{F}$、$L_\beta = 1\text{H}$ 时 C-F 型分数阶 RLC 串联电路的幅频及相频特性

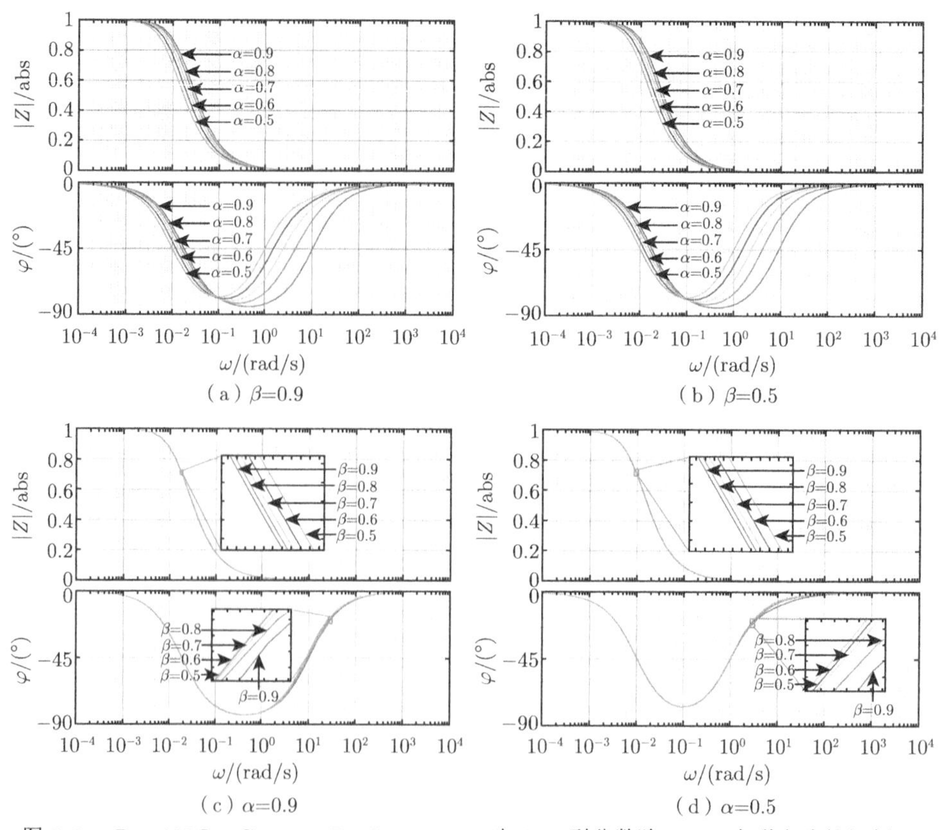

图 5.6　$R = 100\Omega$、$C_\alpha = 0.5\text{F}$、$L_\beta = 1.5\text{H}$ 时 C-F 型分数阶 RLC 串联电路的幅频及相频特性

5.1.2 C-F 型分数阶 RLC 电路系统谐振特性

当复阻抗式（5.2）虚部 N 为零时，电路中的电压和电流同相，电路处于串联谐振状态，此时，C-F 型分数阶 RLC 串联电路的谐振频率 ω_0 为

$$\omega_0=\sqrt{\frac{N_2}{N_1}}=\sqrt{\frac{\alpha\beta^2}{\beta L_\beta C_\alpha-\alpha(1-\beta)^2}} \tag{5.4}$$

由式（5.4）可以看出，电路发生串联谐振的条件为

$$L_\beta C_\alpha>\frac{\alpha(1-\beta)^2}{\beta} \tag{5.5}$$

由式（5.4）可算得电路参数为 $R=100\Omega$、$C_\alpha=1\text{F}$、$L_\beta=1\text{H}$、$\alpha=0.9$、$\beta=0.8$ 时，$\omega_0\approx0.9045$，也就是图 5.7 中阻抗虚部为零对应的点 a 和点 b，而 $\alpha=0.7$、$\beta=0.9$ 时，$\omega_0\approx0.7968$，对应图 5.7 中阻抗虚部为零的点 c。由图 5.7 还可以看出，电容阶次 α 增加时，谐振频率会减小，而电感阶次 β 对谐振频率的影响并非单调的。

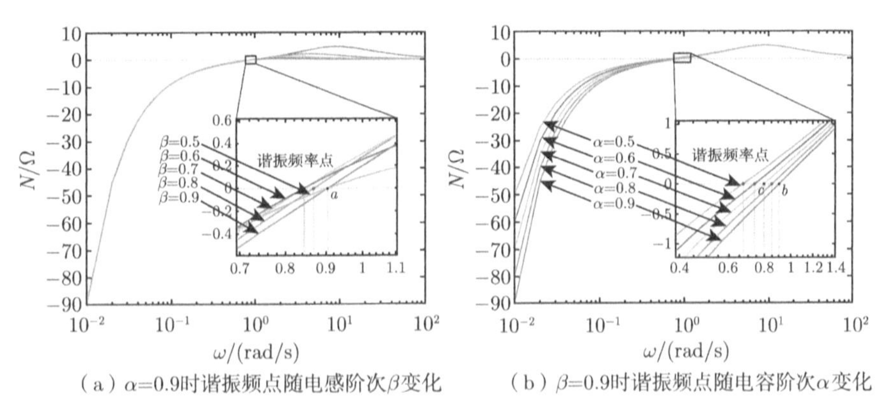

（a）α=0.9时谐振频点随电感阶次β变化　（b）β=0.9时谐振频点随电容阶次α变化

图 5.7　$R=100\Omega$、$C_\alpha=1\text{F}$、$L_\beta=1\text{H}$ 时 C-F 型分数阶 RLC 串联电路的谐振频点

发生串联谐振时，分数阶 RLC 串联电路呈现纯实阻抗，其阻抗表达式为

$$\begin{aligned}{}^{\text{CF}}Z_{\text{PR}}&=\frac{M_1\omega_0^2+M_2}{(1-\beta)^2C_\alpha\omega_0^2+\beta^2C_\alpha}\\&=\frac{\beta RC_\alpha+\alpha+\beta-2\alpha\beta}{\beta C_\alpha}\end{aligned} \tag{5.6}$$

发生串联谐振时，电路中的电流达到最大值，称为谐振电流，用 I^* 表示，如果电路的外加电压的有效值为 U，则 $I^*=\dfrac{U}{Z_{\text{PR}}}$。

当电路参数分别为 $R=100\Omega$、$C_\alpha=1\text{F}$、$L_\beta=1.5\text{H}$，$R=100\Omega$、$C_\alpha=0.5\text{F}$、$L_\beta=1.5\text{H}$ 和 $R=100\Omega$、$C_\alpha=0.5\text{F}$、$L_\beta=0.5\text{H}$ 时，纯实阻抗 Z_{PR} 随电容阶次 α 和电感阶次 β 的变化曲线分别如图 5.8～图 5.10 所示。从图中三组参数的阻抗曲线可以看出，分数阶电容的阶次 α 和分数阶电感的阶次 β 对谐振时的纯实阻抗都有影响。当 α 较大时，纯实阻抗小一些；当 β 较大时，纯实阻抗也小一些。当 α 和 β 为不同的组合时，纯实阻抗值也不同，当 α 不变时，系统纯实阻抗随着 β 的增加而减小；当 β 不变时，系统纯实阻抗也随着 α 的增加而减小。另外，C-F 型分数阶 RLC 串联电路的纯实阻抗与电感感量无关，随电容容值减小而增加。而当 $\beta=0.5$ 时，由式（5.6）可以看出系统的纯实阻抗为定值，与 α 无关，此时 $Z_{\text{PR}}=R+1/C_\alpha$。对于三组不同的电路参数，纯实阻抗受电容阶次 α 和电感阶次 β 的影响是相类似的。

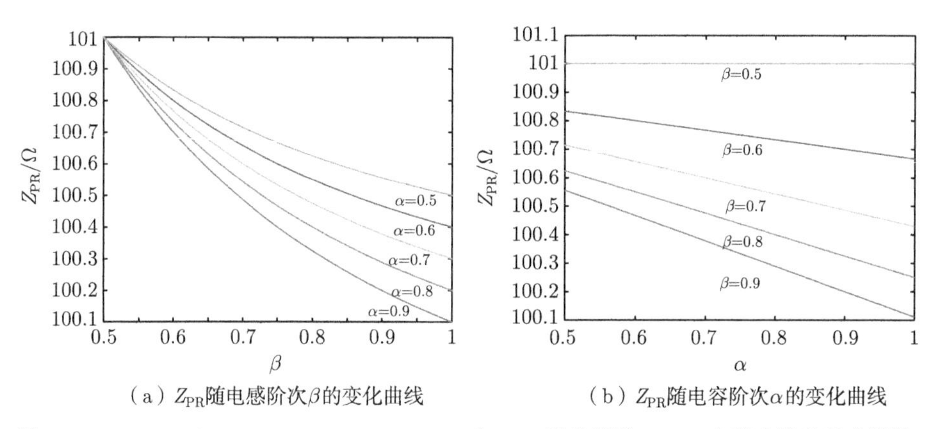

（a）Z_{PR}随电感阶次β的变化曲线　　（b）Z_{PR}随电容阶次α的变化曲线

图 5.8　$R=100\Omega$、$C_\alpha=1\text{F}$、$L_\beta=1.5\text{H}$ 时 C-F 型分数阶 RLC 串联电路的纯实阻抗

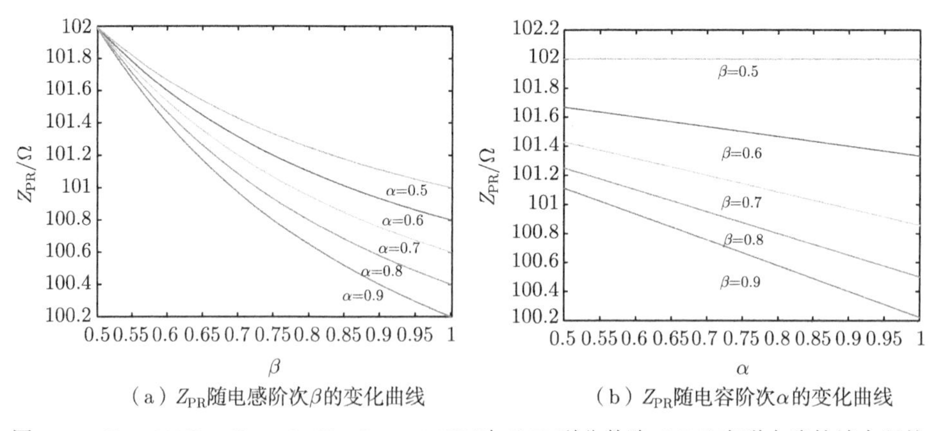

（a）Z_{PR}随电感阶次β的变化曲线　　（b）Z_{PR}随电容阶次α的变化曲线

图 5.9　$R=100\Omega$、$C_\alpha=0.5\text{F}$、$L_\beta=1.5\text{H}$ 时 C-F 型分数阶 RLC 串联电路的纯实阻抗

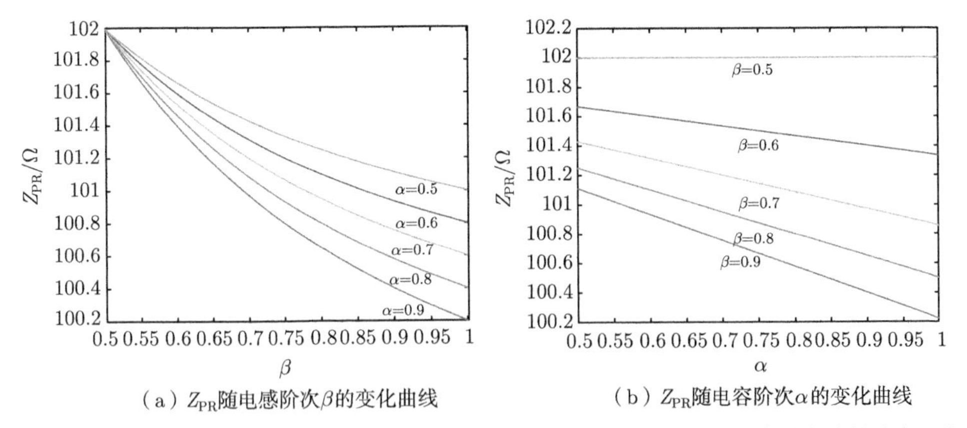

（a）Z_{PR}随电感阶次β的变化曲线　（b）Z_{PR}随电容阶次α的变化曲线

图 5.10　$R=100\Omega$、$C_\alpha=0.5\text{F}$、$L_\beta=0.5\text{H}$ 时 C-F 型分数阶 RLC 串联电路的纯实阻抗

设谐振频率 ω_0 处的 C-F 型分数阶 RLC 串联电路系统参数为

$$\begin{cases} C^* = \dfrac{C_\alpha}{\alpha} \\ R^* = R + \dfrac{1-\alpha}{C_\alpha} + \dfrac{L_\beta(1-\beta)\omega_0^2}{\beta^2+(1-\beta)^2\omega_0^2} \\ \quad = \dfrac{(RC_\alpha+1-\alpha)\beta+(1-\beta)\alpha}{\beta C_\alpha} \\ \quad = \dfrac{\beta RC_\alpha+\alpha+\beta-2\alpha\beta}{\beta C_\alpha} \\ L^* = \dfrac{L_\beta\beta}{\beta^2+(1-\beta)^2{\omega_0}^2} = \dfrac{\beta L_\beta C_\alpha-\alpha(1-\beta)^2}{\beta^2 C_\alpha} \end{cases} \tag{5.7}$$

则谐振频率处的电路阻抗可写为

$$^{\text{CF}}Z^* = R^* + \text{j}\omega_0 L^* - \text{j}\frac{1}{\omega_0 C^*}$$

式中，$\text{j}\omega_0 L^* = \text{j}\dfrac{1}{\omega_0 C^*}$，$R^*$ 也就是式（5.6）的纯实阻抗 $^{\text{CF}}Z_{\text{PR}}$。

因此，可以将 C-F 型分数阶 RLC 串联电路的品质因数定义为

$$\begin{aligned} ^{\text{CF}}Q &= \frac{L^*\omega_0}{R^*} = \frac{1}{\omega_0 C^* R^*} \\ &= \frac{\sqrt{\alpha\left[\beta L_\beta C_\alpha - \alpha(1-\beta)^2\right]}}{(RC_\alpha+1-\alpha)\beta+(1-\beta)\alpha} \end{aligned} \tag{5.8}$$

当阶次 $\alpha=\beta=1$ 时，即整数阶 RLC 串联电路，由式（5.7）可以得到此时谐振频率处的电路参数为 $R^*=R$，$C^*=C$，$L^*=L$。式（5.8）品质因数为 $Q=\dfrac{L\omega_0}{R}=\dfrac{1}{RC\omega_0}$，即整数阶 RLC 串联电路品质因数的表达式。

品质因数表征了 C-F 型分数阶 RLC 串联电路对非谐振频率的抑制作用，${}^{\mathrm{CF}}Q$ 越大，抑制作用越强，通频带越窄，电路选择性越好。下面分析电容阶次 α 和电感阶次 β 对品质因数的影响。选择电路参数分别为 $R=100\Omega$、$C_\alpha=1\mathrm{F}$、$L_\beta=1\mathrm{H}$ 和 $R=100\Omega$、$C_\alpha=0.5\mathrm{F}$、$L_\beta=1.5\mathrm{H}$ 时，品质因数随分数阶阶次 α 和 β 变化的曲线如图 5.11 和图 5.12 所示。从图中可以看出，电容阶次 α 和电感阶次 β 对品质因数都有很大的影响。从图 5.11（a）和图 5.12（a）可以看出，对于不同的电容阶次 α，品质因数 ${}^{\mathrm{CF}}Q$ 与电感阶次 β 都不是单调变化的关系，每条曲线都存在一个最大品质因数。由图 5.11（b）和图 5.12（b）可以看出，对于不同的电感阶次 β，其中有 9 条曲线呈现出品质因数 ${}^{\mathrm{CF}}Q$ 随电容阶次 α 的增加而增加的单调变化特性，而当参数为 $R=100\Omega$、$C_\alpha=1.5\mathrm{F}$、$L_\beta=0.5\mathrm{H}$ 时，曲线如图 5.12（b）所示，当 $\beta=0.5$ 时，品质因数 ${}^{\mathrm{CF}}Q$ 随电容阶次 α 却不是单调变化关系。因此，对于不同的阻值、容值和感量，分数阶阶次对品质因数的影响是不一样的。两组参数的三维曲线分别如图 5.13（a）和（b）所示。从三维曲线也可以看出，分数阶阶次 α 和 β 会对 ${}^{\mathrm{CF}}Q$ 产生明显影响且并非简单的单调关系，品质因数存在峰值。从三维曲线中可以看出，品质因数整体呈现马鞍形分布，其幅值随着 α 的增大而增大，峰值出现在 $\alpha=1$ 附近。此时 ${}^{\mathrm{CF}}Q$ 随着 β 的增加先增大后减小，且随着 α 减小，峰值点的 β 值逐渐减小。峰值降低，会使电路选择性变差。对比两组参数的仿真结果，电感感量、电容容值等参数的变化只影响 ${}^{\mathrm{CF}}Q$ 的幅值，对变化趋势影响较小。

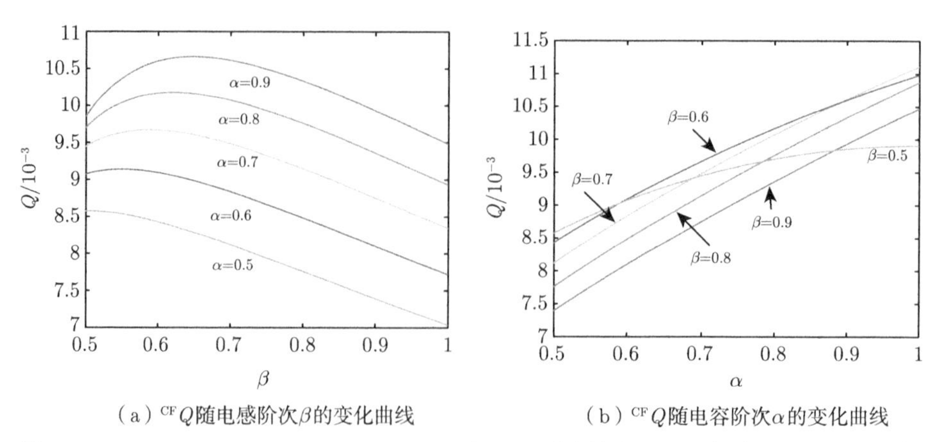

（a）${}^{\mathrm{CF}}Q$随电感阶次β的变化曲线　（b）${}^{\mathrm{CF}}Q$随电容阶次α的变化曲线

图 5.11 $R=100\Omega$、$C_\alpha=1\mathrm{F}$、$L_\beta=1\mathrm{H}$ 时 C-F 型分数阶 RLC 串联电路的品质因数

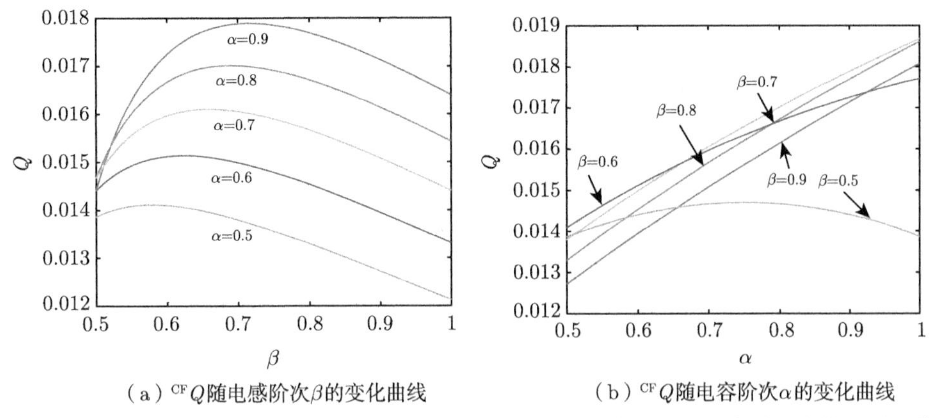

(a) ^{CF}Q随电感阶次β的变化曲线 (b) ^{CF}Q随电容阶次α的变化曲线

图 5.12 $R=100\Omega$、$C_\alpha=0.5\text{F}$、$L_\beta=1.5\text{H}$ 时 C-F 型分数阶 RLC 串联电路的品质因数

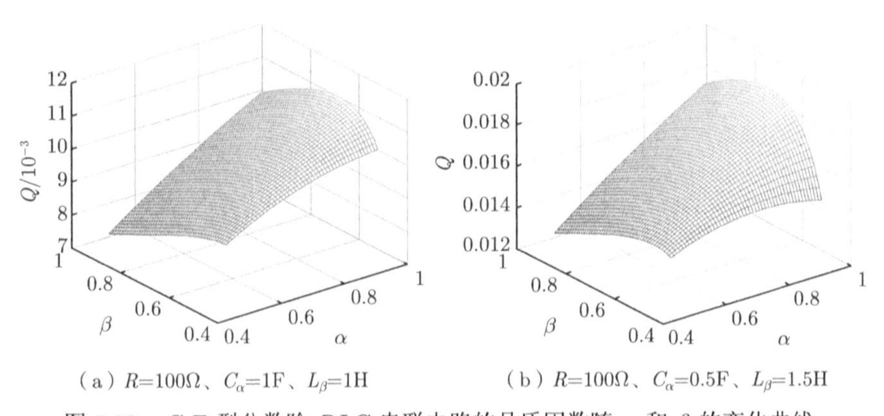

(a) R=100Ω、C_α=1F、L_β=1H (b) R=100Ω、C_α=0.5F、L_β=1.5H

图 5.13 C-F 型分数阶 RLC 串联电路的品质因数随 α 和 β 的变化曲线

电路系统的频带宽度是指当电路中电阻吸收的平均功率是谐振时其最大值的一半时，所对应的两个频率之差，一个称为上限频率，另一个称为下限频率，上下限频率点的电流值为最大谐振电流值的 $1/\sqrt{2}$，频带宽度表征电路谐振的“尖锐度”，频带宽度越小，谐振的“尖锐度”越大，电路选择性越强。本节通过直接计算上下限频率的方案，求解频带宽度，进而分析电容阶次 α 和电感阶次 β 对电路频带宽度的影响。根据欧姆定律，分数阶 RLC 串联电路的电流为

$$I=\frac{U}{\sqrt{R^{*2}+\left(\omega L^{*}-\dfrac{1}{\omega C^{*}}\right)^{2}}}$$

$$
= \frac{U}{\sqrt{R^{*2} + \left(R^* \frac{\omega_0 L^*}{R^*} \frac{\omega}{\omega_0} - R^* \frac{1}{\omega_0 R^* C^*} \frac{\omega_0}{\omega}\right)^2}}
$$

$$
= \frac{U_s}{\sqrt{R^{*2} + R^{*2\,\mathrm{CF}}Q^2 \left(\frac{\omega}{\omega_0} - \frac{\omega_0}{\omega}\right)^2}} \tag{5.9}
$$

而电路的谐振电流为 $I^* = \dfrac{U}{R^*}$，于是有

$$
\frac{I}{I^*} = \frac{1}{\sqrt{1 + {}^{\mathrm{CF}}Q^2 \left(\eta - \frac{1}{\eta}\right)^2}} \tag{5.10}
$$

式中，$\eta = \dfrac{\omega}{\omega_0}$，是外加电压的角频率与谐振角频率的比例。

频带上限频率和下限频率处，电流为最大谐振电流的 $1/\sqrt{2}$，即

$$
\frac{I}{I^*} = \frac{1}{\sqrt{2}} \tag{5.11}
$$

此时

$$
1 + {}^{\mathrm{CF}}Q^2 \left(\eta - \frac{1}{\eta}\right)^2 = 2 \tag{5.12}
$$

解得

$$
\begin{aligned}
&\eta_1 = \frac{1}{2^{\mathrm{CF}}Q} + \sqrt{1 + \left(\frac{1}{2^{\mathrm{CF}}Q}\right)^2}, \quad \eta_2 = \frac{1}{2^{\mathrm{CF}}Q} - \sqrt{1 + \left(\frac{1}{2^{\mathrm{CF}}Q}\right)^2} \\
&\eta_3 = -\frac{1}{2^{\mathrm{CF}}Q} + \sqrt{1 + \left(\frac{1}{2^{\mathrm{CF}}Q}\right)^2}, \quad \eta_4 = -\frac{1}{2^{\mathrm{CF}}Q} - \sqrt{1 + \left(\frac{1}{2^{\mathrm{CF}}Q}\right)^2}
\end{aligned} \tag{5.13}
$$

舍去小于 0 的 η_2、η_4，可得分数阶 RLC 串联系统上限频率和下限频率分别为

$$
\omega_{\mathrm{up}} = \eta_1 \omega_0 = \frac{RC_\alpha + 1 - \alpha + \sqrt{4\alpha L_\beta C_\alpha + (RC_\alpha + 1 - \alpha)^2}}{2L_\beta C_\alpha}
$$

$$
\omega_{\mathrm{down}} = \eta_3 \omega_0 = \frac{-(RC_\alpha + 1 - \alpha) + \sqrt{4\alpha L_\beta C_\alpha + (RC_\alpha + 1 - \alpha)^2}}{2L_\beta C_\alpha}
$$

综上，可以推导得到 C-F 型分数阶 RLC 串联电路系统频带宽度为

$$
\begin{aligned}
{}^{\mathrm{CF}}\mathrm{BW} &= \omega_{\mathrm{up}} - \omega_{\mathrm{down}} = \frac{\omega_0}{{}^{\mathrm{CF}}Q} \\
&= \frac{\beta\left[(RC_\alpha + 1 - \alpha)\beta + (1-\beta)\alpha\right]}{\beta L_\beta C_\alpha - \alpha(1-\beta)^2}
\end{aligned}
\tag{5.14}
$$

当电路参数分别为 $R = 100\Omega$、$C_\alpha = 1\mathrm{F}$、$L_\beta = 1\mathrm{H}$ 和 $R = 100\Omega$、$C_\alpha = 0.5\mathrm{F}$、$L_\beta = 1.5\mathrm{H}$ 时，频带宽度随分数阶阶次 α 和 β 变化的曲线如图 5.14 和图 5.15 所示，图中给出了两组电路参数，α 分别为 0.5、0.6、0.7、0.8、0.9 和 β 分别为 0.5、0.6、0.7、0.8、0.9 情况下的频带宽度值曲线。可以看出，分数阶阶次 α 和 β 会对频带宽度产生明显影响。而电感阶次 β 不同时，频带宽度随 α 的变化规律区别比较大。当电感阶次 β 为 0.5、0.6、0.7、0.8 时，频带宽度随 α 的增大而增大（即频带宽度和 α 呈现正相关关系），且随着 β 的减小，这个频带宽度随 β 增大的斜率在变大。而当 $\beta = 0.9$ 时，对于图 5.14的电路参数组，频带宽度不随 α 的变化而变化，对于图 5.15的电路参数组，频带宽度随 α 的增大而减小（即频带宽度和 α 呈现负相关关系）。当 α 不变时，频带宽度随 β 的变化是非单调的，随着 β 的增加，频带宽度先减小，而后增加，存在一个最小值。另外，图 5.14（b）和图 5.15（b）中，不同 β 值的频带宽度值曲线有交点，表示不同的 α 和 β 参数组合时，可能会有相同的频带宽度。频带宽度，即式（5.14）可整理为

$$
{}^{\mathrm{CF}}\mathrm{BW} = \frac{\beta^2(RC_\alpha + 1) - \alpha\beta(2\beta - 1)}{\beta L_\beta C_\alpha - \alpha(1-\beta)^2} \tag{5.15}
$$

当 β 满足条件

$$
\frac{(1-\beta)^2}{2\beta - 1} = \frac{L_\beta C_\alpha}{RC_\alpha + 1} \tag{5.16}
$$

时，电路系统频带宽度为常量 $\dfrac{\beta}{L_\beta C_\alpha}$。设此时的电感阶次为 β_0，则式（5.16）可解得

$$
\beta_0 = 1 + K - \sqrt{K(1+K)} \tag{5.17}
$$

式中，$K = \dfrac{L_\beta C_\alpha}{RC_\alpha + 1}$。当 $\beta > \beta_0$ 时，频带宽度和 α 负相关；当 $\beta < \beta_0$ 时，频带宽度和 α 正相关。求得图 5.14的电路参数时，$\beta = 0.90000$，从图 5.14（b）可以看出，当 $\beta < 0.90000$ 时，频带宽度和 α 呈现正相关。求得图 5.15 的电路参数时，$\beta = 0.89255$，由图 5.15（b）也可以看出，当 $\beta < 0.89255$ 时，频带宽度和 α 呈现正相关；当 $\beta > 0.89255$ 时，频带宽度和 α 呈现负相关。对比两组参数的

仿真结果，电感感量、电容容值等参数的变化只影响频带宽度的幅值，对变化趋势影响较小。

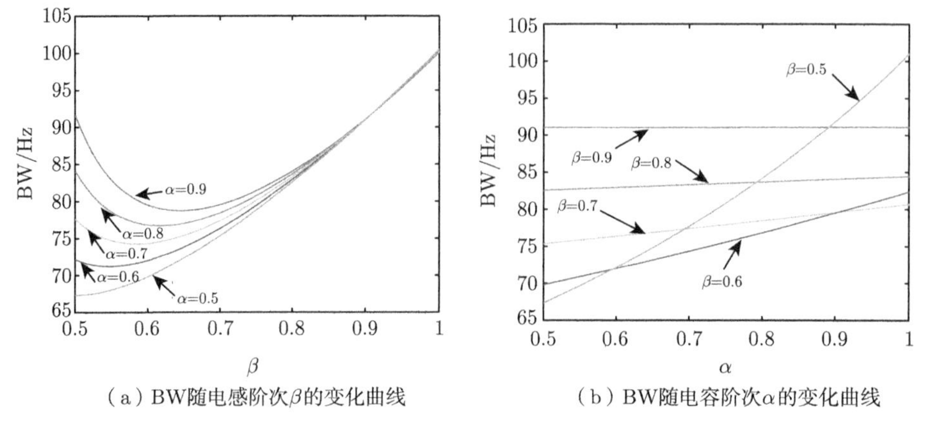

（a）BW随电感阶次β的变化曲线　（b）BW随电容阶次α的变化曲线

图 5.14　$R=100\Omega$、$C_\alpha=1\text{F}$、$L_\beta=1\text{H}$ 时 C-F 型分数阶 RLC 串联电路的频带宽度

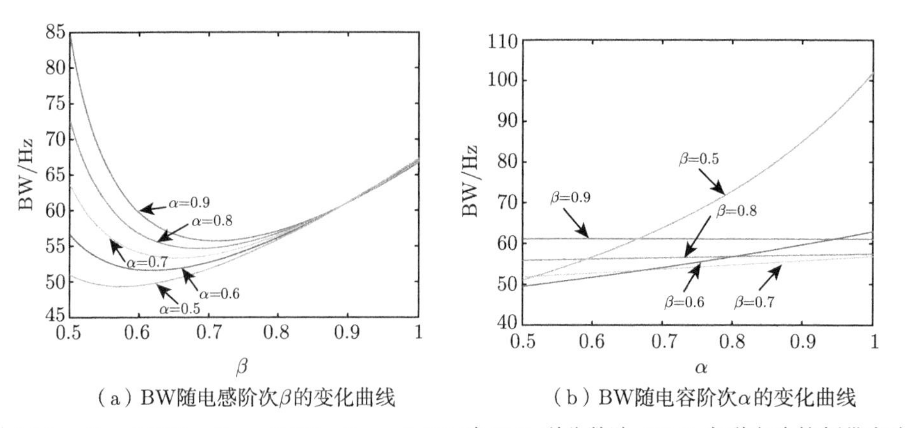

（a）BW随电感阶次β的变化曲线　（b）BW随电容阶次α的变化曲线

图 5.15　$R=100\Omega$、$C_\alpha=0.5\text{F}$、$L_\beta=1.5\text{H}$ 时 C-F 型分数阶 RLC 串联电路的频带宽度

5.2　A-B 型分数阶 RLC 电路系统特性分析

5.2.1　A-B 型分数阶 RLC 电路系统阻抗特性

根据第 3 章中 A-B 型分数阶电容和电感的阻抗模型，即式（3.27）和式（3.41），可以得到 A-B 定义下分数阶 RLC 电路系统阻抗为

$$\begin{aligned}{}^{\mathrm{AB}}Z &= R + {}^{\mathrm{AB}}Z_{C_\alpha} + {}^{\mathrm{AB}}Z_{L_\beta} \\ &= R + \frac{1-\alpha}{C_\alpha} + \frac{\alpha}{\omega^\alpha C_\alpha}\cos\frac{\alpha\pi}{2} - \mathrm{j}\frac{\alpha}{\omega^\alpha C_\alpha}\sin\frac{\alpha\pi}{2}\end{aligned}$$

$$+\frac{L_\beta\omega^\beta\left(\cos\frac{\beta\pi}{2}+\mathrm{j}\sin\frac{\beta\pi}{2}\right)}{\beta+(1-\beta)\omega^\beta\left(\cos\frac{\beta\pi}{2}+\mathrm{j}\sin\frac{\beta\pi}{2}\right)} \tag{5.18}$$

式中，R 为电阻值；C_α 为分数阶电容的容值；α 为电容阶次；L_β 为分数阶电感的感量；β 为电感阶次。

如果用符号 M 表示复阻抗的实部，N 表示复阻抗的虚部，则式（5.18）可写为

$$^{\mathrm{AB}}Z=M+\mathrm{j}N \tag{5.19}$$

式中

$$\begin{aligned}M&=R+\frac{1-\alpha}{C_\alpha}+\frac{\alpha\cos\frac{\alpha\pi}{2}}{\omega^\alpha C_\alpha}\\&\quad+\frac{L_\beta(1-\beta)\omega^{2\beta}+L_\beta\beta\omega^\beta\cos\frac{\beta\pi}{2}}{\beta^2+2\beta(1-\beta)\omega^\beta\cos\frac{\beta\pi}{2}+(1-\beta)^2\omega^{2\beta}}\\N&=\frac{L_\beta\beta\omega^\beta\sin\frac{\beta\pi}{2}}{\beta^2+2\beta(1-\beta)\omega^\beta\cos\frac{\beta\pi}{2}+(1-\beta)^2\omega^{2\beta}}\\&\quad-\frac{\alpha\sin\frac{\alpha\pi}{2}}{\omega^\alpha C_\alpha}\end{aligned} \tag{5.20}$$

本书只讨论分数阶阶次 $0<\alpha<1$ 和 $0<\beta<1$ 的情况，由式（5.20）可知，复阻抗实部恒大于零。

选取两组和 5.1 节 C-F 型分数阶 RLC 串联电路阻抗特性分析相同的两组电路参数，$R=100\Omega$、$C_\alpha=1\mathrm{F}$、$L_\beta=1\mathrm{H}$ 和 $R=100\Omega$、$C_\alpha=0.5\mathrm{F}$、$L_\beta=1.5\mathrm{H}$，分析分数阶电容阶次 α 和电感阶次 β 对 A-B 型分数阶 RLC 串联电路阻抗特性的影响。通过 MATLAB 仿真，可得两组参数的阻抗实部和虚部的频率特性 $M(\omega)$ 和 $N(\omega)$ 分别如图 5.16～图 5.19 所示。两组参数的阻抗幅频特性 $|Z(\omega)|$ 和相频特性 $\varphi(\omega)$ 分别如图 5.20 和图 5.21 所示。

图 5.16 和图 5.17 分别是两组参数在电容阶次 α 和电感阶次 β 为不同组合时，阻抗实部的频率特性。由图可知，两组不同的电路参数所得阻抗实部频率特性有相类似的变化规律。在低频段、中频段和高频段分别呈现不同的频率特性

特点。在低频段，电路系统的阻抗实部随频率变化较大，阻抗实部值随频率增大而减小。在这个频段，阻抗实部受电容阶次 α 的影响较大，随着 α 的减小而减小。

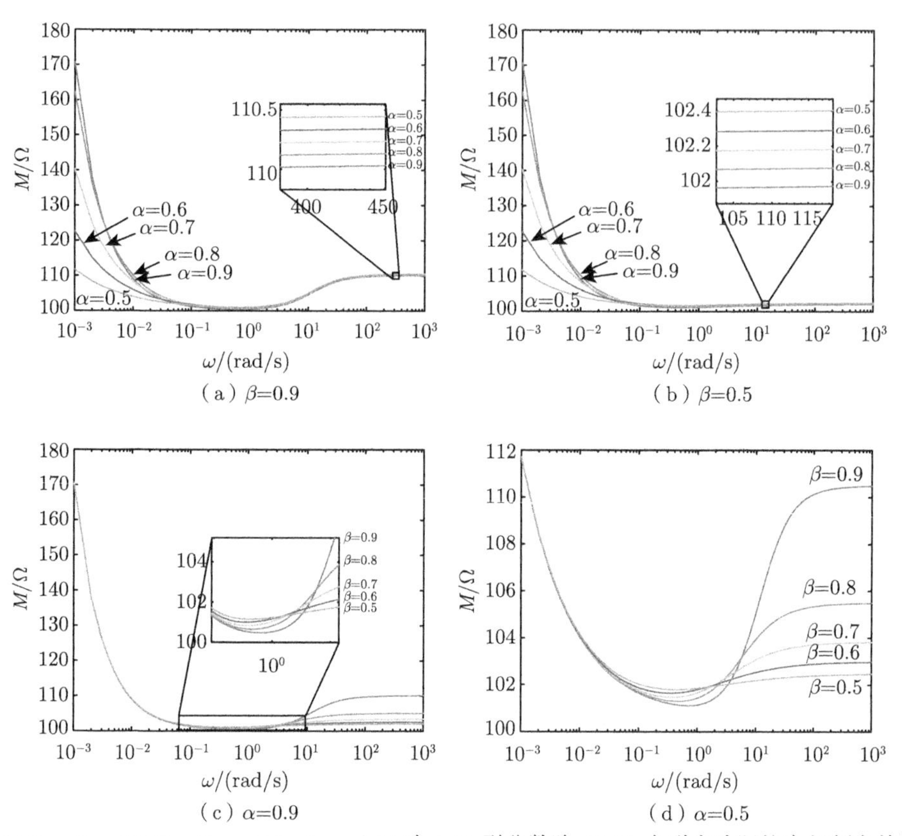

图 5.16　$R=100\Omega$、$C_\alpha=1\text{F}$、$L_\beta=1\text{H}$ 时 A-B 型分数阶 RLC 串联电路阻抗实部频率特性

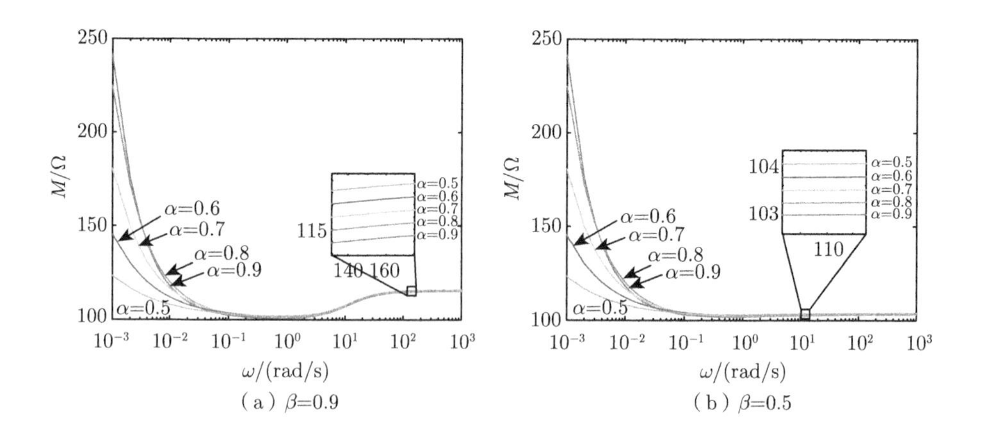

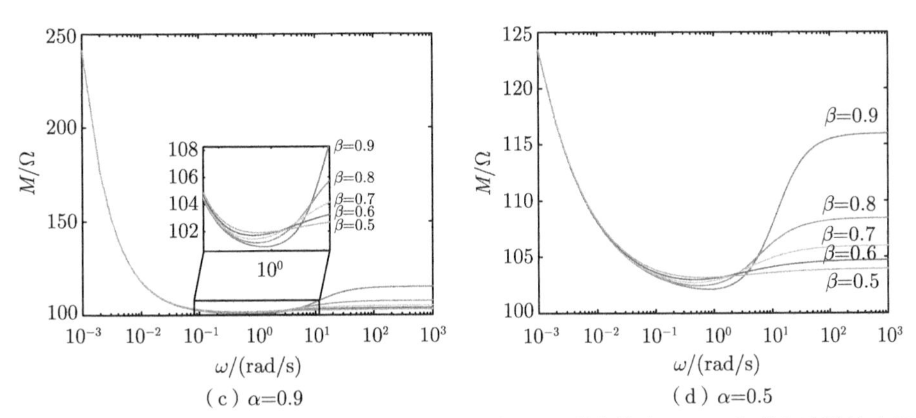

(c) α=0.9 (d) α=0.5

图 5.17 $R = 100\Omega$、$C_\alpha = 0.5\text{F}$、$L_\beta = 1.5\text{H}$ 时 A-B 型分数阶 RLC 串联电路阻抗实部频率特性

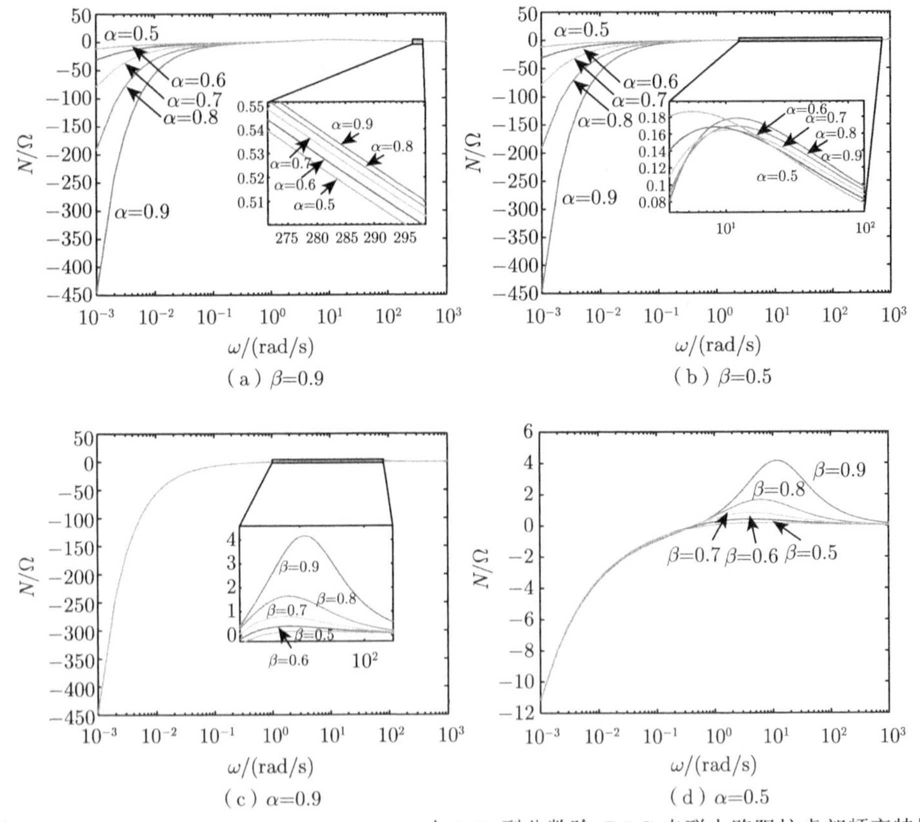

(a) β=0.9 (b) β=0.5

(c) α=0.9 (d) α=0.5

图 5.18 $R = 100\Omega$、$C_\alpha = 1\text{F}$、$L_\beta = 1\text{H}$ 时 A-B 型分数阶 RLC 串联电路阻抗虚部频率特性

在中频段，阻抗实部随频率变化不大，受电容阶次 α 和电感阶次 β 影响也较小。在高频段，阻抗实部受电容阶次 α 的影响较小，而受电感阶次 β 的影响较大，当 β 较大时，阻抗实部值也变得较大。另外，当 α 为一定值时，各个不同的 β 值对应的阻抗实部都有一个最小值，出现在中频段。与 5.1 节 C-F 定义下分数阶 RLC 电路系统的阻抗实部频率特性比较，C-F 和 A-B 两种不同定义的阻抗实部频率特性差别比较大，尤其是在低频和中频段差别更大。

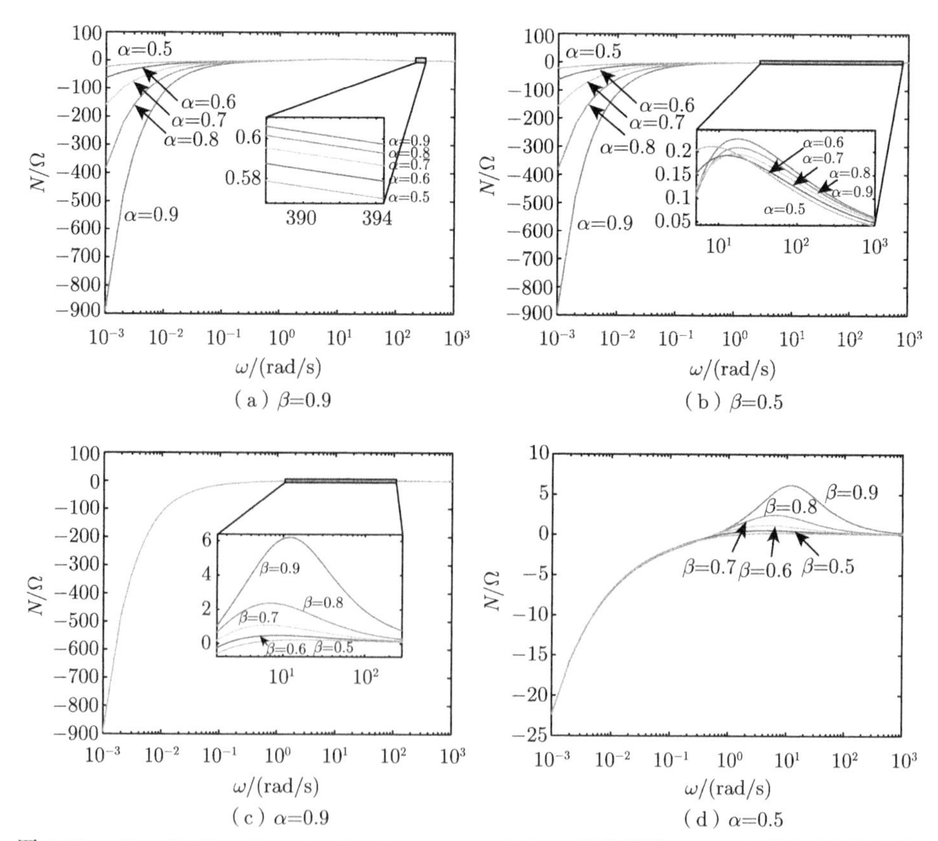

图 5.19 $R=100\Omega$、$C_\alpha=0.5\text{F}$、$L_\beta=1.5\text{H}$ 时 A-B 型分数阶 RLC 串联电路阻抗虚部频率特性

图 5.18 和图 5.19 分别是两组参数在电容阶次 α 和电感阶次 β 为不同组合时，阻抗虚部的频率特性。由图可知，两种不同电路参数的阻抗虚部的频率特性也有类似的变化规律。在低频段，电路系统的阻抗虚部值随频率的增大而增大，变化率比较大，这个变化率随电容阶次 α 的增大而增大，受电感阶次 β 的影响较小。在高频段，电路系统的阻抗虚部变化很小，其值接近于零，根据阶次 α 和 β

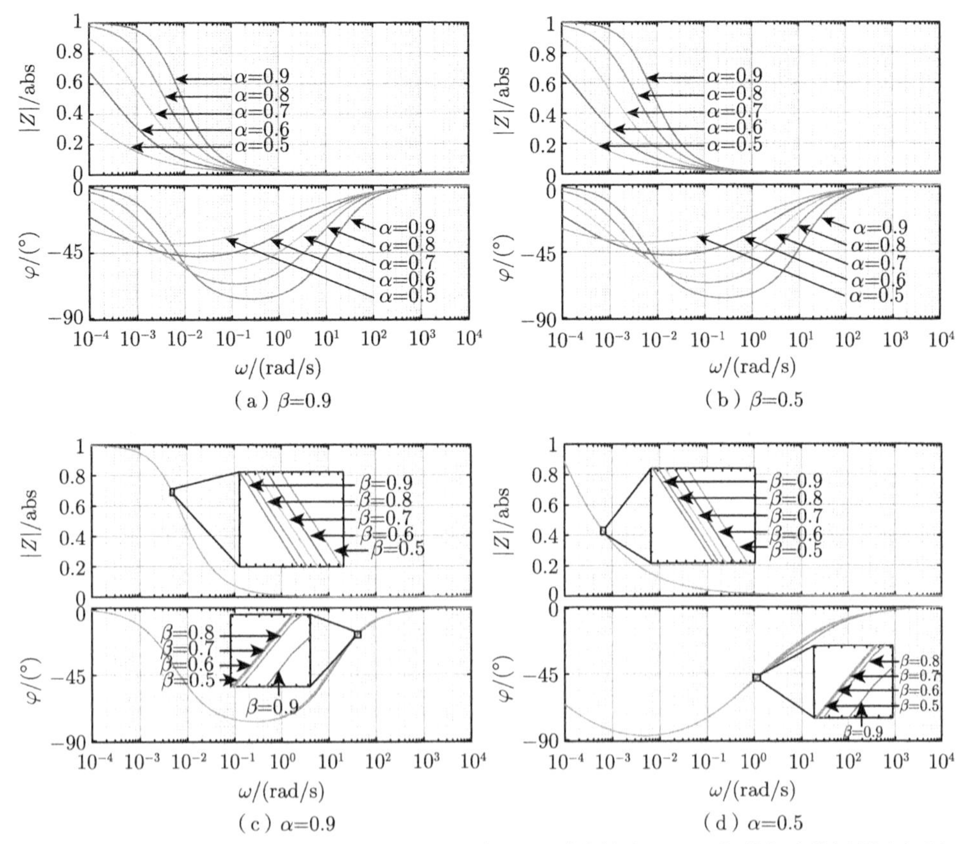

（a）β=0.9 （b）β=0.5

（c）α=0.9 （d）α=0.5

图 5.20 $R = 100\Omega$、$C_\alpha = 1\text{F}$、$L_\beta = 1\text{H}$ 时 A-B 型分数阶 RLC 串联电路的幅频及相频特性

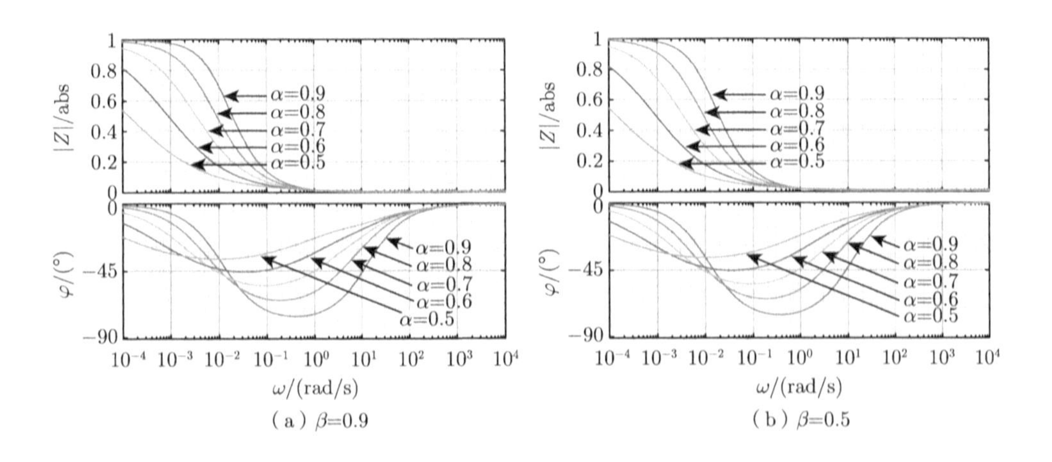

（a）β=0.9 （b）β=0.5

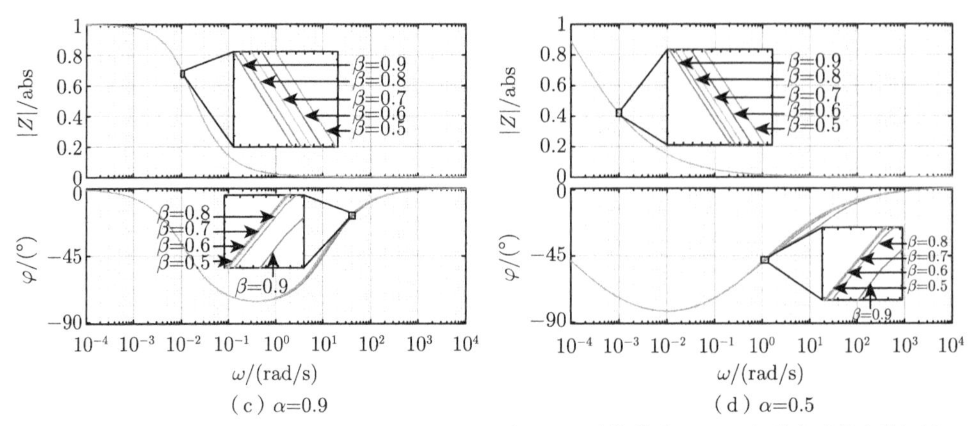

图 5.21　$R = 100\Omega$、$C_\alpha = 0.5\text{F}$、$L_\beta = 1.5\text{H}$ 时 A-B 型分数阶 RLC 串联电路的幅频及相频特性

的不同，会在高频段的某个频率处出现正向峰值，即阻抗虚部最大值。与 5.1 节 C-F 定义下分数阶 RLC 电路系统的阻抗虚部频率特性比较，C-F 和 A-B 两种不同定义的阻抗虚部的频率特性有类似的变化规律。相比于 C-F 定义下分数阶 RLC 电路系统，在低频段，A-B 定义下电路系统的阻抗虚部受电容阶次 α 的影响更大，在高频段，A-B 定义下电路系统的阻抗虚部的正向峰值更大。

图 5.20 和图 5.21 分别是两组参数在电容阶次 α 和电感阶次 β 为不同值时的电路系统复阻抗的幅频特性和相频特性。由图可知，两组不同的电路参数所得的幅频和相频特性都有类似的变化规律。电感阶次 β 对幅频特性和相频特性的影响很小，而电容阶次 α 对幅频特性和相频特性的影响都很大。在低频段，阻抗幅值随阶次 α 增大而增大，阻抗相角随阶次 α 增大而减小；中频段阻抗相角随阶次 α 增大而增大，在高频段，阻抗幅值不受 α 变化的影响。与 5.1 节 C-F 定义下分数阶 RLC 电路系统的阻抗幅频特性和相频特性相比较，两者都呈现出低频时具有带通特性、高频时具有带阻特性的特点。但 A-B 定义下分数阶 RLC 电路系统的带通特性的范围变小，带阻特性的范围增加，幅频特性和相频特性受电容阶次 α 的影响更大。

5.2.2　A-B 型分数阶 *RLC* 电路系统谐振特性

当复阻抗式（5.18）虚部 N 为零时，电路中的电压和电流同相，电路处于串联谐振状态，此时系统满足

$$
\begin{aligned}
&L_\beta C_\alpha \beta \sin\frac{\beta\pi}{2}{\omega_0}^{\alpha+\beta} \\
&= \alpha \sin\frac{\alpha\pi}{2}\cdot\left[\beta^2 + 2\beta(1-\beta){\omega_0}^{\beta}\cos\frac{\beta\pi}{2} + (1-\beta)^2{\omega_0}^{2\beta}\right]
\end{aligned} \tag{5.21}
$$

对式（5.21）进行整理并化简，可将其化为如下方程：

$$F_1\omega_0^{\alpha+\beta}-F_2\omega_0^{\beta}-F_3\omega_0^{2\beta}-\alpha\beta^2\sin\frac{\alpha\pi}{2}=0 \tag{5.22}$$

其中

$$\begin{cases}F_1=L_\beta C_\alpha\beta\sin\dfrac{\beta\pi}{2}\\ F_2=2\alpha\beta(1-\beta)\sin\dfrac{\alpha\pi}{2}\cos\dfrac{\beta\pi}{2}\\ F_3=\alpha(1-\beta)^2\sin\dfrac{\alpha\pi}{2}\end{cases} \tag{5.23}$$

当分数阶电容与分数阶电感的阶次不同时，式（5.22）中谐振频率难以直接求出，因此首先考虑分数阶电容与分数阶电感阶次相同的同元次情况，即 $\alpha=\beta$。此时，式（5.22）可简化为

$$(F_1-F_3)\omega_0^{2\alpha}-F_2\omega_0^{\alpha}-\alpha^3\sin\frac{\alpha\pi}{2}=0 \tag{5.24}$$

求解方程（5.24）可得

$$\omega_0=\left[\frac{F_2\pm\sqrt{F_2^2+4(F_1-F_3)\alpha^3\sin\dfrac{\alpha\pi}{2}}}{2(F_1-F_3)}\right]^{\frac{1}{\alpha}} \tag{5.25}$$

因为谐振频率为正实数，分析可得 A-B 型分数阶 RLC 串联电路可发生谐振的条件为

$$L_\beta C_\alpha>(1-\alpha)^2 \tag{5.26}$$

A-B 型分数阶 RLC 串联电路系统的谐振频率为

$$\omega_0=\left[\frac{\alpha(1-\alpha)\cos\dfrac{\alpha\pi}{2}+\alpha\sqrt{L_\beta C_\alpha-(1-\alpha)^2\sin^2\dfrac{\alpha\pi}{2}}}{L_\beta C_\alpha-(1-\alpha)^2}\right]^{\frac{1}{\alpha}} \tag{5.27}$$

图 5.22（a）和（b）分别是 $\alpha=0.9$ 和 $\beta=0.9$ 时，电路参数为 $R=100\Omega$、$C_\alpha=1\text{F}$、$L_\beta=1\text{H}$ 时的阻抗虚部频率特性，图中阻抗虚部为零对应的频率即谐振频率 ω_0。可以看出，当 $\alpha=0.9$ 时，谐振频率随着电感阶次 β 的增大而减小，当 $\beta=0.9$ 时，谐振频率随着电容阶次 α 的增大而增大。

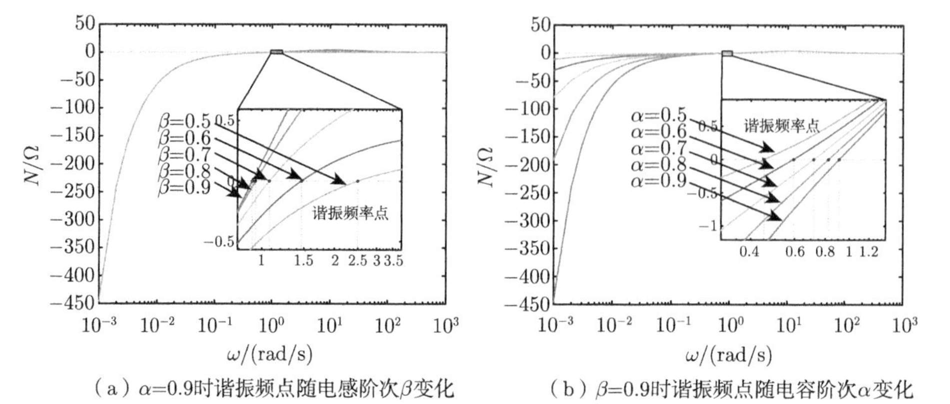

（a）α=0.9时谐振频点随电感阶次β变化　　（b）β=0.9时谐振频点随电容阶次α变化

图 5.22　$R = 100\Omega$、$C_\alpha = 1\mathrm{F}$、$L_\beta = 1\mathrm{H}$ 时 A-B 型分数阶 RLC 串联电路的谐振频点

发生谐振时，分数阶 RLC 串联电路系统呈现纯实阻抗，其阻抗表达式为

$$^{\mathrm{AB}}Z_{\mathrm{PR}} = R + 2\frac{(1-\alpha)\sqrt{L_\beta C_\alpha - (1-\alpha)^2\sin^2\dfrac{\alpha\pi}{2}} + L_\beta C_\alpha \cos\dfrac{\alpha\pi}{2}}{C_\alpha(1-\alpha)\cos\dfrac{\alpha\pi}{2} + C_\alpha\sqrt{L_\beta C_\alpha - (1-\alpha)^2\sin^2\dfrac{\alpha\pi}{2}}} \tag{5.28}$$

当电路参数发生变化时，纯实阻抗 $^{\mathrm{AB}}Z_{\mathrm{PR}}$ 随电容阶次和电感阶次的变化曲线如图 5.23 所示。由图可知，随着阶次的增大，系统纯实阻抗逐渐减小，当阶次为 1 时，纯实阻抗即电阻阻值 R；阶次不变时，随着电感感量的增加，纯实阻抗逐渐增大，随着电容容值的增加，纯实阻抗逐渐减小。

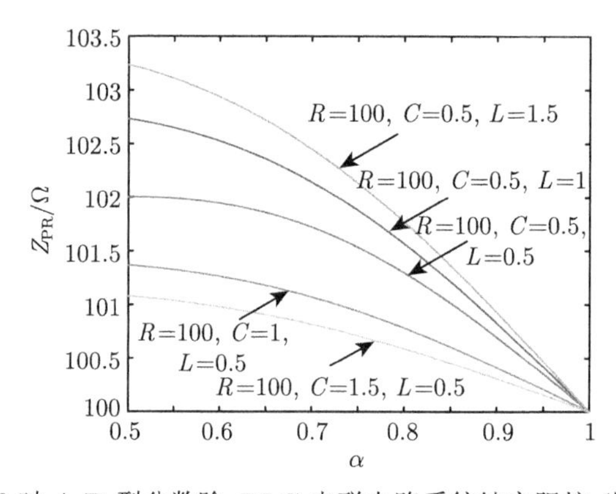

图 5.23　当 $\alpha = \beta$ 时 A-B 型分数阶 RLC 串联电路系统纯实阻抗 (图中数值单位省略)

综上，可对分数阶 RLC 电路系统进行设计，以 $\alpha = \beta = 0.5$ 为例，通过电路实验，分析正弦给定信号时，电容电压和电感电流的稳态响应。由式（5.26）可

知，$\alpha=\beta=0.5$ 时，A-B 型分数阶 RLC 串联电路谐振的条件是

$$L_\beta C_\alpha > \frac{1}{4} \tag{5.29}$$

此时，谐振频率 ω_0 为

$$\omega_0=\left(\frac{\dfrac{1}{8}+\sqrt{\dfrac{1}{8}L_\beta C_\alpha-\dfrac{1}{64}}}{\sqrt{\dfrac{1}{2}\left(L_\beta C_\alpha-\dfrac{1}{4}\right)}}\right)^2 \tag{5.30}$$

取满足谐振条件式（5.29）的分数阶电容和分数阶电感组合 $C_\alpha=1\text{F}$ 和 $L_\beta=400\text{mH}$，电阻 $R=100\Omega$，计算可得谐振频率为 $\omega_0=1.363\text{Hz}$。电路仿真实验中，分数阶电容和分数阶电感均采用第 3 章提出的 A-B 型分数阶元件逼近拓扑实现电路，电路拓扑及实验电路如图 5.24 所示。

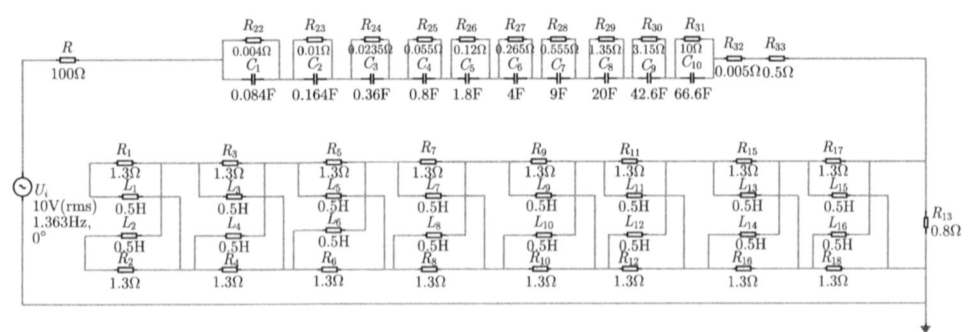

图 5.24 $C_\alpha=1\text{F}$、$L_\beta=400\text{mH}$、$R=100\Omega$、$\alpha=\beta=0.5$ 时 A-B 型分数阶 RLC 逼近电路拓扑及实验电路

实验电路的输入电压源设为频率 1.363Hz、电压有效值 10V 的正弦激励，可以得到电路的端口电压及端口电流曲线如图 5.25 所示。由图中可以看出，此时的输入电压与电路电流同相，从而验证了 A-B 型分数阶 RLC 串联电路的谐振频率计算结果的准确性。此外，根据式（5.28）计算此参数的电路总阻抗为 101.2432Ω，与电路仿真实验所测量的电路端口电阻值一致。

再选满足谐振条件的实验参数 $C_\alpha=0.5\text{F}$、$L_\beta=1.5\text{H}$、$R=1\Omega$、$\alpha=\beta=0.8$，进行电源电压有效值为 10V，电源频率分别为谐振频率、1.5 倍谐振频率和 50% 谐振频率的正弦信号的实验。所得输入电压和母线电流的实验曲线分别如图 5.26～图 5.28 所示。图 5.26 是谐振频率电源电压时的实验曲线，电压和电流是同相

位的，电路系统在谐振频率时呈现阻性。图 5.27 是 1.5 倍谐振频率电源电压时的实验曲线，电压相位超前于电流相位，电路系统呈现感性。图 5.28 是 50% 谐振频率电源电压时的实验曲线，电压相位滞后于电流相位，电路系统呈现容性。计算可得，这组实验参数的阻抗实部、阻抗虚部以及阻抗幅值和相角值列于表 5.1。表中参数所反映的电路阻抗特性与谐振特性与实验结果是一致的。

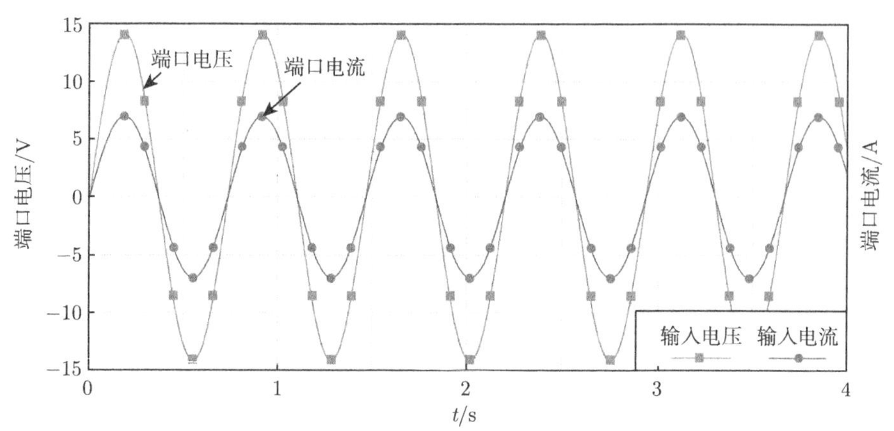

图 5.25　$C_\alpha = 1\text{F}$、$L_\beta = 400\text{mH}$、$R = 100\Omega$、$\alpha = \beta = 0.5$ 时 A-B 型分数阶 RLC 串联电路在频率 1.363Hz 正弦激励下的端口电流和端口电压曲线

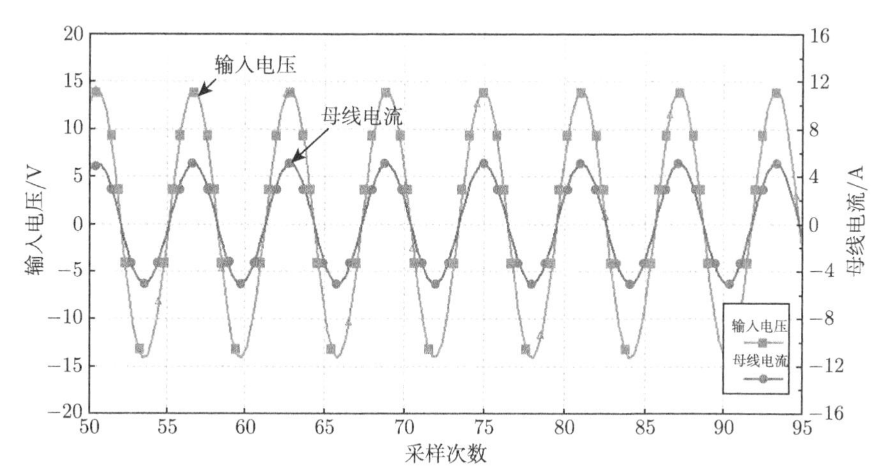

图 5.26　$C_\alpha = 0.5\text{F}$、$L_\beta = 1.5\text{H}$、$R = 1\Omega$、$\alpha = \beta = 0.8$ 时 A-B 型分数阶 RLC 串联电路在谐振频率正弦激励下的母线电流和输入电压曲线

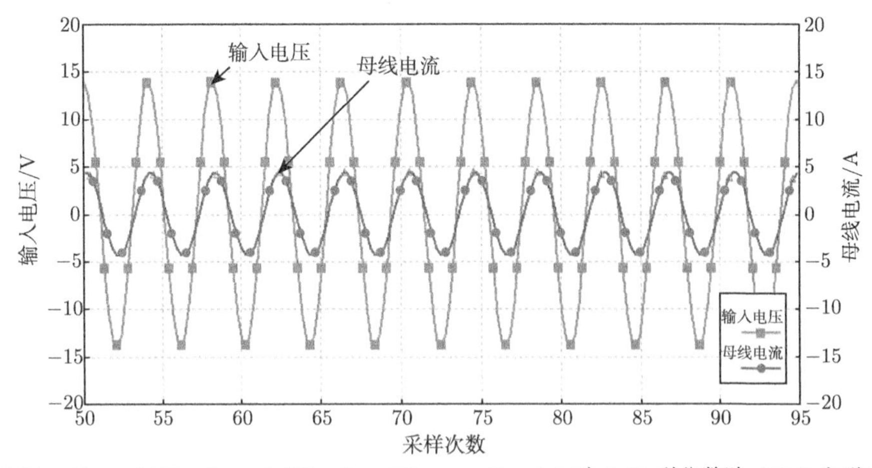

图 5.27 $C_\alpha = 0.5\text{F}$、$L_\beta = 1.5\text{H}$、$R = 1\Omega$、$\alpha = \beta = 0.8$ 时 A-B 型分数阶 RLC 串联电路在 1.5 倍谐振频率正弦激励下的母线电流和输入电压曲线

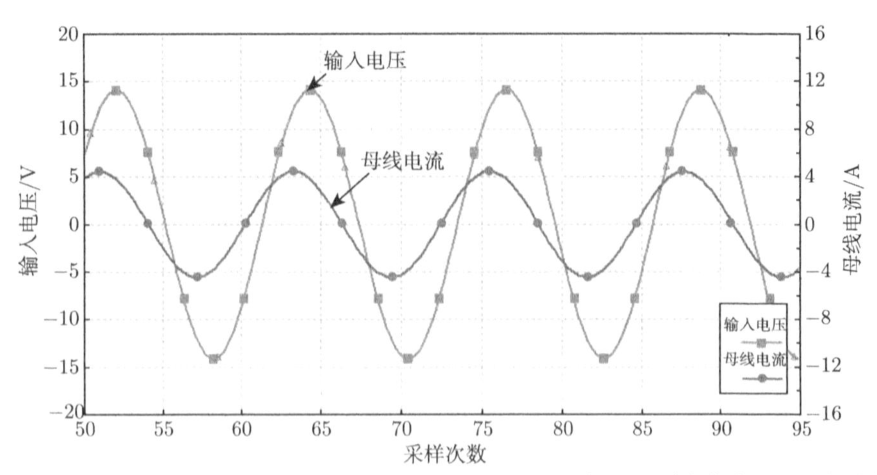

图 5.28 $C_\alpha = 0.5\text{F}$、$L_\beta = 1.5\text{H}$、$R = 1\Omega$、$\alpha = \beta = 0.8$ 时 A-B 型分数阶 RLC 串联电路在 50% 谐振频率正弦激励下的母线电流和输入电压曲线

表 5.1 $C_\alpha = 0.5\text{F}$、$L_\beta = 1.5\text{H}$、$R = 1\Omega$、$\alpha = \beta = 0.8$ 条件下 A-B 型分数阶 RLC 串联电路的阻抗实部、阻抗虚部、阻抗幅值及相角值

频率	阻抗实部	阻抗虚部	$\lvert A(\omega)\rvert$	$\varphi(\omega)$
谐振频率	2.768	0	2.768	0
1.5 倍谐振频率	3.056	0.799	3.159	0.256
50% 谐振频率	2.693	−1.653	3.160	−0.550

设谐振频率 ω_0 处的 A-B 型分数阶 RLC 串联电路系统参数为

$$\begin{cases} R^* = R + 2\dfrac{(1-\alpha)\sqrt{L_\beta C_\alpha - (1-\alpha)^2\sin^2\dfrac{\alpha\pi}{2}} + L_\beta C_\alpha\cos\dfrac{\alpha\pi}{2}}{C_\alpha(1-\alpha)\cos\dfrac{\alpha\pi}{2} + C_\alpha\sqrt{L_\beta C_\alpha - (1-\alpha)^2\sin^2\dfrac{\alpha\pi}{2}}} \\ C^* = \dfrac{C_\alpha}{\alpha\sin\dfrac{\alpha\pi}{2}} \\ L^* = \dfrac{\alpha\sin\dfrac{\alpha\pi}{2}}{C_\alpha{\omega_0}^{2\alpha}} \end{cases} \tag{5.31}$$

则谐振频率处的电路阻抗可以写为

$$^{\mathrm{AB}}Z^* = R^* + \mathrm{j}\omega_0^\alpha L^* - \mathrm{j}\frac{1}{\omega_0^\alpha C^*}$$

式中，$\mathrm{j}\omega_0^\alpha L^* = \mathrm{j}\dfrac{1}{{\omega_0}^\alpha C^*}$，$R^*$ 也就是式（5.28）的纯实阻抗 $^{\mathrm{AB}}Z_{\mathrm{PR}}$。

因此，可以将 A-B 型分数阶 RLC 串联电路的品质因数定义为

$$^{\mathrm{AB}}Q = \omega_0^\alpha\frac{L^*}{R^*} = \frac{1}{\omega_0^\alpha C^* R^*} = \frac{1}{R^*}\sqrt{\frac{L^*}{C^*}} \tag{5.32}$$

另外，可以推导得到 A-B 型分数阶 RLC 串联电路的频带宽度为

$$^{\mathrm{AB}}\mathrm{BW} = \frac{\omega_0^\alpha}{^{\mathrm{AB}}Q} \tag{5.33}$$

当电路参数发生变化时，品质因数和频带宽度随电容阶次和电感阶次的变化曲线分别如图 5.29 和图 5.30 所示。由图 5.29 可知，随着电容阶次和电感阶次的增大，系统品质因数逐渐增大；电感感量影响品质因数的数值，随着电感感量的增加，品质因数逐渐增大；电容容值影响品质因数随电容阶次和电感阶次变化的斜率，随着电容容值的增加，曲线斜率减小，品质因数受电容阶次和电感阶次变化的影响较小。由图 5.30 可知，随着电容阶次和电感阶次的增大，系统频带宽度逐渐减小；电感感量影响频带宽度的数值，随着电感感量的增加，频带宽度逐渐减小；电容容值影响频带宽度随电容阶次和电感阶次变化的斜率，随着电容容值的增加，曲线斜率减小，频带宽度受电容阶次和电感阶次变化的影响较小。

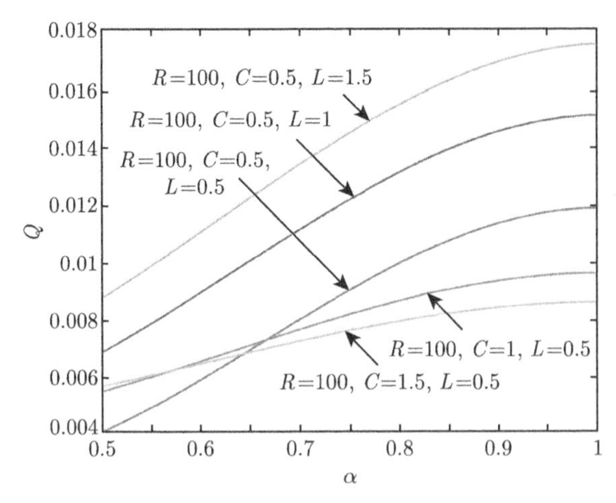

图 5.29 A-B 型分数阶 RLC 电路系统品质因数 (图中数值单位省略)

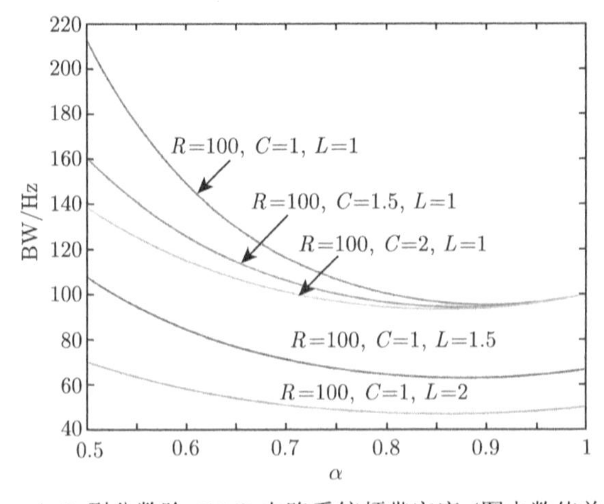

图 5.30 A-B 型分数阶 RLC 电路系统频带宽度 (图中数值单位省略)

第 6 章　分数阶 DC-DC 变换器时域模型及特性分析

DC-DC 变换器由电阻、电容、电感及电力电子开关器件组成，当电容和电感为分数阶元件时，便是分数阶 DC-DC 电路。本章分析 C-F 定义和 A-B 定义下最基本的 Buck、Boost、Buck-Boost 三种变换器的数学模型及运行特性；推导一个开关周期内的电容电压和电感电流等电路方程，通过开关时刻初值分析，得出电容电压和电感电流的动态数学模型，根据动态数学模型分析稳态运行时电容电压和电感电流的极值和平均值，进而求得分数阶 DC-DC 变换器的平均输出电压特性和最大电流脉动量，通过数学模型建立、数值仿真、电路仿真和数值计算，全面分析分数阶 DC-DC 变换器的运行特性，以及分数阶阶次对变换器运行特性的影响等。

6.1　分数阶 DC-DC 变换器电路拓扑及电路方程

DC-DC 变换器中，若电容和电感为分数阶电容和分数阶电感元件，则为分数阶 DC-DC 电路。图 6.1（a）、（b）、（c）分别为分数阶 Buck、Boost 和 Buck-Boost 变换器。图中 C_α 是阶次为 α、容值为 C_α 的分数阶电容，L_β 是阶次为 β、容值为 L_β 的分数阶电感。变换器的电力电子开关 VT 采用绝缘栅双极型晶体管（insulated gate bipolar transistor，IGBT）。图中标出了电感电流 $i_L(t)$ 和电容电压 $u_C(t)$，电容电压 $u_C(t)$ 也就是变换器负载两端的输出电压。

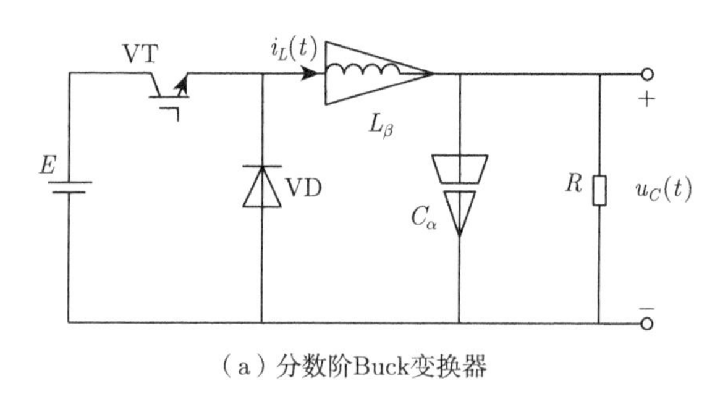

（a）分数阶Buck变换器

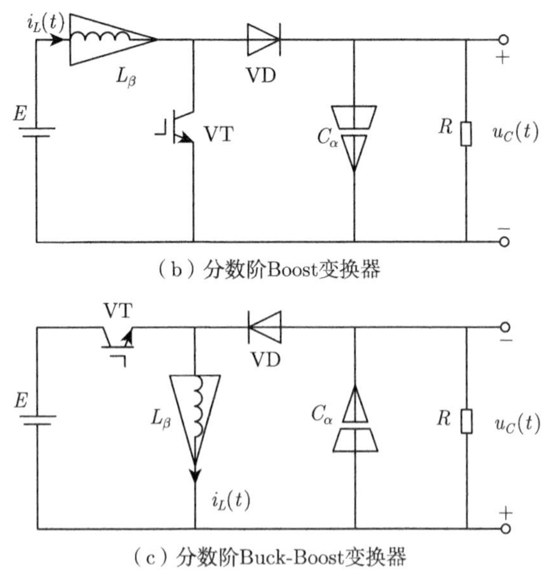

（b）分数阶Boost变换器

（c）分数阶Buck-Boost变换器

图 6.1 分数阶 DC-DC 变换器电路拓扑

根据开关的导通和关断状态不同，电路呈现不同的工作模态。当变换器工作在电流连续状态时，电路有两种工作模态，即 VT 导通工作模态和 VT 关断工作模态。图 6.2～图 6.4 分别画出了 Buck、Boost 和 Buck-Boost 三种分数阶 DC-DC

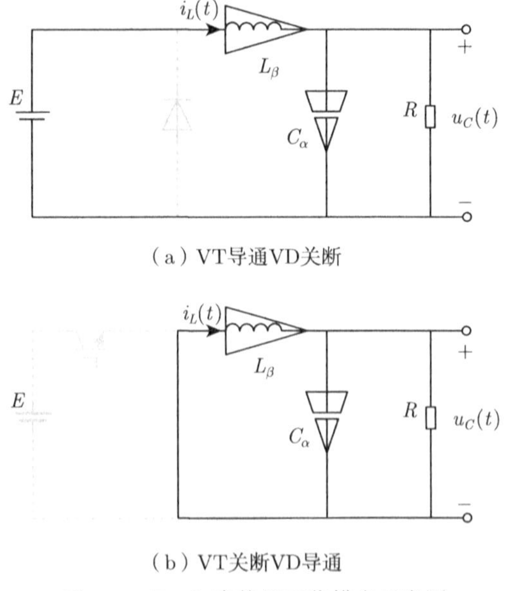

（a）VT导通VD关断

（b）VT关断VD导通

图 6.2 Buck 变换器工作模态示意图

变换器在电流连续状态下的模态示意图，图中虚线表示该支路断开。当变换器工作在电流断续状态时，还会增加电流为零的工作模态，本书只讨论电流连续工作情况。

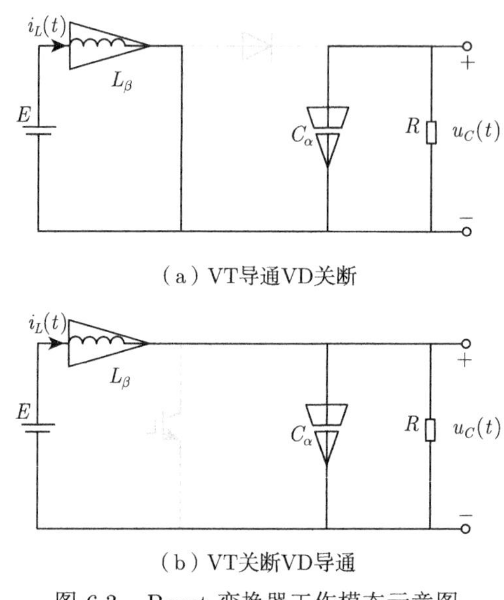

（a）VT导通VD关断

（b）VT关断VD导通

图 6.3　Boost 变换器工作模态示意图

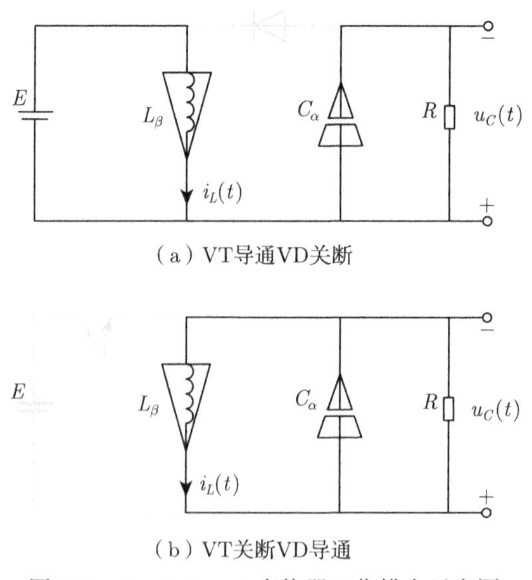

（a）VT导通VD关断

（b）VT关断VD导通

图 6.4　Buck-Boost 变换器工作模态示意图

在一个开关周期内，VT 导通称为工作状态 1，对应的物理量符号加下标“1”

表示；VT 关断称为工作状态 2，对应的物理量符号加下标“2”表示。根据图 6.2 可列出分数阶 Buck 变换器工作状态 1 和工作状态 2 的电路方程分别如式（6.1）和式（6.2）所示。

$$\begin{cases} \mathcal{D}^{\beta} i_{L1}(t) = -\dfrac{1}{L_{\beta}} u_{C1}(t) + \dfrac{1}{L_{\beta}} E \\ \mathcal{D}^{\alpha} u_{C1}(t) = \dfrac{1}{C_{\alpha}} i_{L1}(t) - \dfrac{1}{RC_{\alpha}} u_{C1}(t) \end{cases} \tag{6.1}$$

$$\begin{cases} \mathcal{D}^{\beta} i_{L2}(t) = -\dfrac{1}{L_{\beta}} u_{C2}(t) \\ \mathcal{D}^{\alpha} u_{C2}(t) = \dfrac{1}{C_{\alpha}} i_{L2}(t) - \dfrac{1}{RC_{\alpha}} u_{C2}(t) \end{cases} \tag{6.2}$$

根据图 6.3 可列出分数阶 Boost 变换器工作状态 1 和工作状态 2 的电路方程分别如式（6.3）和式（6.4）所示。

$$\begin{cases} \mathcal{D}^{\beta} i_{L1}(t) = \dfrac{1}{L_{\beta}} E \\ \mathcal{D}^{\alpha} u_{C1}(t) = -\dfrac{1}{RC_{\alpha}} u_{C1}(t) \end{cases} \tag{6.3}$$

$$\begin{cases} \mathcal{D}^{\beta} i_{L2}(t) = -\dfrac{1}{L_{\beta}} u_{C2}(t) + \dfrac{1}{L_{\beta}} E \\ \mathcal{D}^{\alpha} u_{C2}(t) = -\dfrac{1}{RC_{\alpha}} u_{C2}(t) + \dfrac{1}{C_{\alpha}} i_{L2}(t) \end{cases} \tag{6.4}$$

根据图 6.4 可列出分数阶 Buck-Boost 变换器工作状态 1 和工作状态 2 的电路方程分别如式（6.5）和式（6.6）所示。

$$\begin{cases} \mathcal{D}^{\beta} i_{L1}(t) = \dfrac{1}{L_{\beta}} E \\ \mathcal{D}^{\alpha} u_{C1}(t) = -\dfrac{1}{RC_{\alpha}} u_{C1}(t) \end{cases} \tag{6.5}$$

$$\begin{cases} \mathcal{D}^{\beta} i_{L2}(t) = -\dfrac{1}{L_{\beta}} u_{C2}(t) \\ \mathcal{D}^{\alpha} u_{C2}(t) = \dfrac{1}{C_{\alpha}} i_{L2}(t) - \dfrac{1}{RC_{\alpha}} u_{C2}(t) \end{cases} \tag{6.6}$$

在一个开关周期内，VT 导通的工作状态 1 的电压和电流初值分别用 U_{01} 和 I_{01} 表示，VT 关断的工作状态 2 的电压和电流初值分别用 U_{02} 和 I_{02} 表示。

6.2 C-F 型分数阶 DC-DC 变换器时域模型

目前常见的分数阶 DC-DC 变换器建模方法主要有两种：一种是使用小信号模型对系统进行分析的状态空间平均法，该方案可以求得系统的近似传递函数及部分系统动态特性，但无法精确描述状态不随时间连续变化的不连续系统；另一种是直接根据数学表达式对系统的物理量进行精确计算的数值解析法，该方案可以直接求得电路中物理量的数值解，进而对电路工作特性进行分析。根据第 3 章的分析，C-F 定义下分数阶电容电压和电感电流具有不连续性，故本章基于数值解析法，结合分数阶 DC-DC 变换器的电路方程，对分数阶 DC-DC 变换器的分段线性模型及电压和电流的初值进行推导与分析，继而得出 C-F 型分数阶 DC-DC 变换器的精确数学模型，并分析其输出电压平均值和电流脉动量等基本特性。为了简化计算，在后续分析和推导中，提出如下假设：

（1）分数阶 DC-DC 变换器电路中的开关器件均为理想器件，即导通电压均为 0V，且开关过程均在瞬间完成；

（2）分数阶 DC-DC 变换器工作在电流连续模态下；

（3）分数阶电容和分数阶电感的阶次 α 和 β 满足范围条件 $\alpha \in (0,1)$ 和 $\beta \in (0,1)$。

6.2.1 C-F 型分数阶 Buck 变换器时域模型

首先推导一个开关周期内，VT 导通的工作状态 1 和 VT 关断的工作状态 2 的时域数学模型。若分数阶 Buck 变换器电路中的电感和电容均采用 C-F 定义，则根据式（6.1）和式（6.2），可列写 C-F 定义下分数阶 Buck 变换器各工作状态下的电路方程如下。

工作状态 1：

$$\begin{cases} {}^{\mathrm{CF}}\mathcal{D}^{\beta} i_{L1}(t) = -\dfrac{1}{L_{\beta}} u_{C1}(t) + \dfrac{1}{L_{\beta}} E \\ {}^{\mathrm{CF}}\mathcal{D}^{\alpha} u_{C1}(t) = \dfrac{1}{C_{\alpha}} i_{L1}(t) - \dfrac{1}{RC_{\alpha}} u_{C1}(t) \end{cases} \tag{6.7}$$

工作状态 2：

$$\begin{cases} {}^{\mathrm{CF}}\mathcal{D}^{\beta} i_{L2}(t) = -\dfrac{1}{L_{\beta}} u_{C2}(t) \\ {}^{\mathrm{CF}}\mathcal{D}^{\alpha} u_{C2}(t) = \dfrac{1}{C_{\alpha}} i_{L2}(t) - \dfrac{1}{RC_{\alpha}} u_{C2}(t) \end{cases} \tag{6.8}$$

式中，${}^{\mathrm{CF}}\mathcal{D}^{*}$ 表示 C-F 定义下的 $*$ 阶分数阶微分算子。分别对两种工作状态下的电路方程进行求解可得其时域模型。

首先分析工作状态 1 电感电流和电容电压的时域模型。

设分数阶电感在开关管 VT 导通时刻前的瞬时电流为 I_{01}，分数阶电容在开关管 VT 导通时刻前的瞬时电压为 U_{01}。根据 C-F 定义分数阶微分的拉普拉斯变换表达式，对式（6.7）两侧进行拉普拉斯变换，并整理得到电感电流 $i_{L1}(t)$ 和输出电压 $u_{C1}(t)$ 的拉普拉斯变换为

$$\begin{cases} I_{L1}(s) = \dfrac{1}{s}\dfrac{X_{11}s^2 + X_{12}s + X_{13}}{\Delta s^2 + \Phi s + R\alpha\beta} \\ U_{C1}(s) = \dfrac{1}{s}\dfrac{Y_{11}s^2 + Y_{12}s + Y_{13}}{\Delta s^2 + \Phi s + R\alpha\beta} \end{cases} \tag{6.9}$$

式中的系数如式（6.10）所示。

$$\begin{cases} X_{11} = L_\beta(RC_\alpha + 1 - \alpha)I_{01} - RC_\alpha(1-\beta)U_{01} \\ \qquad\qquad + (RC_\alpha + 1 - \alpha)(1-\beta)E \\ X_{12} = L_\beta\alpha I_{01} - RC_\alpha\beta U_{01} + (RC_\alpha\beta + \alpha + \beta - 2\alpha\beta)E \\ X_{13} = E\alpha\beta \\ Y_{11} = R[L_\beta(1-\alpha)I_{01} + L_\beta C_\alpha U_{01} + (1-\alpha)(1-\beta)E] \\ Y_{12} = R[L_\beta\alpha I_{01} + (\alpha + \beta - 2\alpha\beta)E] \\ Y_{13} = RE\alpha\beta \\ \Delta = RL_\beta C_\alpha + L_\beta(1-\alpha) + R(1-\alpha)(1-\beta) \\ \Phi = L_\beta + R(\alpha + \beta - 2\alpha\beta) \end{cases} \tag{6.10}$$

由式（6.9）可知，流经电感的电流和电容两端的电压的拉普拉斯变换式均为有理真分式，为了进一步简化这两个公式，设两个中间变量 λ 和 ω 为

$$\begin{cases} \lambda = \dfrac{1}{2}\dfrac{L_\beta\alpha + R(\alpha + \beta - 2\alpha\beta)}{L_\beta(1-\alpha) + R(1-\alpha)(1-\beta) + RL_\beta C_\alpha} \\ \omega = \sqrt{\dfrac{R\alpha\beta}{L_\beta(1-\alpha) + R(1-\alpha)(1-\beta) + RL_\beta C_\alpha} - \lambda^2} \end{cases} \tag{6.11}$$

就可将式（6.9）分解、合并、化简为简单多项式相加的形式，即

$$\begin{cases} I_{L1}(s) = m_{11}\dfrac{s+\lambda}{(s+\lambda)^2+\omega^2} + m_{12}\dfrac{1}{(s+\lambda)^2+\omega^2} \\ U_{C1}(s) = m_{13}\dfrac{s+\lambda}{(s+\lambda)^2+\omega^2} + m_{14}\dfrac{1}{(s+\lambda)^2+\omega^2} \end{cases} \tag{6.12}$$

对式（6.12）进行拉普拉斯逆变换，即得到 VT 导通阶段电感电流 $i_{L1}(t)$ 和电容电压 $u_{C1}(t)$ 的时域数学模型为

$$\begin{cases} i_{L1}(t) = m_{11}\mathrm{e}^{-\lambda t}\cos(\omega t) + \dfrac{m_{12}}{\omega}\mathrm{e}^{-\lambda t}\sin(\omega t) + \dfrac{E}{R} \\ u_{C1}(t) = m_{13}\mathrm{e}^{-\lambda t}\cos(\omega t) + \dfrac{m_{14}}{\omega}\mathrm{e}^{-\lambda t}\sin(\omega t) + E \end{cases} \tag{6.13}$$

式中的系数如式（6.14）所示。

$$\begin{cases} m_{11} = \dfrac{I_{01}L_\beta(1-\alpha+RC_\alpha) + E(RC_\alpha+1-\alpha)(1-\beta)}{L_\beta(1-\alpha)+R(1-\alpha)(1-\beta)+RL_\beta C_\alpha} \\ \qquad - \dfrac{U_{01}RC_\alpha(1-\beta)}{L_\beta(1-\alpha)+R(1-\alpha)(1-\beta)+RL_\beta C_\alpha} - \dfrac{E}{R} \\ m_{12} = \dfrac{L_\beta I_{01}[\alpha-\lambda(RC_\alpha+1-\alpha)] + RC_\alpha U_{01}[\lambda(1-\beta)-\beta]}{L_\beta(1-\alpha)+R(1-\alpha)(1-\beta)+RL_\beta C_\alpha} \\ \qquad + \dfrac{E\left[RC_\alpha\beta - \dfrac{L_\beta\alpha}{R} - \lambda(RC_\alpha+1-\alpha)(1-\beta)\right]}{L_\beta(1-\alpha)+R(1-\alpha)(1-\beta)+RL_\beta C_\alpha} + \dfrac{\lambda E}{R} \\ m_{13} = \dfrac{(1-\alpha)RL_\beta I_{01} + RL_\beta C_\alpha U_{01} + RE(1-\alpha)(1-\beta)}{L_\beta(1-\alpha)+R(1-\alpha)(1-\beta)+RL_\beta C_\alpha} - E \\ m_{14} = \dfrac{RL_\beta I_{01}[\alpha-\lambda(1-\alpha)] - E[\lambda R(1-\alpha)(1-\beta)+L_\beta\alpha]}{L_\beta(1-\alpha)+R(1-\alpha)(1-\beta)+RL_\beta C_\alpha} \\ \qquad - \dfrac{\lambda RL_\beta C_\alpha U_{01}}{L_\beta(1-\alpha)+R(1-\alpha)(1-\beta)+RL_\beta C_\alpha} + \lambda E \end{cases} \tag{6.14}$$

其次分析工作状态 2 电感电流和电容电压的时域模型。

设分数阶电感在开关管 VT 关断时刻前的瞬时电流为 I_{02}，分数阶电容在开关管 VT 关断时刻前的瞬时电压为 U_{02}。对式（6.8）两侧进行拉普拉斯变换，并整理得到电感电流 $i_{L2}(t)$ 和输出电压 $u_{C2}(t)$ 的拉普拉斯变换式为

$$\begin{cases} I_{L2}(s) = \dfrac{1}{s}\dfrac{X_{21}s^2+X_{22}s+X_{23}}{\varDelta s^2+\varPhi s+R\alpha\beta} \\ U_{C2}(s) = \dfrac{Y_{21}s+Y_{22}}{\varDelta s^2+\varPhi s+R\alpha\beta} \end{cases} \tag{6.15}$$

式中的系数如式（6.16）所示。

$$\begin{cases} X_{21}=\varDelta I_{02}-\dfrac{1-\beta}{L_\beta}Y_{21} \\ X_{22}=\varPhi I_{02}-\dfrac{1-\beta}{L_\beta}Y_{22}-\dfrac{\beta}{L_\beta}Y_{21} \\ X_{23}=R\alpha\beta I_{02}-\dfrac{\beta}{L_\beta}Y_{22} \\ Y_{21}=RL_\beta C_\alpha U_{02}+(1-\alpha)RL_\beta I_{02} \\ Y_{22}=\alpha RL_\beta I_{02} \end{cases} \tag{6.16}$$

将式（6.15）化简为简单多项式相加的形式，即

$$\begin{cases} I_{L2}(s)=n_{11}\dfrac{s+\lambda}{(s+\lambda)^2+\omega^2}+n_{12}\dfrac{1}{(s+\lambda)^2+\omega^2} \\ U_{C2}(s)=n_{13}\dfrac{s+\lambda}{(s+\lambda)^2+\omega^2}+n_{14}\dfrac{1}{(s+\lambda)^2+\omega^2} \end{cases} \tag{6.17}$$

对式（6.17）进行拉普拉斯逆变换，即得到 VT 关断阶段电感电流 $i_{L2}(t)$ 和电容电压 $u_{C2}(t)$ 的时域数学模型为

$$\begin{cases} i_{L2}(t)=n_{11}\mathrm{e}^{-\lambda t}\cos(\omega t)+\dfrac{n_{12}}{\omega}\mathrm{e}^{-\lambda t}\sin(\omega t) \\ u_{C2}(t)=n_{13}\mathrm{e}^{-\lambda t}\cos(\omega t)+\dfrac{n_{14}}{\omega}\mathrm{e}^{-\lambda t}\sin(\omega t) \end{cases} \tag{6.18}$$

式中的系数如式（6.19）所示。

$$\begin{cases} n_{11}=\dfrac{I_{02}L_\beta(1-\alpha+RC_\alpha)-U_{02}RC_\alpha(1-\beta)}{L_\beta(1-\alpha)+R(1-\alpha)(1-\beta)+RL_\beta C_\alpha} \\ n_{12}=\dfrac{L_\beta I_{02}[\alpha-\lambda(RC_\alpha+1-\alpha)]+RC_\alpha U_{02}[\lambda(1-\beta)-\beta]}{L_\beta(1-\alpha)+R(1-\alpha)(1-\beta)+RL_\beta C_\alpha} \\ n_{13}=\dfrac{(1-\alpha)RL_\beta I_{02}+RL_\beta C_\alpha U_{02}}{L_\beta(1-\alpha)+R(1-\alpha)(1-\beta)+RL_\beta C_\alpha} \\ n_{14}=\dfrac{RL_\beta I_{02}[\alpha-\lambda(1-\alpha)]-\lambda RL_\beta C_\alpha U_{02}}{L_\beta(1-\alpha)+R(1-\alpha)(1-\beta)+RL_\beta C_\alpha} \end{cases} \tag{6.19}$$

由式（6.13）和式（6.18）可以看出，分数阶 Buck 变换器的输出电压和电感电流除了与电路参数有关，还与分数阶阶次有关。为了进一步得到分数阶 Buck

变换器的输出电压和电感电流的完整工作波形，求得每一个开关周期电压和电流的数学表达式，就需要对各个工作状态的初值进行分析，求得每一个开关周期对应的电压初值和电流初值。由第 3 章可知，C-F 定义下分数阶电容及电感的等效电路拓扑结构如图 6.5 所示，图中各元件的参数由式（6.20）计算得到：

$$\begin{cases} R_1 = \dfrac{1-\alpha}{C_\alpha}, \quad C_1 = \dfrac{C_\alpha}{\alpha} \\ R_2 = \dfrac{L_\beta}{1-\beta}, \quad L_2 = \dfrac{L_\beta}{\beta} \end{cases} \tag{6.20}$$

式中，C_α 为实际电容值；L_β 为实际电感值；α 和 β 分别为电容及电感的分数阶阶次。为了方便后续数学模型的推导分析，设分数阶电容拓扑结构中电容 C_1 两端电压用 u' 表示，分数阶电感拓扑结构中电感 L_2 的电流用 i' 表示。根据 C-F 定义下分数阶电容和电感的等效电路拓扑结构可知，其结构中存在等效电阻。由于电阻不具备储能性质，分数阶电路在充放电过程中具有不同于整数阶电路的特殊性质。例如，在电路导通时，若 C-F 型电路元件没有完全充电完成，则在电路断开瞬间，C-F 型电路元件的电压和电流可能会突变。由于切换瞬间等效电阻上的等效电压和电流为零，故此时等效电容 C_1 的电压值及等效电感 L_2 的电流值，就是分数阶电容 C_α 和分数阶电感 L_β 相应初始时刻的初值 I_{01}、U_{01}、I_{02} 及 U_{02}。下面对 VT 导通和 VT 关断两种工作状态分数阶 Buck 变换器的电压和电流的初值进行推导。

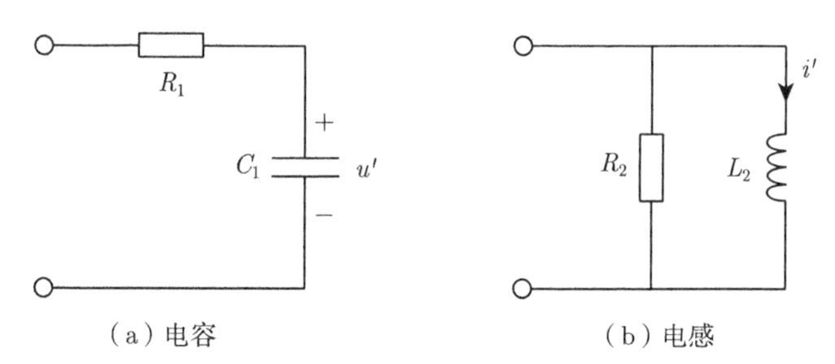

（a）电容　　（b）电感

图 6.5　C-F 定义下分数阶电容及电感的电路拓扑结构

首先分析工作状态 1 等效电感电流和等效电容电压的时域模型。

设工作状态 1 时，C-F 型电路元件中流过等效电感 L_2 的电流为 $i_1'(t)$，等效电容 C_1 两端的电压为 $u_1'(t)$。列写 C-F 定义下分数阶 Buck 变换器的电路方程为

$$\begin{cases} L_2 \dfrac{\mathrm{d}i_1'(t)}{\mathrm{d}t} = E - \left(u_1'(t) + R_1 C_1 \dfrac{\mathrm{d}u_1'(t)}{\mathrm{d}t}\right) \\ C_1 \dfrac{\mathrm{d}u_1'(t)}{\mathrm{d}t} = i_1'(t) + \dfrac{L_2}{R_2}\dfrac{\mathrm{d}i_1'(t)}{\mathrm{d}t} - \dfrac{1}{R}\left(u_1'(t) + R_1 C_1 \dfrac{\mathrm{d}u_1'(t)}{\mathrm{d}t}\right) \end{cases} \tag{6.21}$$

对式（6.21）进行拉普拉斯变换可得

$$\begin{cases} I_1'(s)=\dfrac{1}{s}\dfrac{D_{11}s^2+D_{12}s+R_2E}{A_{11}s^2+A_{12}s+RR_2} \\ U_1'(s)=\dfrac{1}{s}\dfrac{B_{11}s^2+B_{12}s+RR_2E}{A_{11}s^2+A_{12}s+RR_2} \end{cases} \tag{6.22}$$

式中的系数如式（6.23）所示。

$$\begin{cases} A_{11}=L_2C_1(RR_1+RR_2+R_1R_2) \\ A_{12}=RL_2+R_2L_2+RR_1R_2C_1 \\ B_{11}=L_2C_1(RR_1+RR_2+R_1R_2)U_{01} \\ B_{12}=R(L_2E+R_2L_2I_{01}+R_1R_2C_1U_{01}) \\ D_{11}=L_2C_1(RR_1+RR_2+R_1R_2)I_{01} \\ D_{12}=RL_2I_{01}+R_2L_2I_{01}-RR_2C_1U_{01}+R_2(R+R_1)C_1E \end{cases} \tag{6.23}$$

将式（6.22）化简为简单多项式相加的形式，即

$$\begin{cases} I_1'(s)=\xi_{11}\dfrac{s+\lambda}{(s+\lambda)^2+\omega^2}+\xi_{12}\dfrac{1}{(s+\lambda)^2+\omega^2}+\dfrac{E}{R} \\ U_1'(s)=\xi_{13}\dfrac{s+\lambda}{(s+\lambda)^2+\omega^2}+\xi_{14}\dfrac{1}{(s+\lambda)^2+\omega^2}+E \end{cases} \tag{6.24}$$

对式（6.24）进行拉普拉斯逆变换，即得到 VT 导通阶段分数阶电感中等效电感 L_2 的电流 $i_1'(t)$ 和分数阶电容中等效电容 C_1 的电压 $u_1'(t)$ 的时域数学模型为

$$\begin{cases} i_1'(t)=\xi_{11}\mathrm{e}^{-\lambda t}\cos(\omega t)+\dfrac{\xi_{12}}{\omega}\mathrm{e}^{-\lambda t}\sin(\omega t)+\dfrac{E}{R} \\ u_1'(t)=\xi_{13}\mathrm{e}^{-\lambda t}\cos(\omega t)+\dfrac{\xi_{14}}{\omega}\mathrm{e}^{-\lambda t}\sin(\omega t)+E \end{cases} \tag{6.25}$$

式中的系数如式（6.26）所示。

$$\begin{cases}\xi_{11}=I_{01}-\dfrac{E}{R}\\[2mm]\xi_{12}=\dfrac{[R(1-\beta)+L_\beta]\alpha I_{01}-RC_\alpha\alpha U_{01}+\beta(RC_\alpha+1-\alpha)E}{L_\beta(1-\alpha)+R(1-\alpha)(1-\beta)+RL_\beta C_\alpha}-\lambda\left(I_{01}+\dfrac{E}{R}\right)\\[2mm]\xi_{13}=U_{01}-E\\[2mm]\xi_{14}=\dfrac{RL_\beta\alpha I_{01}+R\beta(1-\alpha)U_{01}+R\alpha(1-\beta)E}{L_\beta(1-\alpha)+R(1-\alpha)(1-\beta)+RL_\beta C_\alpha}-\lambda(U_{01}+E)\end{cases}\tag{6.26}$$

其次分析工作状态 2 等效电感电流和等效电容电压的时域模型。

设工作状态 2 时 C-F 型电路元件中流过等效电感 L_2 的电流为 $i_2'(t)$，等效电容 C_1 两端的电压为 $u_2'(t)$。列写 C-F 定义下分数阶 Buck 变换器的电路方程为

$$\begin{cases}L_2\dfrac{\mathrm{d}i_2'(t)}{\mathrm{d}t}=-\left(u_2'(t)+R_1C_1\dfrac{\mathrm{d}u_2'(t)}{\mathrm{d}t}\right)\\[2mm]C_1\dfrac{\mathrm{d}u_2'(t)}{\mathrm{d}t}=i_2'(t)+\dfrac{L_2}{R_2}\dfrac{\mathrm{d}i_2'(t)}{\mathrm{d}t}-\dfrac{1}{R}\left(u_2'(t)+R_1C_1\dfrac{\mathrm{d}u_2'(t)}{\mathrm{d}t}\right)\end{cases}\tag{6.27}$$

同样对式（6.27）进行拉普拉斯变换可得

$$\begin{cases}I_2'(s)=\dfrac{(s-A_{24})I_{02}+A_{22}U_{02}}{(s-A_{21})(s-A_{24})-A_{22}A_{23}}\\[2mm]U_2'(s)=\dfrac{(s-A_{21})U_{02}+A_{23}I_{02}}{(s-A_{21})(s-A_{24})-A_{22}A_{23}}\end{cases}\tag{6.28}$$

式中的系数如式（6.29）所示。

$$\begin{cases}A_{21}=-\dfrac{RR_1R_2}{L_2(RR_1+RR_2+R_1R_2)}\\[2mm]A_{22}=-\dfrac{RR_2}{L_2(RR_1+RR_2+R_1R_2)}\\[2mm]A_{23}=\dfrac{RR_2}{C_1(RR_1+RR_2+R_1R_2)}\\[2mm]A_{24}=-\dfrac{R+R_2}{C_1(RR_1+RR_2+R_1R_2)}\end{cases}\tag{6.29}$$

将式（6.28）化简为简单多项式相加的形式，即

$$\begin{cases}I_2'(s)=\varphi_{11}\dfrac{s+\lambda}{(s+\lambda)^2+\omega^2}+\varphi_{12}\dfrac{1}{(s+\lambda)^2+\omega^2}\\[2mm]U_2'(s)=\varphi_{13}\dfrac{s+\lambda}{(s+\lambda)^2+\omega^2}+\varphi_{14}\dfrac{1}{(s+\lambda)^2+\omega^2}\end{cases}\tag{6.30}$$

对式（6.30）进行拉普拉斯逆变换，即得到 VT 关断阶段分数阶电感中等效电感 L_2 的电流 $i_2'(t)$ 和分数阶电容中等效电容 C_1 的电压 $u_2'(t)$ 的时域数学模型为

$$\begin{cases} i_2'(t) = \varphi_{11}\mathrm{e}^{-\lambda t}\cos(\omega t) + \dfrac{\varphi_{12}}{\omega}\mathrm{e}^{-\lambda t}\sin(\omega t) \\ u_2'(t) = \varphi_{13}\mathrm{e}^{-\lambda t}\cos(\omega t) + \dfrac{\varphi_{14}}{\omega}\mathrm{e}^{-\lambda t}\sin(\omega t) \end{cases} \tag{6.31}$$

式中的系数如式（6.32）所示。

$$\begin{cases} \varphi_{11} = I_{02} \\ \varphi_{12} = \dfrac{[R(\alpha-\beta)+L_\beta\alpha]I_{02} - 2RC_\alpha\beta U_{02}}{2[L_\beta(1-\alpha)+R(1-\alpha)(1-\beta)+RL_\beta C_\alpha]} \\ \varphi_{13} = U_{02} \\ \varphi_{14} = \dfrac{2RL_\beta\alpha I_{02} + [R(\beta-\alpha)-L_\beta\alpha]U_{02}}{2[L_\beta(1-\alpha)+R(1-\alpha)(1-\beta)+RL_\beta C_\alpha]} \end{cases} \tag{6.32}$$

Buck 变换器在零初始条件下开环运行时，从 $t=0$ 时刻开启，在每个开关周期 T 的占空比为 D。在第一周期内，VT 导通阶段的初值 $I_{01}=0$，$U_{01}=0$；VT 关断阶段的初值 $I_{02}=i_1'(\mathrm{DT})$，$U_{02}=u_1'(\mathrm{DT})$。在第 n 周期内，导通阶段初值为前一周期 $i_2'(t)$、$u_2'(t)$ 的终值；关断阶段初值为本周期内导通阶段 $i_1'(t)$、$u_1'(t)$ 的终值。综上所述，将分数阶元件的电压、电流初值与其在不同开关状态下的时域表达式相结合，即可得到 C-F 定义下分数阶 Buck 变换器的电容电压与电感电流的完整时域数学模型。根据该时域模型，可对 C-F 定义下 Buck 变换器的电压和电流的平均值、极值和脉动量等工作特性进行分析。

下面先分析电感电流和电容电压的初值及平均值。当变换器运行在稳定状态时，各个周期的导通初值和关断初值均相同，用符号 $\tilde{I}_{01}$ 和 $\tilde{U}_{01}$ 表示电路稳定运行时 VT 导通阶段的电感电流和电容电压的初值，用符号 $\tilde{I}_{02}$ 和 $\tilde{U}_{02}$ 表示电路稳态运行时 VT 关断阶段的电感电流和电容电压的初值。根据初值计算公式（6.25）和式（6.31）可列写方程：

$$\begin{cases} \tilde{I}_{02} = a_{11}\tilde{I}_{01} + a_{12}\tilde{U}_{01} + b_{11} \\ \tilde{U}_{02} = a_{13}\tilde{I}_{01} + a_{14}\tilde{U}_{01} + b_{12} \\ \tilde{I}_{01} = a_{15}\tilde{I}_{02} + a_{16}\tilde{U}_{02} \\ \tilde{U}_{01} = a_{17}\tilde{I}_{02} + a_{18}\tilde{U}_{02} \end{cases} \tag{6.33}$$

式中的系数数如式（6.34）所示。

$$
\begin{cases}
a_{11} = \mathrm{e}^{-\lambda t_1}\cos(\omega t_1) \\
\qquad + \mathrm{e}^{-\lambda t_1}\dfrac{\sin(\omega t_1)}{\omega}\left[\dfrac{R\alpha(1-\beta)+L_\beta\alpha}{L_\beta(1-\alpha)+R(1-\alpha)(1-\beta)+RL_\beta C_\alpha}-\lambda\right] \\
a_{12} = -\mathrm{e}^{-\lambda t_1}\dfrac{\sin(\omega t_1)}{\omega}\dfrac{RC_\alpha\alpha}{L_\beta(1-\alpha)+R(1-\alpha)(1-\beta)+RL_\beta C_\alpha} \\
a_{13} = \mathrm{e}^{-\lambda t_1}\dfrac{\sin(\omega t_1)}{\omega}\dfrac{RL_\beta\alpha}{L_\beta(1-\alpha)+R(1-\alpha)(1-\beta)+RL_\beta C_\alpha} \\
a_{14} = \mathrm{e}^{-\lambda t_1}\cos(\omega t_1) \\
\qquad + \mathrm{e}^{-\lambda t_1}\dfrac{\sin(\omega t_1)}{\omega}\left[\dfrac{R\beta(1-\alpha)}{L_\beta(1-\alpha)+R(1-\alpha)(1-\beta)+RL_\beta C_\alpha}-\lambda\right] \\
a_{15} = \mathrm{e}^{-\lambda t_2}\cos(\omega t_2) \\
\qquad + \mathrm{e}^{-\lambda t_2}\dfrac{\sin(\omega t_2)}{\omega}\left[\dfrac{R\alpha(1-\beta)+L_\beta\alpha}{L_\beta(1-\alpha)+R(1-\alpha)(1-\beta)+RL_\beta C_\alpha}-\lambda\right] \\
a_{16} = -\mathrm{e}^{-\lambda t_2}\dfrac{\sin(\omega t_2)}{\omega}\dfrac{RC_\alpha\alpha}{L_\beta(1-\alpha)+R(1-\alpha)(1-\beta)+RL_\beta C_\alpha} \\
a_{17} = \mathrm{e}^{-\lambda t_2}\dfrac{\sin(\omega t_2)}{\omega}\dfrac{RL_\beta\alpha}{L_\beta(1-\alpha)+R(1-\alpha)(1-\beta)+RL_\beta C_\alpha} \\
a_{18} = \mathrm{e}^{-\lambda t_2}\cos(\omega t_2) \\
\qquad + \mathrm{e}^{-\lambda t_2}\dfrac{\sin(\omega t_2)}{\omega}\left[\dfrac{R\beta(1-\alpha)}{L_\beta(1-\alpha)+R(1-\alpha)(1-\beta)+RL_\beta C_\alpha}-\lambda\right] \\
b_{11} = \dfrac{E}{R}-\dfrac{E}{R}\mathrm{e}^{-\lambda t_1}\cos(\omega t_1) \\
\qquad + \mathrm{e}^{-\lambda t_1}\dfrac{E\sin(\omega t_1)}{R\omega}\left[\dfrac{R\beta(RC_\alpha+1-\alpha)}{L_\beta(1-\alpha)+R(1-\alpha)(1-\beta)+RL_\beta C_\alpha}-\lambda\right] \\
b_{12} = E-E\mathrm{e}^{-\lambda t_1}\cos(\omega t_1) \\
\qquad + E\mathrm{e}^{-\lambda t_1}\dfrac{\sin(\omega t_1)}{\omega}\left[\dfrac{R\alpha(1-\beta)}{L_\beta(1-\alpha)+R(1-\alpha)(1-\beta)+RL_\beta C_\alpha}-\lambda\right]
\end{cases}
\tag{6.34}
$$

式中，t_1 和 t_2 分别为每个周期开关 VT 导通时间 DT 和关断时间 $(T-\mathrm{DT})$。求解方程（6.33）可得稳态时分数阶 Buck 变换器在各个周期的初值 $\tilde{I}_{01}$、$\tilde{I}_{02}$、$\tilde{U}_{01}$、

$\tilde{U}_{02}$。根据电感电流和电容电压平均值计算公式

$$\begin{cases} \bar{I} = \dfrac{1}{T}\left[\displaystyle\int_0^{t_1} i_{L1}(t)\,\mathrm{d}t + \int_0^{t_2} i_{L2}(t)\,\mathrm{d}t\right] \\ \bar{U} = \dfrac{1}{T}\left[\displaystyle\int_0^{t_1} u_{C1}(t)\,\mathrm{d}t + \int_0^{t_2} u_{C2}(t)\,\mathrm{d}t\right] \end{cases} \tag{6.35}$$

即可求出稳态时电感电流及电容电压的平均值为

$$\begin{cases} \bar{I} = \dfrac{1}{T}\left\{\dfrac{Et_1}{R} + \dfrac{\mathrm{e}^{-\lambda t_1}\tilde{m}_{11}(\omega\sin(\omega t_1) - \lambda\cos(\omega t_1))}{\lambda^2+\omega^2}\right. \\ \quad + \dfrac{\mathrm{e}^{-\lambda t_2}\tilde{n}_{11}(\omega\sin(\omega t_2) - \lambda\cos(\omega t_2))}{\lambda^2+\omega^2} \\ \quad + \dfrac{\mathrm{e}^{-\lambda t_1}[-\tilde{m}_{12}(\omega\cos(\omega t_1) + \lambda\sin(\omega t_1)) + \lambda\omega\tilde{m}_{11} + \omega\tilde{m}_{12}]}{\omega(\lambda^2+\omega^2)} \\ \quad \left. + \dfrac{\mathrm{e}^{-\lambda t_2}[-\tilde{n}_{12}(\omega\cos(\omega t_2) + \lambda\sin(\omega t_2)) + \lambda\omega\tilde{n}_{11} + \omega\tilde{n}_{12}]}{\omega(\lambda^2+\omega^2)}\right\} \\ \bar{U} = \dfrac{1}{T}\left\{Et_1 + \dfrac{\mathrm{e}^{-\lambda t_1}\tilde{m}_{13}(\omega\sin(\omega t_1) - \lambda\cos(\omega t_1))}{\lambda^2+\omega^2}\right. \\ \quad + \dfrac{\mathrm{e}^{-\lambda t_2}\tilde{n}_{13}(\omega\sin(\omega t_2) - \lambda\cos(\omega t_2))}{\lambda^2+\omega^2} \\ \quad + \dfrac{\mathrm{e}^{-\lambda t_1}[-\tilde{m}_{14}(\omega\cos(\omega t_1) + \lambda\sin(\omega t_1)) + \lambda\omega\tilde{m}_{13} + \omega\tilde{m}_{14}]}{\omega(\lambda^2+\omega^2)} \\ \quad \left. + \dfrac{\mathrm{e}^{-\lambda t_2}[-\tilde{n}_{14}(\omega\cos(\omega t_2) + \lambda\sin(\omega t_2)) + \lambda\omega\tilde{n}_{13} + \omega\tilde{n}_{14}]}{\omega(\lambda^2+\omega^2)}\right\} \end{cases} \tag{6.36}$$

式中，$\tilde{m}_{11}$、$\tilde{m}_{12}$、$\tilde{m}_{13}$、$\tilde{m}_{14}$ 和 $\tilde{n}_{11}$、$\tilde{n}_{12}$、$\tilde{n}_{13}$、$\tilde{n}_{14}$ 为将式（6.14）和式（6.19）中系数 m_{11}、m_{12}、m_{13}、m_{14} 和 n_{11}、n_{12}、n_{13}、n_{14} 中电流和电压的初值 I_{01}、I_{02}、U_{01}、U_{02} 替换为稳态时电流和电压的初值 $\tilde{I}_{01}$、$\tilde{I}_{02}$、$\tilde{U}_{01}$、$\tilde{U}_{02}$ 所得。

接下来分析电感电流和电容电压的极值。当系统处于工作状态 1 时，开关 VT 导通，电源同时向电感和电容充电，电感电流和电容电压的极大值均处于该工作状态。由于 C-F 定义下分数阶电容和电感中存在等效电阻，电感电流和电容电压随着分数阶阶次的变化，其波形的变化趋势也会发生变化，即此时电感电流和电容电压的变化与系统参数有关，可通过对式（6.13）进行求导，进而对极值点进

行判据，求得 VT 导通阶段电感电流和电容电压时域数学模型的导数表达式为

$$\begin{cases} \dot{i}_{L1}(t) = \mathrm{e}^{-\lambda t}\left[(\tilde{m}_{12} - \lambda\tilde{m}_{11})\cos(\omega t) - (\lambda\tilde{m}_{12} + \omega^2\tilde{m}_{11})\dfrac{\sin(\omega t)}{\omega}\right] \\ \dot{u}_{C1}(t) = \mathrm{e}^{-\lambda t}\left[(\tilde{m}_{14} - \lambda\tilde{m}_{13})\cos(\omega t) - (\lambda\tilde{m}_{14} + \omega^2\tilde{m}_{13})\dfrac{\sin(\omega t)}{\omega}\right] \end{cases} \tag{6.37}$$

首先分析 VT 导通阶段电感电流的极值如下：

（1）当电感电流的导数在周期内恒大于零时，电流持续上升，此状态下电感电流的极大值为工作状态 1 结束时的电感电流值，即

$$i_{L\max} = \mathrm{e}^{-\lambda t_1}\left[\tilde{m}_{11}\cos(\omega t_1) + \frac{\tilde{m}_{12}}{\omega}\sin(\omega t_1)\right] + \frac{E}{R} \tag{6.38}$$

（2）当电感电流的导数在周期内恒小于零时，电流持续下降，此状态下电感电流的极大值为工作状态 1 开始时的电感电流值，即

$$i_{L\max} = \tilde{m}_{11} + \frac{E}{R} \tag{6.39}$$

（3）当电感电流的导数在周期内先正后负时，电流先上升后下降，此状态下电感电流的极大值为导数为零时的电感电流值，即

$$i_{L\max} = \mathrm{e}^{-\lambda t_0}\left[\tilde{m}_{11}\cos(\omega t_0) + \frac{\tilde{m}_{12}}{\omega}\sin(\omega t_0)\right] + \frac{E}{R} \tag{6.40}$$

式中，t_0 为导数为零的时刻，其值为

$$t_0 = \arctan\left(\frac{\omega\tilde{m}_{12} - \lambda\omega\tilde{m}_{11}}{\lambda\tilde{m}_{12} + \omega^2\tilde{m}_{11}}\right) \tag{6.41}$$

（4）当电感电流的导数在周期内先负后正时，电流先下降后上升，此状态下电感电流的极大值为工作状态 1 开始和结束时的电感电流值中较大的一个，即

$$i_{L\max} = \max\{i_{L1}(0), i_{L1}(t_1)\} \tag{6.42}$$

其次分析 VT 导通阶段电容电压的极值如下：

（1）当电容电压的导数在周期内恒大于零时，电压持续上升，此状态下电容电压的极大值为工作状态 1 结束时的电容电压值，即

$$u_{C\max} = \mathrm{e}^{-\lambda t_1}\left[\tilde{m}_{13}\cos(\omega t_1) + \frac{\tilde{m}_{14}}{\omega}\sin(\omega t_1)\right] + E \tag{6.43}$$

（2）当电容电压的导数在周期内恒小于零时，电压持续下降，此状态下电容电压的极大值为工作状态 1 开始时的电容电压值，即

$$u_{C\max} = \tilde{m}_{13} + E \tag{6.44}$$

（3）当电容电压的导数在周期内先正后负时，电压先上升后下降，此状态下电容电压的极大值为导数为零时的电容电压值，即

$$u_{C\max} = \mathrm{e}^{-\lambda t_0}\left[\tilde{m}_{13}\cos(\omega t_0) + \frac{\tilde{m}_{14}}{\omega}\sin(\omega t_0)\right] + E \tag{6.45}$$

式中，t_0 为导数为零的时刻，其值为

$$t_0 = \arctan\left(\frac{\omega\tilde{m}_{14} - \lambda\omega\tilde{m}_{13}}{\lambda\tilde{m}_{14} + \omega^2\tilde{m}_{13}}\right) \tag{6.46}$$

（4）当电容电压的导数在周期内先负后正时，电压先下降后上升，此状态下电容电压的极大值为工作状态 1 开始和结束时的电容电压值中较大的一个，即

$$u_{C\max} = \max\{u_{C1}(0), u_{C1}(t_1)\} \tag{6.47}$$

当系统处于工作状态 2 时，开关 VT 关断，电感向电容和负载电阻放电，电感电流和电容电压的极小值均处于该工作状态。与工作状态 1 相似，可以通过对式（6.18）进行求导，进而对极值点进行判据，求得 VT 关断阶段电感电流和电容电压时域数学模型的导数表达式为

$$\begin{cases} \dot{i}_{L2}(t) = \mathrm{e}^{-\lambda t}\left[(\tilde{n}_{12} - \lambda\tilde{n}_{11})\cos(\omega t) - (\lambda\tilde{n}_{12} + \omega^2\tilde{n}_{11})\dfrac{\sin(\omega t)}{\omega}\right] \\ \dot{u}_{C2}(t) = \mathrm{e}^{-\lambda t}\left[(\tilde{n}_{14} - \lambda\tilde{n}_{13})\cos(\omega t) - (\lambda\tilde{n}_{14} + \omega^2\tilde{n}_{13})\dfrac{\sin(\omega t)}{\omega}\right] \end{cases} \tag{6.48}$$

首先分析 VT 关断阶段电感电流的极值如下：

（1）当电感电流的导数在周期内恒小于零时，电流持续下降，此状态下电感电流的极小值为工作状态 2 结束时的电感电流值，即

$$i_{L\min} = \mathrm{e}^{-\lambda t_2}\left[\tilde{n}_{11}\cos(\omega t_2) + \frac{\tilde{n}_{12}}{\omega}\sin(\omega t_2)\right] \tag{6.49}$$

（2）当电感电流的导数在周期内恒大于零时，电流持续上升，此状态下电感电流的极小值为工作状态 2 开始时的电感电流值，即

$$i_{L\min} = \tilde{n}_{11} \tag{6.50}$$

（3）当电感电流的导数在周期内先负后正时，电流先下降后上升，此状态下电感电流的极小值为导数为零时的电感电流值，即

$$i_{L\min} = \mathrm{e}^{-\lambda t_0}\left[\tilde{n}_{11}\cos(\omega t_0) + \frac{\tilde{n}_{12}}{\omega}\sin(\omega t_0)\right] \tag{6.51}$$

式中，t_0 为导数为零的时刻，其值为

$$t_0 = \arctan\left(\frac{\omega\tilde{n}_{12} - \lambda\omega\tilde{n}_{11}}{\lambda\tilde{n}_{12} + \omega^2\tilde{n}_{11}}\right) \tag{6.52}$$

（4）当电感电流的导数在周期内先正后负时，电流先上升后下降，此状态下电感电流的极小值为工作状态 2 开始和结束时的电感电流值中较小的一个，即

$$i_{L\min} = \min\{i_{L2}(0), i_{L2}(t_2)\} \tag{6.53}$$

其次分析 VT 关断阶段电容电压的极值如下：

（1）当电容电压的导数在周期内恒小于零时，电压持续下降，此状态下电容电压的极小值为工作状态 2 结束时的电容电压值，即

$$u_{C\min} = \mathrm{e}^{-\lambda t_2}\left[\tilde{n}_{13}\cos(\omega t_2) + \frac{\tilde{n}_{14}}{\omega}\sin(\omega t_2)\right] \tag{6.54}$$

（2）当电容电压的导数在周期内恒大于零时，电压持续上升，此状态下电容电压的极小值为工作状态 2 开始时的电容电压值，即

$$u_{C\min} = \tilde{n}_{13} \tag{6.55}$$

（3）当电容电压的导数在周期内先负后正时，电压先下降后上升，此状态下电容电压的极小值为导数为零时的电容电压值，即

$$u_{C\min} = \mathrm{e}^{-\lambda t_0}\left[\tilde{n}_{13}\cos(\omega t_0) + \frac{\tilde{n}_{14}}{\omega}\sin(\omega t_0)\right] \tag{6.56}$$

式中，t_0 为导数为零的时刻，其值为

$$t_0 = \arctan\left(\frac{\omega\tilde{n}_{14} - \lambda\omega\tilde{n}_{13}}{\lambda\tilde{n}_{14} + \omega^2\tilde{n}_{13}}\right) \tag{6.57}$$

（4）当电容电压的导数在周期内先正后负时，电压先上升后下降，此状态下电容电压的极小值为工作状态 2 开始和结束时的电容电压值中较小的一个，即

$$u_{C\min} = \min\{u_{C2}(0), u_{C2}(t_2)\} \tag{6.58}$$

6.2.2 C-F 型分数阶 Boost 变换器时域模型

首先推导一个开关周期内，VT 导通的工作状态 1 和 VT 关断的工作状态 2 的时域数学模型。根据式（6.3）和式（6.4），可列写 C-F 定义下分数阶 Boost 变换器各工作状态下的电路方程如下。

工作状态 1：

$$\begin{cases} {}^{\mathrm{CF}}\mathcal{D}^{\beta} i_{L1}(t) = \dfrac{1}{L_\beta} E \\ {}^{\mathrm{CF}}\mathcal{D}^{\alpha} u_{C1}(t) = -\dfrac{1}{RC_\alpha} u_{C1}(t) \end{cases} \tag{6.59}$$

工作状态 2：

$$\begin{cases} {}^{\mathrm{CF}}\mathcal{D}^{\beta} i_{L2}(t) = -\dfrac{1}{L_\beta} u_{C2}(t) + \dfrac{1}{L_\beta} E \\ {}^{\mathrm{CF}}\mathcal{D}^{\alpha} u_{C2}(t) = \dfrac{1}{C_\alpha} i_{L2}(t) - \dfrac{1}{RC_\alpha} u_{C2}(t) \end{cases} \tag{6.60}$$

分别对两种工作状态下的电路方程进行求解可得其时域数学模型。

首先分析电感电流和电容电压的时域模型。设分数阶电感在开关管 VT 导通时刻前的瞬时电流为 I_{01}，分数阶电容在开关管 VT 导通时刻前的瞬时电压为 U_{01}。对式（6.59）两侧进行拉普拉斯变换，并整理得到工作状态 1 时的电感电流 $i_{L1}(t)$ 和输出电压 $u_{C1}(t)$ 的拉普拉斯变换式为

$$\begin{cases} I_{L1}(s) = \dfrac{1}{s^2} \dfrac{\beta E}{L_\beta} + \dfrac{1}{s} \left[I_{01} + \dfrac{(1-\beta) E}{L_\beta} \right] \\ U_{C1}(s) = \dfrac{\dfrac{RC_\alpha}{RC_\alpha + 1 - \alpha}}{s + \dfrac{\alpha}{RC_\alpha + 1 - \alpha}} U_{01} \end{cases} \tag{6.61}$$

对式（6.61）进行拉普拉斯逆变换，即可得到 VT 导通阶段分数阶电感电流 $i_{L1}(t)$ 和分数阶电容电压 $u_{C1}(t)$ 的时域数学模型为

$$\begin{cases} i_{L1}(t) = \dfrac{\beta E}{L_\beta} t + I_{01} + \dfrac{(1-\beta) E}{L_\beta} \\ u_{C1}(t) = \dfrac{RC_\alpha U_{01}}{RC_\alpha + 1 - \alpha} \mathrm{e}^{-\frac{\alpha}{RC_\alpha + 1 - \alpha} t} \end{cases} \tag{6.62}$$

Boost 变换器工作状态 2 的电路方程式与 Buck 变换器的电路方程（6.7）一致，其时域数学模型为式（6.13），参照式（6.13）可直接列出 Boost 变换器在 VT 关断阶段分数阶电感电流 $i_{L2}(t)$ 和分数阶电容电压 $u_{C2}(t)$ 的时域数学模型为

$$\begin{cases} i_{L2}(t) = m_{21}\mathrm{e}^{-\lambda t}\cos(\omega t) + \dfrac{m_{22}}{\omega}\mathrm{e}^{-\lambda t}\sin(\omega t) + \dfrac{E}{R} \\[2ex] u_{C2}(t) = m_{23}\mathrm{e}^{-\lambda t}\cos(\omega t) + \dfrac{m_{24}}{\omega}\mathrm{e}^{-\lambda t}\sin(\omega t) + E \end{cases} \tag{6.63}$$

式中，系数 m_{21}、m_{22}、m_{23} 和 m_{24} 为将式（6.14）中系数 m_{11}、m_{12}、m_{13} 和 m_{14} 中的电流和电压的初值 I_{01} 和 U_{01} 替换为当前周期的初值 I_{02} 和 U_{02} 所得。

由式（6.62）和式（6.63）可以看出，分数阶 Boost 变换器的输出电压和电流除了与电路参数有关，还与分数阶阶次有关。下面根据 C-F 定义分数阶电容 C_α 和分数阶电感 L_β 的电路拓扑结构（图 6.5），推导电路拓扑中的等效电容 C_1 的电压及等效电感 L_2 的电流的时域数学模型，以此分析得到 VT 导通和 VT 关断两种工作状态的分数阶 Boost 变换器的电压和电流的初值 I_{01}、U_{01}、I_{02} 及 U_{02}。

其次分析等效电感电流和等效电容电压的时域模型。设工作状态 1 时，C-F 型电路元件中流过等效电感 L_2 的电流为 $i_1'(t)$，等效电容 C_1 两端的电压为 $u_1'(t)$。列写 C-F 定义下分数阶 Boost 变换器的电路方程为

$$\begin{cases} \dfrac{\mathrm{d}i_1'(t)}{\mathrm{d}t} = \dfrac{1}{L_2}E \\[2ex] \dfrac{\mathrm{d}u_1'(t)}{\mathrm{d}t} = -\dfrac{1}{(R+R_1)\,C_1}u_1'(t) \end{cases} \tag{6.64}$$

对式（6.64）进行拉普拉斯变换可得

$$\begin{cases} I_1'(s) = \dfrac{E}{s^2L_2} + \dfrac{I_{01}}{s} \\[2ex] U_1'(s) = \dfrac{U_{01}}{s + \dfrac{1}{(R+R_1)\,C_1}} \end{cases} \tag{6.65}$$

对式（6.65）进行拉普拉斯逆变换，即得到 VT 导通阶段分数阶电感中等效电感 L_2 的电流 $i_1'(t)$ 和分数阶电容中等效电容 C_1 的电压 $u_1'(t)$ 的时域数学模型为

$$\begin{cases} i_1'(t) = \dfrac{\beta E}{L_2}t + I_{01} \\ u_1'(t) = U_{01}\mathrm{e}^{-\frac{\alpha}{RC_1+1-\alpha}t} \end{cases} \tag{6.66}$$

Boost 变换器工作状态 2 的电路方程与 Buck 变换器的工作状态 1 的电路方程相同，6.2.1 节已推得分数阶电容中等效电容 C_1 两端的电压 u' 和分数阶电感中等效电感 L_2 的电流 i' 的时域模型为式（6.25），参照式（6.25）可直接列出 Boost 变换器在 VT 关断阶段分数阶电感中等效电感 L_2 的电流 $i_2'(t)$ 和分数阶电容中等效电容 C_1 的电压 $u_2'(t)$ 的时域数学模型为

$$\begin{cases} i_2'(t) = \xi_{21}\mathrm{e}^{-\lambda t}\cos(\omega t) + \dfrac{\xi_{22}}{\omega}\mathrm{e}^{-\lambda t}\sin(\omega t) + \dfrac{E}{R} \\ u_2'(t) = \xi_{23}\mathrm{e}^{-\lambda t}\cos(\omega t) + \dfrac{\xi_{24}}{\omega}\mathrm{e}^{-\lambda t}\sin(\omega t) + E \end{cases} \tag{6.67}$$

式中，系数 ξ_{21}、ξ_{22}、ξ_{23} 和 ξ_{24} 为将式（6.26）中系数 ξ_{11}、ξ_{12}、ξ_{13} 和 ξ_{14} 中的电流和电压的初值 I_{01} 和 U_{01} 替换为当前周期电流和电压的初值 I_{02} 和 U_{02} 所得。

参照 6.2.1 节的方法，通过求得各个周期物理量的初值与其在对应开关状态下的时域表达式相结合，即可得到 C-F 定义下分数阶 Boost 变换器的电容电压与电感电流的完整时域数学模型，以便分析 C-F 定义下 Boost 变换器电压和电流的平均值、极值和脉动量等工作特性。

下面分析电感电流和电容电压的初值及平均值。当变换器运行在稳定状态时，各个周期的导通初值和关断初值均相同，根据初值计算公式（6.66）和式（6.67）可列写稳态运行时，VT 导通阶段的初值 $\tilde{I}_{01}$、$\tilde{U}_{01}$ 和 VT 关断阶段的初值 $\tilde{I}_{02}$、$\tilde{U}_{02}$ 的表达式为

$$\begin{cases} \tilde{I}_{01} = a_{23}\tilde{I}_{02} + a_{24}\tilde{U}_{02} + a_{27} \\ \tilde{U}_{01} = a_{25}\tilde{I}_{02} + a_{26}\tilde{U}_{02} + a_{28} \\ \tilde{I}_{02} = \tilde{I}_{01} + a_{21} \\ \tilde{U}_{02} = a_{22}\tilde{U}_{01} \end{cases} \tag{6.68}$$

式中系数如式（6.69）所示。

$$
\begin{cases}
a_{21} = \dfrac{\beta E t_1}{L_\beta} \\
a_{22} = \mathrm{e}^{-\frac{\alpha t_1}{RC_\alpha+1-\alpha}} \\
a_{23} = \mathrm{e}^{-\lambda t_2}\cos(\omega t_2) + \dfrac{\mathrm{e}^{-\lambda t_2}[R(\alpha-\beta)+L_\beta\alpha]\sin(\omega t_2)}{2\omega[R(1-\alpha)(1-\beta)+L_\beta(1-\alpha)+RL_\beta C_\alpha]} \\
a_{24} = \dfrac{-\mathrm{e}^{-\lambda t_2}RC_\alpha\sin(\omega t_2)}{\omega[R(1-\alpha)(1-\beta)+L_\beta(1-\alpha)+RL_\beta C_\alpha]} \\
a_{25} = \dfrac{\mathrm{e}^{-\lambda t_2}RL_\beta\alpha\sin(\omega t_2)}{\omega[R(1-\alpha)(1-\beta)+L_\beta(1-\alpha)+RL_\beta C_\alpha]} \\
a_{26} = \mathrm{e}^{-\lambda t_2}\cos(\omega t_2) + \dfrac{-\mathrm{e}^{-\lambda t_2}[R(\alpha-\beta)+L_\beta\alpha]\sin(\omega t_2)}{2\omega[R(1-\alpha)(1-\beta)+L_\beta(1-\alpha)+RL_\beta C_\alpha]} \\
a_{27} = \dfrac{E}{R}[1-\mathrm{e}^{-\lambda t_2}\cos(\omega t_2)-\mathrm{e}^{-\lambda t_2}\lambda\sin(\omega t_2)] \\
\qquad + \dfrac{E\mathrm{e}^{-\lambda t_2}\beta(RC_\alpha+1-\alpha)}{\omega[L_\beta(1-\alpha)+R(1-\alpha)(1-\beta)+RL_\beta C_\alpha]}\sin(\omega t_2) \\
a_{28} = E[1-\mathrm{e}^{-\lambda t_2}\cos(\omega t_2)-\mathrm{e}^{-\lambda t_2}\lambda\sin(\omega t_2)] \\
\qquad + \dfrac{E\mathrm{e}^{-\lambda t_2}R\alpha(1-\beta)}{\omega[L_\beta(1-\alpha)+R(1-\alpha)(1-\beta)+RL_\beta C_\alpha]}\sin(\omega t_2)
\end{cases}
\tag{6.69}
$$

式中，t_1 和 t_2 分别为每个周期开关 VT 导通时间 DT 和关断时间 $T-\mathrm{DT}$。求解方程（6.68）可得稳态时分数阶 Boost 变换器在各个周期的初值 $\tilde{I}_{01}$、$\tilde{I}_{02}$、$\tilde{U}_{01}$、$\tilde{U}_{02}$。根据电感电流和电容电压平均值计算公式

$$
\begin{cases}
\bar{I} = \dfrac{1}{T}\left[\displaystyle\int_0^{t_1} i_{L1}(t)\,\mathrm{d}t + \int_0^{t_2} i_{L2}(t)\,\mathrm{d}t\right] \\
\bar{U} = \dfrac{1}{T}\left[\displaystyle\int_0^{t_1} u_{C1}(t)\,\mathrm{d}t + \int_0^{t_2} u_{C2}(t)\,\mathrm{d}t\right]
\end{cases}
\tag{6.70}
$$

即可求出稳态时电感电流及电容电压的平均值为

$$\begin{cases}\bar{I}=\dfrac{1}{T}\left\{\dfrac{\beta E t_1^2}{2L_\beta}+\left[\tilde{I}_{01}+\dfrac{(1-\beta)E}{L_\beta}\right]t_1+\dfrac{Et_2}{R}\right.\\ \quad+\dfrac{\mathrm{e}^{-\lambda t_2}\tilde{m}_{21}(\omega\sin(\omega t_2)-\lambda\cos(\omega t_2))}{\lambda^2+\omega^2}\\ \quad\left.-\dfrac{\mathrm{e}^{-\lambda t_2}[\tilde{m}_{22}(\omega\cos(\omega t_2)+\lambda\sin(\omega t_2))-\lambda\omega\tilde{m}_{21}-\omega\tilde{m}_{22}]}{\omega(\lambda^2+\omega^2)}\right\}\\ \bar{U}=\dfrac{1}{T}\left\{\dfrac{RC_\alpha\tilde{U}_{01}}{\alpha}(1-\mathrm{e}^{-\frac{\alpha t_1}{RC_\alpha+1-\alpha}})+Et_2\right.\\ \quad+\dfrac{\mathrm{e}^{-\lambda t_2}\tilde{m}_{23}(\omega\sin(\omega t_2)-\lambda\cos(\omega t_2))}{\lambda^2+\omega^2}\\ \quad\left.-\dfrac{\mathrm{e}^{-\lambda t_2}[\tilde{m}_{24}(\omega\cos(\omega t_2)+\lambda\sin(\omega t_2))-\lambda\omega\tilde{m}_{23}-\omega\tilde{m}_{24}]}{\omega(\lambda^2+\omega^2)}\right\}\end{cases}\tag{6.71}$$

式中，$\tilde{m}_{21}$、$\tilde{m}_{22}$、$\tilde{m}_{23}$ 和 $\tilde{m}_{24}$ 为将式（6.63）中系数 m_{21}、m_{22}、m_{23} 和 m_{24} 中电流和电压初值的 I_{02} 和 U_{02} 替换为稳态时的电流和电压初值 $\tilde{I}_{02}$ 和 $\tilde{U}_{02}$ 所得。

下面分析电感电流和电容电压的极值。当系统处于工作状态 1 时，开关 VT 导通，电源向电感充电，电容向负载电阻放电，此时电感电流持续增加，电容电压持续减小，故在工作状态 1 结束时，电感电流为极大值，电容电压为极小值，其极值为

$$\begin{cases}i_{L\max}=\dfrac{\beta E}{L_\beta}t_1+\tilde{I}_{01}+\dfrac{(1-\beta)E}{L_\beta}\\ u_{C\min}=\dfrac{RC_\alpha\tilde{U}_{01}}{RC_\alpha+1-\alpha}\mathrm{e}^{-\frac{\alpha}{RC_\alpha+1-\alpha}t_1}\end{cases}\tag{6.72}$$

当系统处于工作状态 2 时，开关 VT 关断，电源和电感同时向电容充电，电感电流的极小值和电容电压的极大值均处于该工作状态。由于 C-F 定义下分数阶电容和电感中存在等效电阻，电感电流和电容电压随着分数阶阶次的变化，其波形的变化趋势也会发生变化，即此时电感电流和电容电压的变化与系统参数有关，可通过对式（6.63）进行求导，进而对极值点进行判据，求得 VT 关断阶段电感电流和电容电压时域数学模型的导数表达式为

$$\begin{cases}\dot{i}_{L2}(t)=\mathrm{e}^{-\lambda t}\left[(\tilde{m}_{22}-\lambda\tilde{m}_{21})\cos(\omega t)-(\lambda\tilde{m}_{22}+\omega^2\tilde{m}_{21})\dfrac{\sin(\omega t)}{\omega}\right]\\ \dot{u}_{C2}(t)=\mathrm{e}^{-\lambda t}\left[(\tilde{m}_{24}-\lambda\tilde{m}_{23})\cos(\omega t)-(\lambda\tilde{m}_{24}+\omega^2\tilde{m}_{23})\dfrac{\sin(\omega t)}{\omega}\right]\end{cases}\tag{6.73}$$

首先分析 VT 关断阶段电感电流的极值如下：

（1）当电感电流的导数在周期内恒小于零时，电流持续下降，此状态下电感电流的极小值为工作状态 2 结束时的电感电流值，即

$$i_{L\min} = \mathrm{e}^{-\lambda t_1}\left[\tilde{m}_{21}\cos(\omega t_2) + \frac{\tilde{m}_{22}}{\omega}\sin(\omega t_2)\right] + \frac{E}{R} \tag{6.74}$$

（2）当电感电流的导数在周期内恒大于零时，电流持续上升，此状态下电感电流的极小值为工作状态 2 开始时的电感电流值，即

$$i_{L\min} = \tilde{m}_{21} + \frac{E}{R} \tag{6.75}$$

（3）当电感电流的导数在周期内先负后正时，电流先下降后上升，此状态下电感电流的极小值为导数为零时的电感电流值，即

$$i_{L\min} = \mathrm{e}^{-\lambda t_0}\left[\tilde{m}_{21}\cos(\omega t_0) + \frac{\tilde{m}_{22}}{\omega}\sin(\omega t_0)\right] + \frac{E}{R} \tag{6.76}$$

式中，t_0 为导数为零的时刻，其值为

$$t_0 = \arctan\left(\frac{\omega\tilde{m}_{22} - \lambda\omega\tilde{m}_{21}}{\lambda\tilde{m}_{22} + \omega^2\tilde{m}_{21}}\right) \tag{6.77}$$

（4）当电感电流的导数在周期内先正后负时，电流先上升后下降，此状态下电感电流的极小值为工作状态 2 开始和结束时的电感电流值中较小的一个，即

$$i_{L\min} = \min\{i_{L2}(0), i_{L2}(t_2)\} \tag{6.78}$$

其次分析 VT 关断阶段电容电压的极值如下：

（1）当电容电压的导数在周期内恒大于零时，电压持续上升，此状态下电容电压的极大值为工作状态 2 结束时的电容电压值，即

$$u_{C\max} = \mathrm{e}^{-\lambda t_1}\left[\tilde{m}_{23}\cos(\omega t_2) + \frac{\tilde{m}_{24}}{\omega}\sin(\omega t_2)\right] + E \tag{6.79}$$

（2）当电容电压的导数在周期内恒小于零时，电压持续下降，此状态下电容电压的极大值为工作状态 2 开始时的电容电压值，即

$$u_{C\max} = \tilde{m}_{23} + E \tag{6.80}$$

（3）当电容电压的导数在周期内先正后负时，电压先上升后下降，此状态下电容电压的极大值为导数为零时的电容电压值，即

$$u_{C\max} = \mathrm{e}^{-\lambda t_0}\left[\tilde{m}_{23}\cos(\omega t_0) + \frac{\tilde{m}_{24}}{\omega}\sin(\omega t_0)\right] + E \tag{6.81}$$

式中，t_0 为导数为零的时刻，其值为

$$t_0 = \arctan\left(\frac{\omega\tilde{m}_{24} - \lambda\omega\tilde{m}_{23}}{\lambda\tilde{m}_{24} + \omega^2\tilde{m}_{23}}\right) \tag{6.82}$$

（4）当电容电压的导数在周期内先负后正时，电压先下降后上升，此状态下电容电压的极大值为工作状态 2 开始和结束时的电容电压值中较大的一个，即

$$u_{C\max} = \max\{u_{C2}(0), u_{C2}(t_2)\} \tag{6.83}$$

6.2.3 C-F 型分数阶 Buck-Boost 变换器时域模型

先推导一个开关周期内，VT 导通的工作状态 1 和 VT 关断的工作状态 2 的时域数学模型，根据式（6.5）和式（6.6），可列写 C-F 定义下分数阶 Buck-Boost 变换器各工作状态下的电路方程如下。

工作状态 1：

$$\begin{cases} {}^{\mathrm{CF}}\mathcal{D}^{\beta} i_{L1}(t) = \dfrac{1}{L_\beta}E \\ {}^{\mathrm{CF}}\mathcal{D}^{\alpha} u_{C1}(t) = -\dfrac{1}{RC_\alpha}u_{C1}(t) \end{cases} \tag{6.84}$$

工作状态 2：

$$\begin{cases} {}^{\mathrm{CF}}\mathcal{D}^{\beta} i_{L2}(t) = -\dfrac{1}{L_\beta}u_{C2}(t) \\ {}^{\mathrm{CF}}\mathcal{D}^{\alpha} u_{C2}(t) = \dfrac{1}{C_\alpha}i_{L2}(t) - \dfrac{1}{RC_\alpha}u_{C2}(t) \end{cases} \tag{6.85}$$

分别对两种工作状态下的电路方程进行求解可得时域数学模型。

首先分析电感电流和电容电压的时域模型。Buck-Boost 变换器工作状态 1 的电路方程式与 Boost 变换器的电路方程（6.59）一致，其时域数学模型为式（6.62），参照式（6.62）可直接列出 Buck-Boost 变换器在 VT 导通阶段分数阶电感电流 $i_{L1}(t)$ 和分数阶电容电压 $u_{C1}(t)$ 的时域数学模型为

$$\begin{cases} i_{L1}(t) = \dfrac{\beta E}{L_\beta}t + I_{01} + \dfrac{(1-\beta)E}{L_\beta} \\ u_{C1}(t) = \dfrac{RC_\alpha U_{01}}{RC_\alpha + 1 - \alpha}\mathrm{e}^{-\frac{\alpha}{RC_\alpha + 1 - \alpha}t} \end{cases} \tag{6.86}$$

Buck-Boost 变换器工作状态 2 的电路方程与 Buck 变换器的电路方程（6.8）一致，其时域数学模型为式（6.18），参照式（6.18）可直接列出 Buck-Boost 变

换器在 VT 关断阶段分数阶电感电流 $i_{L2}(t)$ 和分数阶电容电压 $u_{C2}(t)$ 的时域数学模型为

$$\begin{cases} i_{L2}(t) = n_{31}\mathrm{e}^{-\lambda t}\cos(\omega t) + \dfrac{n_{32}}{\omega}\mathrm{e}^{-\lambda t}\sin(\omega t) \\ u_{C2}(t) = n_{33}\mathrm{e}^{-\lambda t}\cos(\omega t) + \dfrac{n_{34}}{\omega}\mathrm{e}^{-\lambda t}\sin(\omega t) \end{cases} \tag{6.87}$$

式中，系数 n_{31}、n_{32}、n_{33} 和 n_{34} 与式（6.19）中系数 n_{11}、n_{12}、n_{13} 和 n_{14} 一致。

其次分析等效电感电流和等效电容电压的时域模型。分数阶 Buck-Boost 变换器中等效电容 C_1 的电压及等效电感 L_2 的电流的时域数学模型，也可以参照前文的结果，直接列写。参照 Boost 变换器电路工作状态 1 的时域模型即式（6.66），直接列出 Buck-Boost 变换器在 VT 导通阶段分数阶电感中等效电感 L_2 的电流 $i_1'(t)$ 和分数阶电容中等效电容 C_1 的电压 $u_1'(t)$ 的时域数学模型为

$$\begin{cases} i_1'(t) = \dfrac{\beta E}{L_2}t + I_{01} \\ u_1'(t) = U_{01}\mathrm{e}^{-\frac{\alpha}{RC_1+1-\alpha}t} \end{cases} \tag{6.88}$$

参照 Buck 变换器电路工作状态 2 的时域模型即式（6.31），直接列出 Buck-Boost 变换器在 VT 关断阶段分数阶电感中等效电感 L_2 的电流 $i_2'(t)$ 和分数阶电容中等效电容 C_1 的电压 $u_2'(t)$ 的时域数学模型为

$$\begin{cases} i_2'(t) = \varphi_{31}\mathrm{e}^{-\lambda t}\cos(\omega t) + \dfrac{\varphi_{32}}{\omega}\mathrm{e}^{-\lambda t}\sin(\omega t) \\ u_2'(t) = \varphi_{33}\mathrm{e}^{-\lambda t}\cos(\omega t) + \dfrac{\varphi_{34}}{\omega}\mathrm{e}^{-\lambda t}\sin(\omega t) \end{cases} \tag{6.89}$$

式中，系数 φ_{31}、φ_{32}、φ_{33} 和 φ_{34} 与式（6.32）中系数 φ_{11}、φ_{12}、φ_{13} 和 φ_{14} 一致。由式（6.88）和式（6.89）可以计算出每个开关周期电流和电压的初值 I_{01}、U_{01}、I_{02} 及 U_{02}。

再分析电感电流和电容电压的初值及平均值。当变换器运行在稳定状态时，各个周期的导通初值和关断初值均相同，根据式（6.88）和式（6.89）可列写稳态运行时 VT 导通阶段的初值 $\tilde{I}_{01}$、$\tilde{U}_{01}$ 和 VT 关断阶段的初值 $\tilde{I}_{02}$、$\tilde{U}_{02}$ 的表达式为

$$\begin{cases} \tilde{I}_{01} = a_{33}\tilde{I}_{02} + a_{34}\tilde{U}_{02} \\ \tilde{U}_{01} = a_{35}\tilde{I}_{02} + a_{36}\tilde{U}_{02} \\ \tilde{I}_{02} = \tilde{I}_{01} + a_{31} \\ \tilde{U}_{02} = a_{32}\tilde{U}_{01} \end{cases} \tag{6.90}$$

式中，系数如式（6.91）所示。

$$\begin{cases} a_{31} = \dfrac{\beta E t_1}{L_\beta} \\ a_{32} = \mathrm{e}^{-\frac{\alpha t_1}{RC_\alpha+1-\alpha}} \\ a_{33} = \mathrm{e}^{-\lambda t_2}\cos(\omega t_2) + \dfrac{\mathrm{e}^{-\lambda t_2}[R(\alpha-\beta)+L_\beta\alpha]\sin(\omega t_2)}{2\omega[R(1-\alpha)(1-\beta)+L_\beta(1-\alpha)+RL_\beta C_\alpha]} \\ a_{34} = \dfrac{-\mathrm{e}^{-\lambda t_2}RC_\alpha\sin(\omega t_2)}{\omega[R(1-\alpha)(1-\beta)+L_\beta(1-\alpha)+RL_\beta C_\alpha]} \\ a_{35} = \dfrac{\mathrm{e}^{-\lambda t_2}RL_\beta\alpha\sin(\omega t_2)}{\omega[R(1-\alpha)(1-\beta)+L_\beta(1-\alpha)+RL_\beta C_\alpha]} \\ a_{36} = \mathrm{e}^{-\lambda t_2}\cos(\omega t_2) + \dfrac{-\mathrm{e}^{-\lambda t_2}[R(\alpha-\beta)+L_\beta\alpha]\sin(\omega t_2)}{2\omega[R(1-\alpha)(1-\beta)+L_\beta(1-\alpha)+RL_\beta C_\alpha]} \end{cases} \tag{6.91}$$

式中，t_1 和 t_2 分别为每个周期开关 VT 导通时间 DT 和关断时间 $T-\mathrm{DT}$。求解方程（6.90）可得稳态时分数阶 Buck-Boost 变换器在各个周期的初值 $\tilde{I}_{01}$、$\tilde{I}_{02}$、$\tilde{U}_{01}$、$\tilde{U}_{02}$。根据电流和电压平均值计算公式

$$\begin{cases} \bar{I} = \dfrac{1}{T}\left[\displaystyle\int_0^{t_1} i_{L1}(t)\,\mathrm{d}t + \int_0^{t_2} i_{L2}(t)\,\mathrm{d}t\right] \\ \bar{U} = \dfrac{1}{T}\left[\displaystyle\int_0^{t_1} u_{C1}(t)\,\mathrm{d}t + \int_0^{t_2} u_{C2}(t)\,\mathrm{d}t\right] \end{cases} \tag{6.92}$$

即可求出稳态时电感电流及电容电压的平均值为

$$\begin{cases} \bar{I} = \dfrac{1}{T}\left\{\dfrac{\beta E t_1^2}{2L_\beta} + \left[\tilde{I}_{01} + \dfrac{(1-\beta)E}{L_\beta}\right]t_1 \right. \\ \qquad + \dfrac{\mathrm{e}^{-\lambda t_2}\tilde{n}_{31}(\omega\sin(\omega t_2)-\lambda\cos(\omega t_2))}{\lambda^2+\omega^2} \\ \qquad \left. - \dfrac{\mathrm{e}^{-\lambda t_2}[\tilde{n}_{32}(\omega\cos(\omega t_2)+\lambda\sin(\omega t_2))-\lambda\omega\tilde{n}_{31}-\omega\tilde{n}_{32}]}{\omega(\lambda^2+\omega^2)}\right\} \\ \bar{U} = \dfrac{1}{T}\left\{\dfrac{RC_\alpha\tilde{U}_{01}}{\alpha}\left(1-\mathrm{e}^{-\frac{\alpha t_1}{RC_\alpha+1-\alpha}}\right) \right. \\ \qquad + \dfrac{\mathrm{e}^{-\lambda t_2}\tilde{n}_{33}(\omega\sin(\omega t_2)-\lambda\cos(\omega t_2))}{\lambda^2+\omega^2} \\ \qquad \left. - \dfrac{\mathrm{e}^{-\lambda t_2}[\tilde{n}_{34}(\omega\cos(\omega t_2)+\lambda\sin(\omega t_2))-\lambda\omega\tilde{n}_{33}-\omega\tilde{n}_{34}]}{\omega(\lambda^2+\omega^2)}\right\} \end{cases} \tag{6.93}$$

式中，$\tilde{n}_{31}$、$\tilde{n}_{32}$、$\tilde{n}_{33}$ 和 $\tilde{n}_{34}$ 为将式（6.87）中系数 n_{31}、n_{32}、n_{33} 和 n_{34} 中电流和电压的初值 I_{02} 和 U_{02} 替换为稳态时电流和电压的初值 $\tilde{I}_{02}$ 和 $\tilde{U}_{02}$ 所得。

接下来分析电感电流和电容电压的极值。当系统处于工作状态 1 时，开关 VT 导通，电源向电感充电，电容向负载电阻放电，此时电感电流持续增加，电容电压持续减小，故在工作状态 1 结束时，电感电流为极大值，电容电压为极小值，其极值为

$$\begin{cases} i_{L\max} = \dfrac{\beta E}{L_\beta}t_1 + \tilde{I}_{01} + \dfrac{(1-\beta)E}{L_\beta} \\ u_{C\min} = \dfrac{RC_\alpha \tilde{U}_{01}}{RC_\alpha + 1 - \alpha}\mathrm{e}^{-\frac{\alpha}{RC_\alpha+1-\alpha}t_1} \end{cases} \tag{6.94}$$

当系统处于工作状态 2 时，开关 VT 关断，电感向电容和负载电阻放电，电感电流的极小值和电容电压的极大值均处于该工作状态。由于 C-F 定义下分数阶电容和电感中存在等效电阻，电感电流和电容电压随着分数阶阶次的变化而变化，其波形的变化趋势也会发生变化，即此时电感电流和电容电压的变化与系统参数有关，可通过对式（6.87）进行求导，进而对极值点进行判据，求得 VT 关断阶段电感电流和电容电压时域数学模型的导数表达式为

$$\begin{cases} \dot{i}_{L2}(t) = \mathrm{e}^{-\lambda t}\left[(\tilde{n}_{32} - \lambda\tilde{n}_{31})\cos(\omega t) - (\lambda\tilde{n}_{32} + \omega^2\tilde{n}_{31})\dfrac{\sin(\omega t)}{\omega}\right] \\ \dot{u}_{C2}(t) = \mathrm{e}^{-\lambda t}\left[(\tilde{n}_{34} - \lambda\tilde{n}_{33})\cos(\omega t) - (\lambda\tilde{n}_{34} + \omega^2\tilde{n}_{33})\dfrac{\sin(\omega t)}{\omega}\right] \end{cases} \tag{6.95}$$

首先分析 VT 关断阶段电感电流的极值如下：

（1）当电感电流的导数在周期内恒小于零时，电流持续下降，此状态下电感电流的极小值为工作状态 2 结束时的电感电流值，即

$$i_{L\min} = \mathrm{e}^{-\lambda t_2}\left[\tilde{n}_{31}\cos(\omega t_2) + \frac{\tilde{n}_{32}}{\omega}\sin(\omega t_2)\right] \tag{6.96}$$

（2）当电感电流的导数在周期内恒大于零时，电流持续上升，此状态下电感电流的极小值为工作状态 2 开始时的电感电流值，即

$$i_{L\min} = \tilde{n}_{31} \tag{6.97}$$

（3）当电感电流的导数在周期内先负后正时，电流先下降后上升，此状态下电感电流的极小值为导数为零时的电感电流值，即

$$i_{L\min} = \mathrm{e}^{-\lambda t_0}\left[\tilde{n}_{31}\cos(\omega t_0) + \frac{\tilde{n}_{32}}{\omega}\sin(\omega t_0)\right] \tag{6.98}$$

式中，t_0 为导数为零的时刻，其值为

$$t_0 = \arctan\left(\frac{\omega\tilde{n}_{32} - \lambda\omega\tilde{n}_{31}}{\lambda\tilde{n}_{32} + \omega^2\tilde{n}_{31}}\right) \tag{6.99}$$

（4）当电感电流的导数在周期内先正后负时，电流先上升后下降，此状态下电感电流的极小值为工作状态 2 开始和结束时的电感电流值中较小的一个，即

$$i_{L\min} = \min\left\{i_{L2}(0), i_{L2}(t_2)\right\} \tag{6.100}$$

其次分析 VT 关断阶段电容电压的极值如下：

（1）当电容电压的导数在周期内恒大于零时，电压持续升高，此状态下电容电压的极大值为工作状态 2 结束时的电容电压值，即

$$u_{C\max} = \mathrm{e}^{-\lambda t_2}\left[\tilde{n}_{33}\cos\left(\omega t_2\right) + \frac{\tilde{n}_{34}}{\omega}\sin\left(\omega t_2\right)\right] \tag{6.101}$$

（2）当电容电压的导数在周期内恒小于零时，电压持续下降，此状态下电容电压的极大值为工作状态 2 开始时的电容电压值，即

$$u_{C\max} = \tilde{n}_{33} \tag{6.102}$$

（3）当电容电压的导数在周期内先正后负时，电压先上升后下降，此状态下电容电压的极大值为导数为零时的电容电压值，即

$$u_{C\max} = \mathrm{e}^{-\lambda t_0}\left[\tilde{n}_{33}\cos\left(\omega t_0\right) + \frac{\tilde{n}_{34}}{\omega}\sin\left(\omega t_0\right)\right] \tag{6.103}$$

式中，t_0 为导数为零的时刻，其值为

$$t_0 = \arctan\left(\frac{\omega\tilde{n}_{34} - \lambda\omega\tilde{n}_{33}}{\lambda\tilde{n}_{34} + \omega^2\tilde{n}_{33}}\right) \tag{6.104}$$

（4）当电容电压的导数在周期内先负后正时，电压先下降后上升，此状态下电容电压的极大值为工作状态 2 开始和结束时的电容电压值中较大的一个，即

$$u_{C\max} = \max\left\{u_{C2}(0), u_{C2}(t_2)\right\} \tag{6.105}$$

6.2.4 C-F 型分数阶 DC-DC 变换器特性分析

本节根据 6.2.1 节 ~ 6.2.3 节推导得出的 C-F 型分数阶 DC-DC 变换器数学模型，通过仿真分析和数值计算等方式，分析 C-F 型分数阶 DC-DC 变换器的运

行特性；重点分析分数阶 DC-DC 变换器不同于整数阶变换器的特性，分析分数阶阶次对变换器运行特性的影响。根据 4.3 节通过实际元器件搭建的 RLC 电路进行的阶次拟合实验的结论，实际的电容和电感的分数阶阶次在 $0.960\sim0.999$。从变换器特性分析结论的实用性角度考虑，本节进行数值计算和仿真分析的电容和电感的阶次范围为 $0.95\sim0.99$；具体将分析 Buck、Boost、Buck-Boost 三种基本 DC-DC 变换器的输出电压平均值、电感电流和电容电压的工作波形及脉动量等运行特性。选取实验研究中的两组变换器参数进行分析，参数组一为 $E=10\text{V}$、$L_\beta=0.4\text{H}$、$C_\alpha=10\text{mF}$、$R=7\Omega$，参数组二为 $E=5\text{V}$、$L_\beta=0.2\text{H}$、$C_\alpha=20\text{mF}$、$R=3\Omega$。

1. 变换器输出电压平均值

首先分析变换器平均输出电压受占空比 D 控制的输出电压特性。分析变换器开关频率 $f=100\text{Hz}$、分数阶阶次为 0.95 和 0.99 时，改变占空比 D 所得的输出电压平均值。参数组一的输出电压平均值随占空比 D 变化的曲线如图 6.6 所示。图 6.6（a)、(b)、(c）分别为 Buck、Boost、Buck-Boost 三种 DC-DC 变换器的曲线。图 6.6 中同时给出了电容和电感为整数阶次（即 $\alpha=\beta=1$）时的曲线。由图 6.6（a）可以看出，分数阶 Buck 变换器实现了降压变换，其输出电压平均值随着占空比 D 的增加而增加，当 $\alpha=\beta$ 时，输出电压特性和整数阶 Buck 变换器一致。由图 6.6（b）可以看出，分数阶 Boost 变换器实现了升压变换，其输出电压平均值随着占空比 D 的增加而增加。但是，分数阶 Boost 变换器的输出电压较整数阶的小，在占空比 D 较小时，两者的输出电压平均值比较接近，在占空比 D 较大时，分数阶变换器的输出电压平均值较整数阶的小很多，即升压特性变弱，特别是，当 $\alpha=\beta=0.95$、$D=0.9$ 时，平均输出电压为 21V，仅为整数阶 Boost 变换器的 20%。由图 6.6（c）可以看出，分数阶 Buck-Boost 变换器实现了升降压变换，与整数阶 Buck-Boost 变换器相比，分数阶变换器输出电压从降到升对应的占空比 D 变大。而且，随着分数阶阶次的减小，这个从降压到升压转换对应的占空比 D 将增大。从图 6.6（c）中可见，当 $\alpha=\beta=1$、$D=0.5$ 时，输出电压等于输入电压 10V，而当 $\alpha=\beta=0.99$ 及 $\alpha=\beta=0.95$ 时，输出电压等于输入电压的占空比 D 分别为 0.532 和 0.631。另外，分数阶变换器降压运行段的输出特性和整数阶的比较接近，分数阶变换器升压运行段的输出电压平均值较整数阶的小很多，即升压特性变弱，而且随着阶次的减小，升压特性变得更弱。

图 6.7 给出了参数组二的输出电压平均值随占空比 D 变化的曲线。图 6.7(a)、(b)、(c）所呈现的 Buck、Boost、Buck-Boost 三种基本分数阶 DC-DC 变换器的输出电压特性和参数组一的特性曲线变化规律是一样的。由图 6.7（c）可知，当 Buck-Boost 变换器从降压到升压转换所对应的占空比 D 分别为 $\alpha=\beta=0.99$

时，$D=0.537$；当 $\alpha=\beta=0.95$ 时，$D=0.646$，与参数组一是不同的。

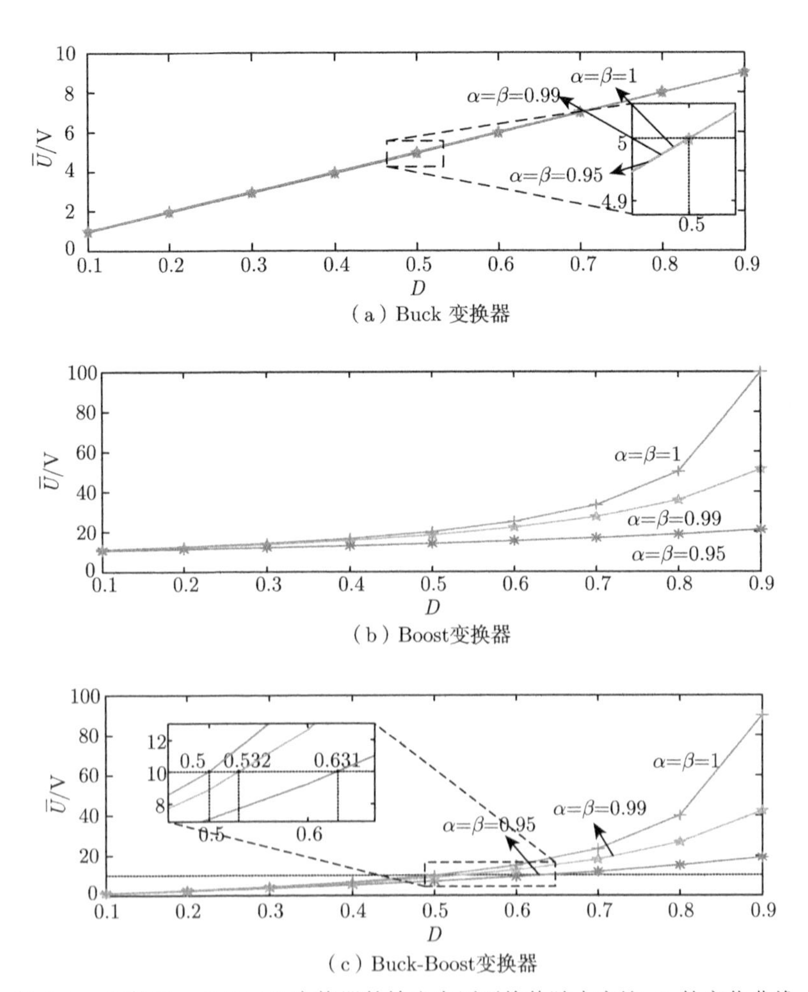

（a）Buck 变换器

（b）Boost变换器

（c）Buck-Boost变换器

图 6.6 参数组一 DC-DC 变换器的输出电压平均值随占空比 D 的变化曲线

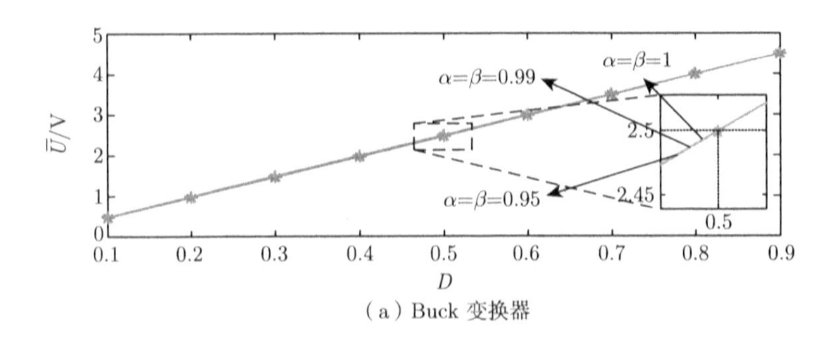

（a）Buck 变换器

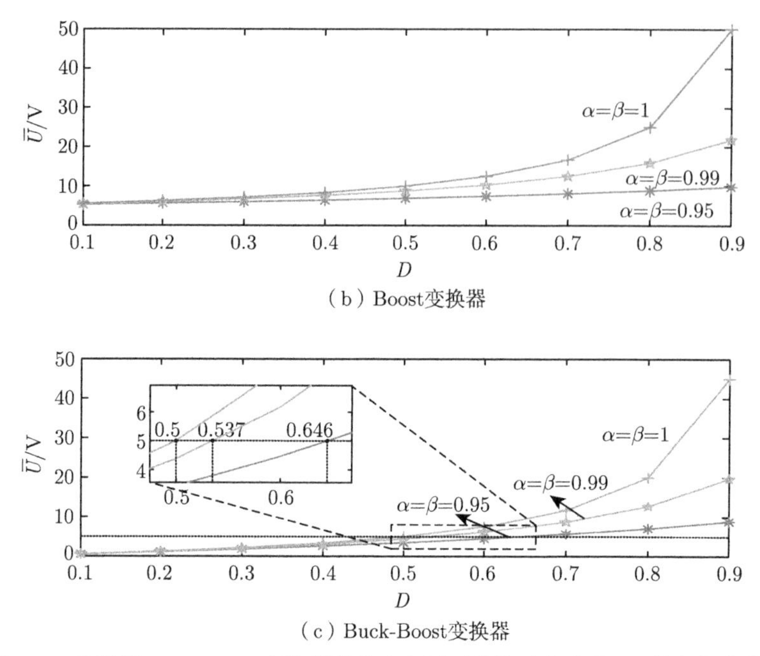

（b）Boost变换器

（c）Buck-Boost变换器

图 6.7 参数组二 DC-DC 变换器的输出电压平均值随占空比 D 的变化曲线

综上，C-F 型分数阶 Buck、Boost 和 Buck-Boost 变换器可以实现降压、升压和升降压的变换。但较整数阶变换器而言，升压特性有所减弱，且分数阶阶次越小，升压特性越弱。对于分数阶 Buck-Boost 变换器，从降压到升压转换所对应的占空比较整数阶的要大一些。

下面分析分数阶 DC-DC 变换器平均输出电压受电容阶次 α 和电感阶次 β 变化的影响。以开关频率 $f = 100\text{Hz}$、占空比 $D = 0.5$ 的特定情况为例进行分析。图 6.8、图 6.9 和图 6.10 分别是分数阶 Buck、Boost 和 Buck-Boost 变换器输出电压平均值随电容阶次 α 和电感阶次 β 变化的实验曲线，图 6.8 还用虚线标出了对应整数阶 Buck 变换器的输出电压平均值。从图 6.8 Buck 变换器实验曲线可以看出，当 α 固定时，输出电压平均值随 β 的增大而增大。当 β 固定时，输出电压平均值随 α 的增大而减小。当 $\alpha = \beta$ 时，参数组一的输出电压平均值为 5V，参数组二的输出电压平均值为 2.5V，其值与整数阶变换器是相同的，结论与图 6.6（a）和图 6.7（a）所得的结论一致，即当电容阶次和电感阶次相等时，分数阶变换器和整数阶变换器输出特性相同。当 $\alpha \neq \beta$ 时，分数阶变换器的输出电压平均值有大于和小于整数阶变换器输出电压平均值两种情况。从图 6.9 Boost 变换器实验曲线可以看出，当 α 固定时，输出电压平均值随 β 的增大而增大，但影响较小。当 β 固定时，输出电压平均值随 α 增大明显增加。由图 6.9 可知，无论电容阶次 α 和电感阶次 β 如何变化，输出电压平均值均小于整数阶变换器的输出电压平均值 $u_C = \dfrac{1}{1-D}E$，即与整数阶变换器相比，分数阶变换器的升压能力减小。由图 6.10 Buck-Boost 变换器实验曲线可以看出，当 α 固定时，输出电压平均值几乎不受 β 变化的影响。当 β 固定时，输出电压平均值随 α 增大而增大。输出电压平均值均小于整数阶变换器的输出电压平均值 $u_C = \dfrac{D}{1-D}E$，阶次越小，这种差别就越大。以上分析均针对占空比 $D = 0.5$ 的情况，结合图 6.6 和图 6.7 可以看出，当占空比大于 0.5 时，电容阶次 α 和电感阶次 β 对三种分数阶变换器输出电压平均值的影响的变化规律与上述分析结论相似，当占空比小于 0.5 时，α 和 β 对三种分数阶变换器输出电压平均值的影响比较小。

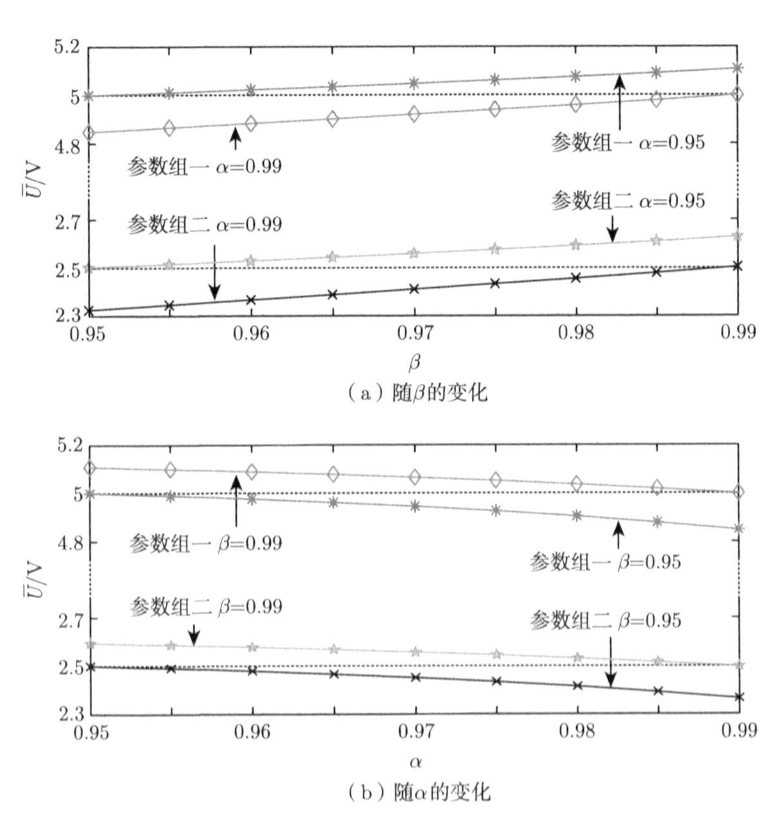

（a）随β的变化

（b）随α的变化

图 6.8 Buck 变换器的输出电压平均值随电容阶次 α 和电感阶次 β 的变化曲线

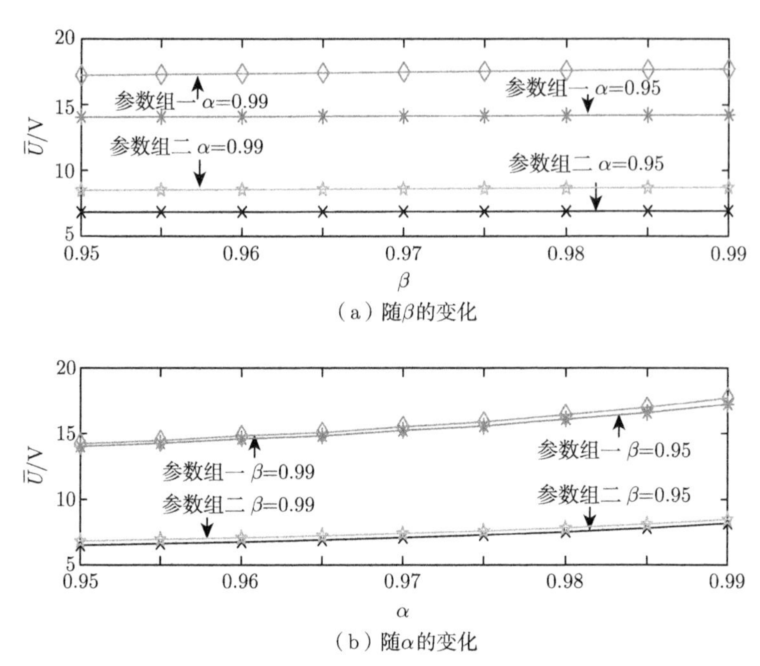

（a）随β的变化

（b）随α的变化

图 6.9　Boost 变换器的输出电压平均值随电容阶次 α 和电感阶次 β 的变化曲线

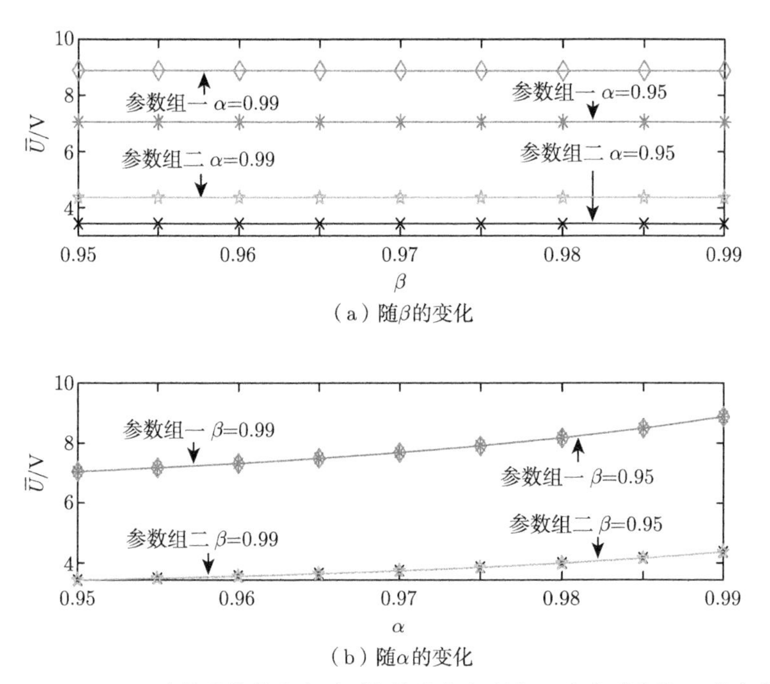

（a）随β的变化

（b）随α的变化

图 6.10　Buck-Boost 变换器的输出电压平均值随电容阶次 α 和电感阶次 β 的变化曲线

2. 变换器电容（输出）电压和电感电流的工作波形

本小节分析电容阶次 α 和电感阶次 β 对分数阶变换器电容电压和电感电流工作波形的影响；分析变换器开关频率 $f = 100\text{Hz}$、占空比 $D = 0.5$ 时，变换器稳态运行时电容电压和电感电流的工作波形；具体进行 $\beta = 0.95$ 不变而改变 α，以及 $\alpha = 0.95$ 不变而改变 β 的仿真实验。为了与整数阶变换器的工作情况进行比较，同时进行了整数阶变换器的对比仿真实验。

图 6.11 和图 6.12 分别是参数组一和参数组二在 α 和 β 为不同组合时，Buck

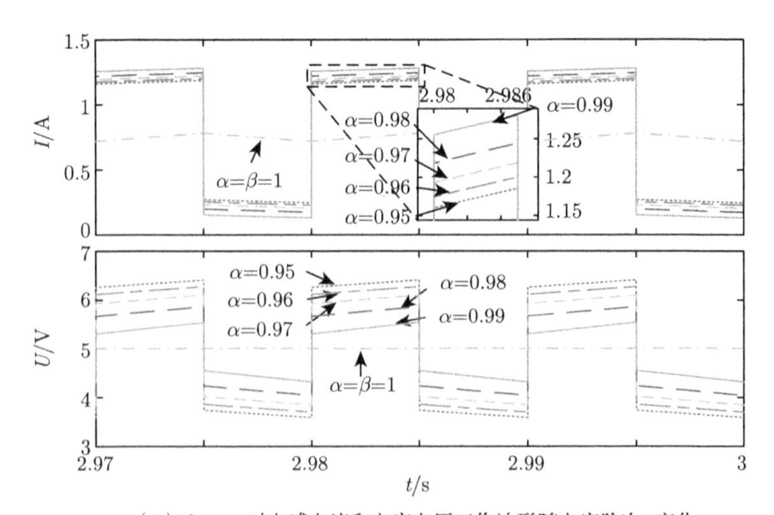

（a）β=0.95时电感电流和电容电压工作波形随电容阶次α变化

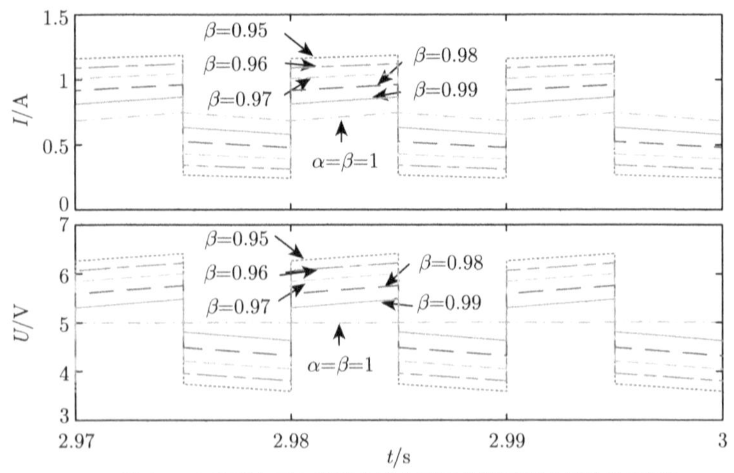

（b）α=0.95时电感电流和电容电压工作波形随电感阶次β变化

图 6.11 参数组一 Buck 变换器的电感电流及电容电压工作波形随电容阶次 α 和电感阶次 β 的变化曲线

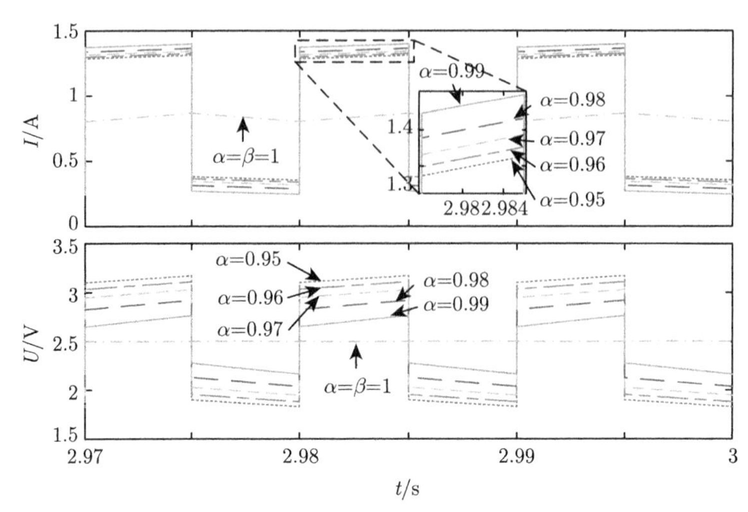

（a）$\beta=0.95$时电感电流和电容电压工作波形随电容阶次α变化

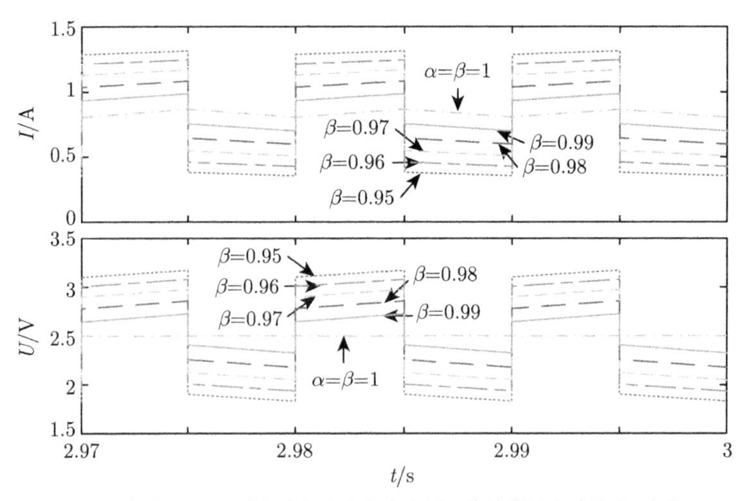

（b）$\alpha=0.95$时电感电流和电容电压工作波形随电感阶次β变化

图 6.12　参数组二 Buck 变换器的电感电流及电容电压工作波形随电容阶次 α 和电感阶次 β 的变化曲线

变换器电容电压及电感电流的稳态工作波形。对比图 6.11 和图 6.12，两组实验参数所得结论是相似的。与整数阶变换器相比较，分数阶 Buck 变换器的电容电压和电感电流的脉动量均发生了质的变化，在开关的导通和关断时刻，电容电压和电感电流的波形都出现了突变，而且随着阶次 α 和 β 变小，这种突变量增大。当电感阶次 β 不变时，电容阶次 α 对电流波形的影响较小，对电压波形的影响较大，随着 α 的减小，突变脉动量变大。当电容阶次 α 不变时，电感阶次 β 对电流和电压波形影响都较大，随着 β 的减小，波形的突变脉动量变大。电容阶次 α

变化，对 VT 关断阶段电压上升的斜率有明显影响。

图 6.13 和图 6.14 分别是参数组一和参数组二在 α 和 β 为不同组合时，Boost 变换器电容电压及电感电流的稳态工作波形。对比图 6.13 和图 6.14，两组实验参数所得结论是相似的。与整数阶变换器相比较，分数阶 Boost 变换器的电容电压和电感电流的波形在开关的导通和关断时刻均出现较明显的突变，突变量也随着阶次 α 和 β 变小而增大，特别是当 α 和 β 均较小时，输出电压减小的脉动非常大，导致了平均输出电压较整数阶变换器的电压平均值小很多。当电感阶次 β

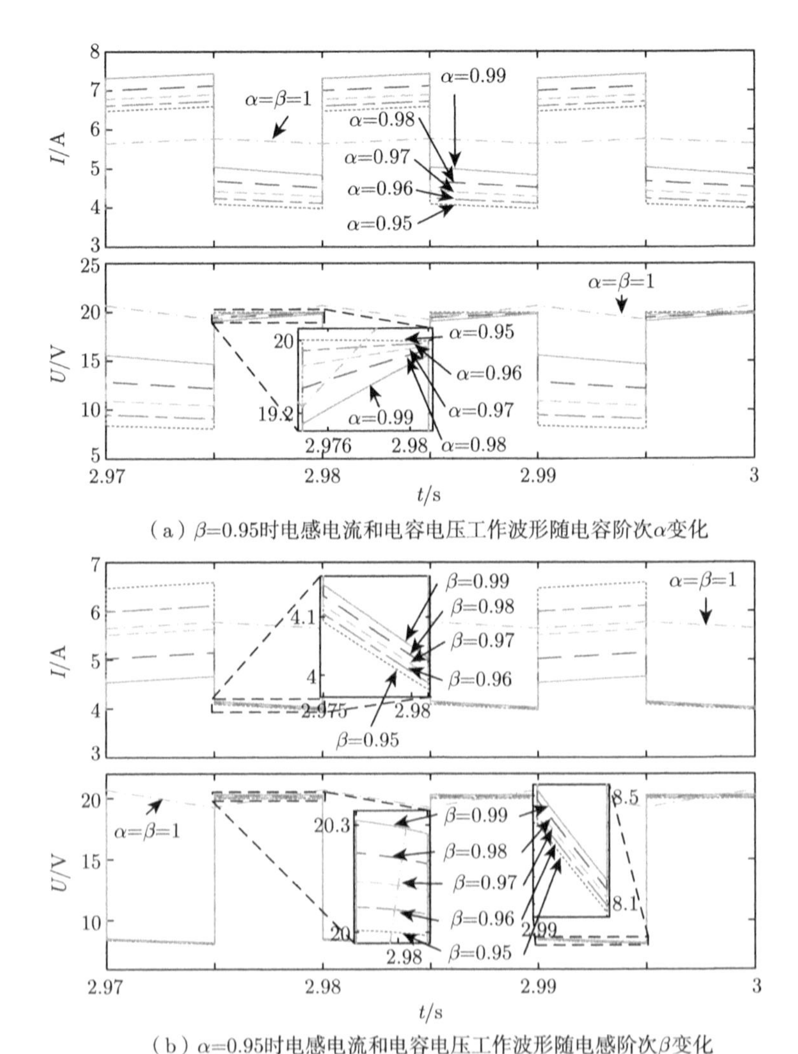

（a）β=0.95时电感电流和电容电压工作波形随电容阶次α变化

（b）α=0.95时电感电流和电容电压工作波形随电感阶次β变化

图 6.13　参数组一 Boost 变换器的电感电流及电容电压工作波形随电容阶次 α 和电感阶次 β 的变化曲线

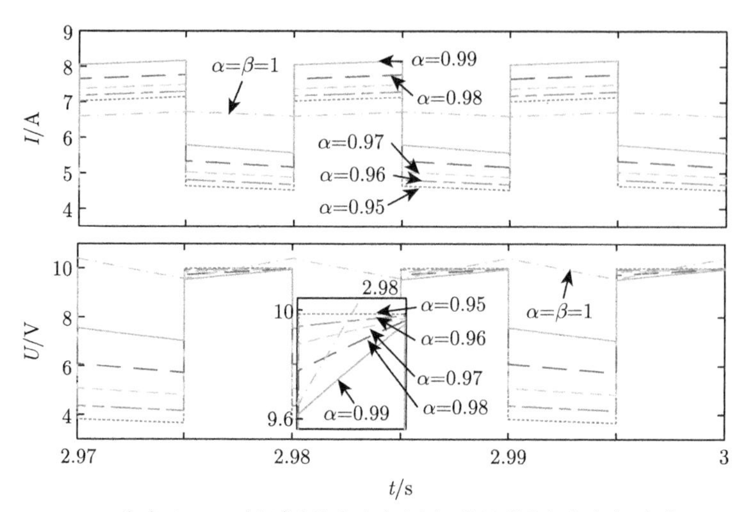

(a) β=0.95时电感电流和电容电压工作波形随电容阶次α变化

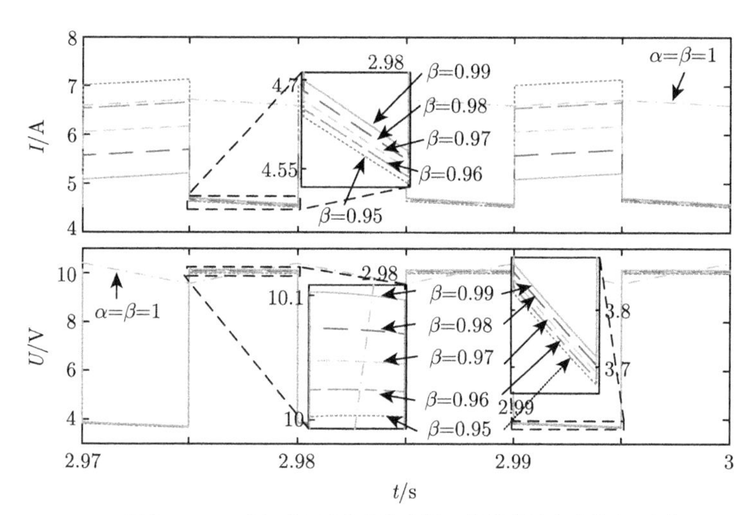

(b) α=0.95时电感电流和电容电压工作波形随电感阶次β变化

图 6.14　参数组二 Boost 变换器的电感电流及电容电压工作波形随电容阶次 α 和电感阶次 β 的变化曲线

不变时，电容阶次 α 越小，突变脉动量越大。当电容阶次 α 不变时，电感阶次 β 的变化对电感电流波形影响较大，而对电容电压波形影响较小。电容阶次 α 变化对 VT 关断阶段电压上升的斜率有明显的影响。

图 6.15 和图 6.16 分别是参数组一和参数组二在 α 和 β 为不同组合时，Buck-Boost 变换器电容电压及电感电流的稳态工作波形。对比图 6.15 和图 6.16，两组实验参数所得结论是相似的。与整数阶变换器相比较，分数阶 Buck-Boost 变

换器的电容电压和电感电流的脉动量均发生了质的变化，在开关的导通和关断时刻，电容电压和电感电流的波形都出现了突变，而且随着阶次 α 和 β 变小，这种突变量增大。特别是当 α 和 β 均较小时，输出电压减小的脉动比较大，导致电压平均值较整数阶变换器的电压平均值小很多。从图 6.15（a）的实验结果曲线中可以看出，当电感阶次 β 不变，开关管 VT 导通时，随着 α 增加，电流、电压均

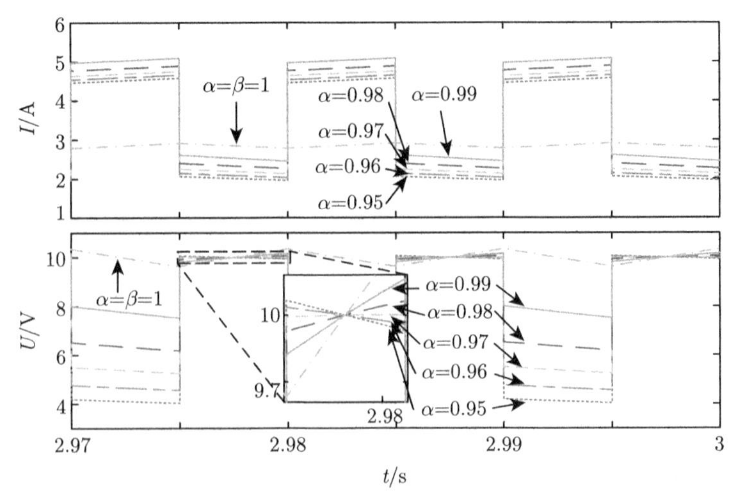

（a）β=0.95时电感电流和电容电压工作波形随电容阶次α变化

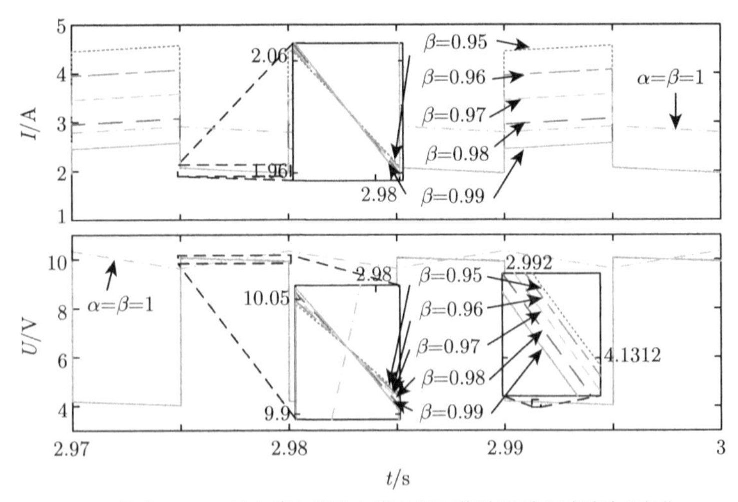

（b）α=0.95时电感电流和电容电压工作波形随电感阶次β变化

图 6.15 参数组一 Buck-Boost 变换器的电感电流及电容电压工作波形随电容阶次 α 和电感阶次 β 的变化曲线

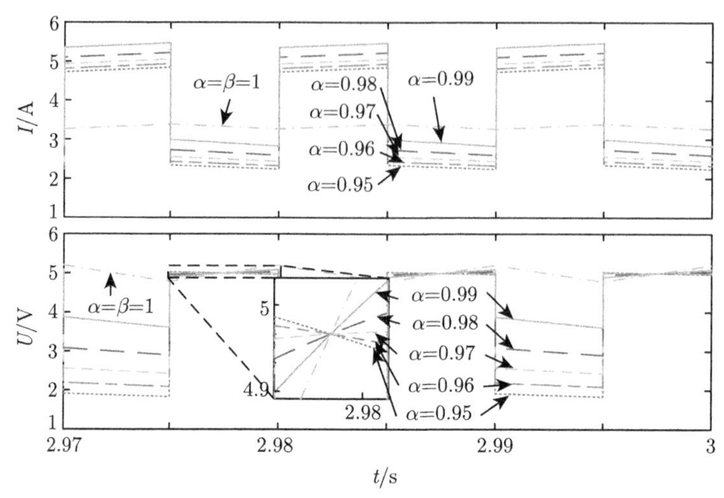

（a）β=0.95时电感电流和电容电压工作波形随电容阶次α变化

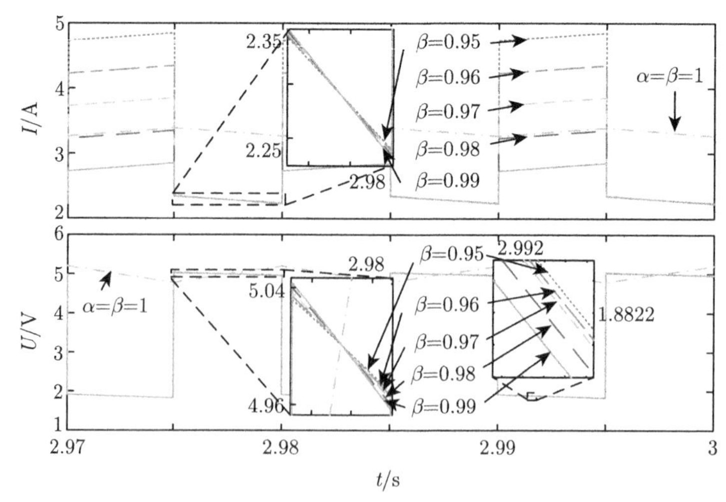

（b）α=0.95时电感电流和电容电压工作波形随电感阶次β变化

图 6.16 参数组二 Buck-Boost 变换器的电感电流及电容电压工作波形随电容阶次 α 和电感阶次 β 的变化曲线

逐渐增加，电压和电流的变化斜率基本不变。当开关管 VT 关断时，随着 α 增加，电流逐渐增加，电流变化的斜率基本不变；电压数值变化很小，但电压随时间变化的斜率由负变正，然后逐渐增加。根据 6.2.3 节的分析，此时电压极大值从工作状态 2 开始时的电压值变为工作状态 2 结束时的电压值。对比图 6.15（a）和图 6.16（a）可以看出，两组不同参数在 VT 关断阶段，电压随时间变化的斜率由负变正所对应的阶次 α 是不一样的。从图 6.15（b）的实验结果可以看出，当电

容阶次 α 不变，开关管 VT 导通时，随着 β 增加，电流逐渐减小，斜率基本不变；电压小幅减小，没有明显的变化；当开关管 VT 关断时，β 对电流和电压的数值影响较小，随着 β 增加，二者斜率均逐渐减小。

综上，分数阶 DC-DC 变换器电容电压和电感电流波形的脉动量都比较大，总体上来说，随着阶次的减小，脉动会更严重。

3. 最大电流脉动量和最大电压脉动量

最后对电感电流和电容电压的最大脉动量受开关频率 f、占空比 D 及电容和电感的阶次 α 和 β 的影响进行分析。根据前面的推导及分析的电压和电流的极值，通过数值计算可以得到不同开关频率 f、占空比 D 以及电容阶次和电感阶次 α 和 β 条件下的最大电压脉动量和最大电流脉动量，列表进行分析。表 6.1 给出了两组参数下电容阶次 α 和电感阶次 β 为不同组合时 Buck 变换器最大电流和电压脉动值。由表可知，随着 α 和 β 的增加，最大电压脉动值逐渐减小；最大电流脉动值随着 α 的增加而增加，随着 β 的增加而减小。表 6.2 给出了两组参数下电容阶次 α 和电感阶次 β 为不同组合时 Boost 变换器最大电流和电压脉动值。由表可知，最大电压脉动值随着 α 的增加而减小，随着 β 的增加小幅增加，最大电压脉动值受 α 的影响较为明显；最大电流脉动值随着 α 和 β 的增加而减小，最大电流脉动值受 β 的影响较为明显。表 6.3 给出了两组参数下电容阶次 α 和电感阶次 β 为不同组合时 Buck-Boost 变换器最大电流和电压脉动值。由表可知，最大电压脉动值随着 α 的增加而减小，随着 β 的增加小幅增加，最大电压脉动值受 α 的影响较为明显；最大电流脉动值随着 α 的增加小幅增加，随着 β 的增加而减小，最大电流脉动值受 β 的影响较为明显。当 $\beta = 0.99$ 接近于 1 时，α 对 Buck-Boost 变换器的最大电流脉动值均几乎没有影响。相比较整数阶 DC-DC 变换器，三种分数阶变换器的电压和电流最大脉动量都很大，在 $\alpha = \beta = 0.95 \sim 0.99$ 分数阶区间内，其值是整数阶变换器的数倍甚至数十倍。这些特点在变换器电路的应用中需引起特别注意。表 6.4 给出了三种变换器电路最大电流和电压脉动值受占空比 D 和开关频率 f 的影响。由表可知，随着开关频率的增加，三种变换器的最大电压脉动值和最大电流脉动值均逐渐减小。随着占空比的增加，Buck 变换器最大电压脉动值和最大电流脉动值均先增加后减小，二者数值变化幅度较小；Boost 变换器和 Buck-Boost 变换器的最大电压脉动值和最大电流脉动值均有明显的增加。这些特性和整数阶变换器是相似的。

表 6.1 C-F 定义下 Buck 电路最大电流和电压脉动值受 α 和 β 的影响

	最大电压脉动值	$\beta=0.95$	$\beta=0.97$	$\beta=0.99$	$\beta=1$	最大电流脉动值	$\beta=0.95$	$\beta=0.97$	$\beta=0.99$	$\beta=1$
参数组一	$\alpha=0.95$	2.819	1.958	0.852	0.185	$\alpha=0.95$	0.941	0.653	0.286	0.063
	$\alpha=0.97$	2.251	1.522	0.643	0.134	$\alpha=0.97$	1.016	0.688	0.293	0.063
	$\alpha=0.99$	1.221	0.788	0.311	0.055	$\alpha=0.99$	1.152	0.748	0.303	0.063
	$\alpha=1$	0.313	0.188	0.063	0.008	$\alpha=1$	1.272	0.797	0.310	0.063
参数组二	最大电压脉动值	$\beta=0.95$	$\beta=0.97$	$\beta=0.99$	$\beta=1$	最大电流脉动值	$\beta=0.95$	$\beta=0.97$	$\beta=0.99$	$\beta=1$
	$\alpha=0.95$	1.341	0.924	0.400	0.086	$\alpha=0.95$	0.959	0.662	0.287	0.063
	$\alpha=0.97$	1.081	0.728	0.306	0.063	$\alpha=0.97$	1.027	0.693	0.293	0.063
	$\alpha=0.99$	0.598	0.385	0.152	0.027	$\alpha=0.99$	1.155	0.749	0.303	0.063
	$\alpha=1$	0.156	0.093	0.031	0.004	$\alpha=1$	1.272	0.796	0.311	0.063

表 6.2 C-F 定义下 Boost 电路最大电流和电压脉动值受 α 和 β 的影响

	最大电压脉动值	$\beta=0.95$	$\beta=0.97$	$\beta=0.99$	$\beta=1$	最大电流脉动值	$\beta=0.95$	$\beta=0.97$	$\beta=0.99$	$\beta=1$
参数组一	$\alpha=0.95$	11.935	12.018	12.123	12.186	$\alpha=0.95$	2.618	1.631	0.634	0.129
	$\alpha=0.97$	9.520	9.606	9.707	9.766	$\alpha=0.97$	2.610	1.629	0.634	0.128
	$\alpha=0.99$	5.172	5.253	5.341	5.388	$\alpha=0.99$	2.593	1.626	0.634	0.127
	$\alpha=1$	1.362	1.388	1.414	1.427	$\alpha=1$	2.577	1.622	0.634	0.125
参数组二	最大电压脉动值	$\beta=0.95$	$\beta=0.97$	$\beta=0.99$	$\beta=1$	最大电流脉动值	$\beta=0.95$	$\beta=0.97$	$\beta=0.99$	$\beta=1$
	$\alpha=0.95$	6.332	6.366	6.420	6.450	$\alpha=0.95$	2.618	1.631	0.634	0.129
	$\alpha=0.97$	5.154	5.198	5.249	5.279	$\alpha=0.97$	2.612	1.631	0.635	0.128
	$\alpha=0.99$	2.906	2.949	2.997	3.022	$\alpha=0.99$	2.601	1.630	0.635	0.127
	$\alpha=1$	0.795	0.809	0.824	0.832	$\alpha=1$	2.592	1.630	0.637	0.125

表 6.3 C-F 定义下 Buck-Boost 电路最大电流和电压脉动值受 α 和 β 的影响

	最大电压脉动值	$\beta=0.95$	$\beta=0.97$	$\beta=0.99$	$\beta=1$	最大电流脉动值	$\beta=0.95$	$\beta=0.97$	$\beta=0.99$	$\beta=1$
参数组一	$\alpha=0.95$	6.031	6.042	6.055	6.064	$\alpha=0.95$	2.610	1.615	0.621	0.125
	$\alpha=0.97$	5.252	5.251	5.251	5.250	$\alpha=0.97$	2.619	1.621	0.623	0.125
	$\alpha=0.99$	2.631	2.637	2.643	2.646	$\alpha=0.99$	2.639	1.634	0.628	0.125
	$\alpha=1$	0.713	0.713	0.713	0.713	$\alpha=1$	2.661	1.647	0.632	0.125
参数组二	最大电压脉动值	$\beta=0.95$	$\beta=0.97$	$\beta=0.99$	$\beta=1$	最大电流脉动值	$\beta=0.95$	$\beta=0.97$	$\beta=0.99$	$\beta=1$
	$\alpha=0.95$	3.195	3.200	3.206	3.210	$\alpha=0.95$	2.611	1.616	0.622	0.125
	$\alpha=0.97$	2.573	2.573	2.572	2.432	$\alpha=0.97$	2.620	1.622	0.624	0.125
	$\alpha=0.99$	1.478	1.482	1.485	1.487	$\alpha=0.99$	2.642	1.636	0.629	0.125
	$\alpha=1$	0.416	0.416	0.416	0.416	$\alpha=1$	2.669	1.651	0.634	0.125

表 6.4 C-F 定义下 DC-DC 变换器电路最大电流和电压脉动值受占空比 D 和开关频率 f 的影响

电路参数		$D=0.5$			$f=100$Hz				
($\alpha=\beta=0.95$)		$f=100$Hz	$f=1$kHz	$f=10$kHz	$D=0.1$	$D=0.3$	$D=0.5$	$D=0.7$	$D=0.9$
Buck 电路参数组一	最大电压脉动值	2.819	2.686	2.673	2.735	2.795	2.819	2.795	2.725
	最大电流脉动值	0.941	0.919	0.916	0.925	0.937	0.941	0.937	0.925
Buck 电路参数组二	最大电压脉动值	1.341	1.278	1.272	1.271	1.330	1.341	1.330	1.296
	最大电流脉动值	0.959	0.935	0.932	0.942	0.955	0.959	0.955	0.942
Boost 电路参数组一	最大电压脉动值	11.935	11.782	11.766	4.949	7.314	11.935	23.768	88.243
	最大电流脉动值	2.618	2.512	2.501	1.412	1.855	2.618	4.335	12.725
Boost 电路参数组二	最大电压脉动值	6.332	6.258	6.251	2.686	3.929	6.332	12.063	44.895
	最大电流脉动值	2.618	2.512	2.501	1.412	1.856	2.618	4.335	12.725
Buck-Boost 电路参数组一	最大电压脉动值	6.031	5.897	5.884	0.518	2.248	6.031	16.659	79.396
	最大电流脉动值	2.610	2.511	2.501	1.410	1.850	2.610	4.328	12.721
Buck-Boost 电路参数组二	最大电压脉动值	3.195	3.132	3.125	0.280	1.204	3.195	8.686	40.395
	最大电流脉动值	2.611	2.511	2.501	1.410	1.850	2.611	4.329	12.721

6.3 A-B 型分数阶 DC-DC 变换器时域模型及特性分析

根据第 3 章的分析，与 C-F 定义类似，A-B 定义下分数阶电容电压和电感电流同样具有不连续性，故本节也基于数值解析法，根据分数阶 DC-DC 变换器的电路方程，对 A-B 型分数阶 DC-DC 变换器的分段线性模型及电压和电流的初值进行推导、分析，继而得出 A-B 型分数阶 DC-DC 变换器的精确数学模型，并分析其输出电压平均值等基本特性。本节只分析电容阶次和电感阶次相同的同元次情况。为了简化计算，在后续分析和推导中，提出如下假设：

（1）分数阶 DC-DC 变换器电路中的开关器件均为理想器件，即导通电压均为 0V，且开关过程均在瞬间完成；

（2）分数阶 DC-DC 变换器工作在电流连续模态下；

（3）分数阶电容和分数阶电感的分数阶阶次相同，为同元次器件（$\alpha=\beta$），且满足范围条件 $\alpha,\beta\in(0,1)$。

6.3.1　A-B 型分数阶 Buck 变换器时域模型

若分数阶 Buck 变换器电路中的电感和电容均采用 A-B 定义，根据式（6.1）和式（6.2），可列写 A-B 定义下分数阶 Buck 变换器各工作状态下的电路方程，如下所示。

工作状态 1：

$$\begin{cases} {}^{\mathrm{AB}}\mathcal{D}^{\beta} i_{L1}(t) = -\dfrac{1}{L_{\beta}} u_{C1}(t) + \dfrac{1}{L_{\beta}} E \\ {}^{\mathrm{AB}}\mathcal{D}^{\alpha} u_{C1}(t) = \dfrac{1}{C_{\alpha}} i_{L1}(t) - \dfrac{1}{RC_{\alpha}} u_{C1}(t) \end{cases} \tag{6.106}$$

工作状态 2：

$$\begin{cases} {}^{\mathrm{AB}}\mathcal{D}^{\beta} i_{L2}(t) = -\dfrac{1}{L_{\beta}} u_{C2}(t) \\ {}^{\mathrm{AB}}\mathcal{D}^{\alpha} u_{C2}(t) = \dfrac{1}{C_{\alpha}} i_{L2}(t) - \dfrac{1}{RC_{\alpha}} u_{C2}(t) \end{cases} \tag{6.107}$$

式中，${}^{\mathrm{AB}}\mathcal{D}^{*}$ 为 A-B 定义下的 $*$ 阶分数阶微分算子。分别对两种工作状态下的电路方程进行求解可得时域模型。本节只分析 $\alpha = \beta$ 的同元次情况，数学模型推导中，电感阶次 β 用 α 表示。先推导一个开关周期内的时域数学模型。

首先分析工作状态 1 电感电流和电容电压的时域模型。

设分数阶电感在开关管 VT 导通时刻前的瞬时电流为 I_{01}，分数阶电容在开关管 VT 导通时刻前的瞬时电压为 U_{01}。根据 A-B 定义分数阶微分的拉普拉斯变换表达式，对式（6.106）两侧进行拉普拉斯变换，设两个中间变量 σ 和 τ 为

$$\begin{cases} \sigma = R(1-\alpha)^2 + RL_{\beta}C_{\alpha} + L_{\beta}(1-\alpha) \\ \tau = 2R\alpha(1-\alpha) + L_{\beta}\alpha \end{cases} \tag{6.108}$$

就可以整理得到电感电流 $i_{L1}(t)$ 和输出电压 $u_{C1}(t)$ 的拉普拉斯变换式为

$$\begin{cases} I_{L1}(s) = \dfrac{1}{s} \dfrac{P_{11}s^{2\alpha} + P_{12}s^{\alpha} + E\alpha^2}{\sigma s^{2\alpha} + \tau s^{\alpha} + R\alpha^2} \\ U_{C1}(s) = \dfrac{1}{s} \dfrac{P_{13}s^{2\alpha} + P_{14}s^{\alpha} + ER\alpha^2}{\sigma s^{2\alpha} + \tau s^{\alpha} + R\alpha^2} \end{cases} \tag{6.109}$$

式中系数如式（6.110）所示。

$$\begin{cases} P_{11} = (RC_\alpha + 1 - \alpha)\left[L_\beta I_{01} + E(1-\alpha)\right] - RC_\alpha (1-\alpha) U_{01} \\ P_{12} = \alpha L_\beta I_{01} - RC_\alpha \alpha U_{01} + (RC_\alpha + 2 - 2\alpha)\alpha E \\ P_{13} = RL_\beta (1-\alpha) I_{01} + RL_\beta C_\alpha U_{01} + ER(1-\alpha)^2 \\ P_{14} = \alpha RL_\beta I_{01} + 2ER\alpha(1-\alpha) \end{cases} \tag{6.110}$$

由式（6.109）可知，流经电感的电流和电容两端的电压的拉普拉斯变换式均为有理真分式，为了简化这两个公式，设两个中间变量 q_1 和 q_2 为

$$\begin{cases} q_1 = \dfrac{2R\alpha(1-\alpha) + L_\beta \alpha + \alpha\sqrt{L_\beta (L_\beta - 4R^2 C_\alpha)}}{2\left[R(1-\alpha)^2 + RL_\beta C_\alpha + L_\beta (1-\alpha)\right]} \\ q_2 = \dfrac{2R\alpha(1-\alpha) + L_\beta \alpha - \alpha\sqrt{L_\beta (L_\beta - 4R^2 C_\alpha)}}{2\left[R(1-\alpha)^2 + RL_\beta C_\alpha + L_\beta (1-\alpha)\right]} \end{cases} \tag{6.111}$$

就可将式（6.109）进行进一步分解、合并、化简，即

$$\begin{cases} I_{L1}(s) = \dfrac{1}{s}\left(\dfrac{j_{11}}{s^\alpha + q_1} + \dfrac{j_{12}}{s^\alpha + q_2} + \dfrac{P_{11}}{\sigma}\right) \\ U_{C1}(s) = \dfrac{1}{s}\left(\dfrac{j_{13}}{s^\alpha + q_1} + \dfrac{j_{14}}{s^\alpha + q_2} + \dfrac{P_{13}}{\sigma}\right) \end{cases} \tag{6.112}$$

对式（6.112）进行拉普拉斯逆变换，即得到 VT 导通阶段电感电流 $i_{L1}(t)$ 和电容电压 $u_{C1}(t)$ 的时域数学模型为

$$\begin{cases} i_{L1}(t) = j_{11} t^\alpha \mathcal{E}_{\alpha,\alpha+1}(-q_1 t^\alpha) + j_{12} t^\alpha \mathcal{E}_{\alpha,\alpha+1}(-q_2 t^\alpha) + \dfrac{P_{11}}{\sigma} \\ u_{C1}(t) = j_{13} t^\alpha \mathcal{E}_{\alpha,\alpha+1}(-q_1 t^\alpha) + j_{14} t^\alpha \mathcal{E}_{\alpha,\alpha+1}(-q_2 t^\alpha) + \dfrac{P_{13}}{\sigma} \end{cases} \tag{6.113}$$

式中，$\mathcal{E}_{*,*}$ 为双参数 Mittag-Leffler 函数，其余系数如式（6.114）所示。

$$
\begin{cases}
j_{11} = \dfrac{\iota_{11}q_1 + \iota_{12}}{\left[R(1-\alpha)^2 + RL_\beta C_\alpha + L_\beta(1-\alpha)\right]\sqrt{L_\beta(L_\beta - 4R^2C_\alpha)}} \\
j_{12} = \dfrac{-\iota_{11}q_2 - \iota_{12}}{\left[R(1-\alpha)^2 + RL_\beta C_\alpha + L_\beta(1-\alpha)\right]\sqrt{L_\beta(L_\beta - 4R^2C_\alpha)}} \\
\iota_{11} = \left[L_\beta(RC_\alpha + 1 - \alpha)^2 - R^2C_\alpha(1-\alpha)^2\right]E \\
\qquad - RL_\beta(1-\alpha)(2RC_\alpha + 1 - \alpha)I_{01} + R^2C_\alpha U_{01}\left[(1-\alpha)^2 - L_\beta C_\alpha\right] \\
\iota_{12} = \left[\alpha R^2C_\alpha(1-\alpha) - \alpha L_\beta(RC_\alpha + 1 - \alpha)\right]E \\
\qquad + \alpha RL_\beta(RC_\alpha + 1 - \alpha)I_{01} - R^2C_\alpha\alpha(1-\alpha)U_{01} \\
j_{13} = \dfrac{\iota_{13}q_1 + \iota_{14}}{\left[R(1-\alpha)^2 + RL_\beta C_\alpha + L_\beta(1-\alpha)\right]\sqrt{L_\beta(L_\beta - 4R^2C_\alpha)}} \\
j_{14} = \dfrac{-\iota_{13}q_2 - \iota_{14}}{\left[R(1-\alpha)^2 + RL_\beta C_\alpha + L_\beta(1-\alpha)\right]\sqrt{L_\beta(L_\beta - 4R^2C_\alpha)}} \\
\iota_{13} = RL_\beta(1-\alpha)(2RC_\alpha + 1 - \alpha)E \\
\qquad + \left[R^2L_\beta^2C_\alpha - R^2L_\beta(1-\alpha)\right]I_{01} - RL_\beta C_\alpha\left[L_\beta - 2R(1-\alpha)\right]U_{01} \\
\iota_{14} = -RL_\beta\alpha(RC_\alpha + 1 - \alpha)E + R^2L_\beta\alpha(1-\alpha)I_{01} + \alpha R^2L_\beta C_\alpha U_{01}
\end{cases}
\tag{6.114}
$$

其次分析工作状态 2 电感电流和电容电压的时域模型。

设分数阶电感在开关管 VT 关断时刻前的瞬时电流为 I_{02}，分数阶电容在开关管 VT 关断时刻前的瞬时电压为 U_{02}。对式（6.107）两侧进行拉普拉斯变换，并整理得到电感电流 $i_{L2}(t)$ 和输出电压 $u_{C2}(t)$ 的拉普拉斯变换式为

$$
\begin{cases}
I_{L2}(s) = \dfrac{1}{s}\dfrac{P_{21}s^{2\alpha} + P_{22}s^\alpha}{\sigma s^{2\alpha} + \tau s^\alpha + R\alpha^2} \\
U_{C2}(s) = \dfrac{1}{s}\dfrac{P_{23}s^{2\alpha} + P_{24}s^\alpha}{\sigma s^{2\alpha} + \tau s^\alpha + R\alpha^2}
\end{cases}
\tag{6.115}
$$

式中系数如式（6.116）所示。

$$
\begin{cases}
P_{21} = (RC_\alpha + 1 - \alpha)L_\beta I_{02} - RC_\alpha(1-\alpha)U_{02} \\
P_{22} = \alpha L_\beta I_{02} - RC_\alpha\alpha U_{02} \\
P_{23} = RL_\beta(1-\alpha)I_{02} + RL_\beta C_\alpha U_{02} \\
P_{24} = \alpha RL_\beta I_{02}
\end{cases}
\tag{6.116}
$$

将式（6.115）进一步化简，可得

$$\begin{cases} I_{L2}(s) = \dfrac{1}{s}\left(\dfrac{k_{11}}{s^\alpha + q_1} + \dfrac{k_{12}}{s^\alpha + q_2} + \dfrac{P_{21}}{\sigma}\right) \\ U_{C2}(s) = \dfrac{1}{s}\left(\dfrac{k_{13}}{s^\alpha + q_1} + \dfrac{k_{14}}{s^\alpha + q_2} + \dfrac{P_{23}}{\sigma}\right) \end{cases} \tag{6.117}$$

对式（6.117）进行拉普拉斯逆变换，即得到 VT 关断阶段电感电流 $i_{L2}(t)$ 和电容电压 $u_{C2}(t)$ 的时域数学模型为

$$\begin{cases} i_{L2}(t) = k_{11}t^\alpha \mathcal{E}_{\alpha,\alpha+1}(-q_1 t^\alpha) + k_{12}t^\alpha \mathcal{E}_{\alpha,\alpha+1}(-q_2 t^\alpha) \\ \qquad + \dfrac{(RC_\alpha + 1 - \alpha) L_\beta I_{02} - RC_\alpha (1-\alpha) U_{02}}{R(1-\alpha)^2 + RL_\beta C_\alpha + L_\beta (1-\alpha)} \\ u_{C2}(t) = k_{13}t^\alpha \mathcal{E}_{\alpha,\alpha+1}(-q_1 t^\alpha) + k_{14}t^\alpha \mathcal{E}_{\alpha,\alpha+1}(-q_2 t^\alpha) \\ \qquad + \dfrac{RL_\beta (1-\alpha) I_{02} + RL_\beta C_\alpha U_{02}}{R(1-\alpha)^2 + RL_\beta C_\alpha + L_\beta (1-\alpha)} \end{cases} \tag{6.118}$$

式中系数如式（6.119）所示。

$$\begin{cases} k_{11} = \dfrac{RL_\beta I_{02}\left[-(2RC_\alpha + 1 - \alpha)(1-\alpha) q_1 + \alpha (RC_\alpha + 1 - \alpha)\right]}{\left[R(1-\alpha)^2 + RL_\beta C_\alpha + L_\beta (1-\alpha)\right]\sqrt{L_\beta (L_\beta - 4R^2 C_\alpha)}} \\ \qquad + \dfrac{R^2 C_\alpha U_{02}\left\{\left[(1-\alpha)^2 - L_\beta C_\alpha\right] q_1 - 1 + \alpha\right\}}{\left[R(1-\alpha)^2 + RL_\beta C_\alpha + L_\beta (1-\alpha)\right]\sqrt{L_\beta (L_\beta - 4R^2 C_\alpha)}} \\ k_{12} = -\dfrac{RL_\beta I_{02}\left[-(2RC_\alpha + 1 - \alpha)(1-\alpha) q_2 + \alpha (RC_\alpha + 1 - \alpha)\right]}{\left[R(1-\alpha)^2 + RL_\beta C_\alpha + L_\beta (1-\alpha)\right]\sqrt{L_\beta (L_\beta - 4R^2 C_\alpha)}} \\ \qquad - \dfrac{R^2 C_\alpha U_{02}\left\{\left[(1-\alpha)^2 - L_\beta C_\alpha\right] q_2 - 1 + \alpha\right\}}{\left[R(1-\alpha)^2 + RL_\beta C_\alpha + L_\beta (1-\alpha)\right]\sqrt{L_\beta (L_\beta - 4R^2 C_\alpha)}} \\ k_{13} = \dfrac{R^2 L_\beta I_{02}\left\{\left[L_\beta C_\alpha - (1-\alpha)^2\right] q_1 + \alpha (1-\alpha)\right\}}{\left[R(1-\alpha)^2 + RL_\beta C_\alpha + L_\beta (1-\alpha)\right]\sqrt{L_\beta (L_\beta - 4R^2 C_\alpha)}} \\ \qquad + \dfrac{RL_\beta C_\alpha U_{02}\left\{-\left[2R(1-\alpha) + L_\beta\right] q_1 + R\alpha\right\}}{\left[R(1-\alpha)^2 + RL_\beta C_\alpha + L_\beta (1-\alpha)\right]\sqrt{L_\beta (L_\beta - 4R^2 C_\alpha)}} \\ k_{14} = = -\dfrac{R^2 L_\beta I_{02}\left\{\left[L_\beta C_\alpha - (1-\alpha)^2\right] q_2 + \alpha (1-\alpha)\right\}}{\left[R(1-\alpha)^2 + RL_\beta C_\alpha + L_\beta (1-\alpha)\right]\sqrt{L_\beta (L_\beta - 4R^2 C_\alpha)}} \\ \qquad - \dfrac{RL_\beta C_\alpha U_{02}\left\{-\left[2R(1-\alpha) + L_\beta\right] q_2 + R\alpha\right\}}{\left[R(1-\alpha)^2 + RL_\beta C_\alpha + L_\beta (1-\alpha)\right]\sqrt{L_\beta (L_\beta - 4R^2 C_\alpha)}} \end{cases} \tag{6.119}$$

下面分析每一个开关周期的电压初值和电流初值。由第 3 章可知，A-B 定义下分数阶电容及电感的等效电路拓扑结构如图 6.17 所示，其中 A-B 型分数阶电容是由电阻 R_1' 和一个阶次为 α、容值为 C_1' 的 Caputo 型分数阶电容串联组成，A-B 型分数阶电感由电阻 R_2' 和一个阶次为 β、感量为 L_2' 的 Caputo 型分数阶电感并联组成。各元件的参数由式（6.120）计算得到：

$$\begin{cases} R_1' = \dfrac{1-\alpha}{C_\alpha}, \quad C_1' = \dfrac{C_\alpha}{\alpha} \\ R_2' = \dfrac{L_\beta}{1-\beta}, \quad L_2' = \dfrac{L_\beta}{\beta} \end{cases} \tag{6.120}$$

式中，C_α 为实际电容值；L_β 为实际电感值；α 和 β 分别为电容及电感的分数阶阶次。为了方便后续数学模型的推导分析，设分数阶电容拓扑结构中电容 C_1' 两端电压用 u' 表示，分数阶电感拓扑结构中电感 L_2' 的电流用 i' 表示。

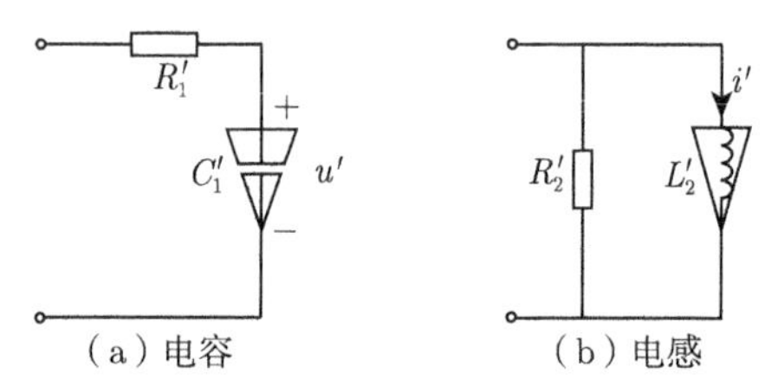

（a）电容　（b）电感

图 6.17　A-B 定义下分数阶电容及电感的电路拓扑结构

由于 A-B 定义下分数阶电容和电感的等效电路拓扑结构中存在等效电阻，因电阻不具备储能性质，使得分数阶电路在充放电过程中具有不同于整数阶电路的特殊性质。例如，在电路导通时，若 A-B 型电路元件没有完全充电完成，则在电路断开瞬间，A-B 型电路元件的电压和电流可能会出现突变。由于切换瞬间等效电阻上的等效电压和电流为零，故此时等效电容 C_1' 的电压值及等效电感 L_2' 的电流值，就是分数阶电容 C_α 和分数阶电感 L_β 相应初始时刻的初值 I_{01}、U_{01}、I_{02} 及 U_{02}。下面对 VT 导通和 VT 关断两种工作状态的分数阶 Buck 变换器的电压和电流的初值进行推导。

首先推导工作状态 1 等效电感电流和等效电容电压的时域模型。

设工作状态 1 时，A-B 型电路元件中流过等效电感 L_2' 的电流为 $i_1'(t)$，等效电容 C_1' 两端的电压为 $u_1'(t)$。列写 A-B 定义下分数阶 Buck 变换器的电路方程为

$$\begin{cases} L_2'{}^{\mathrm{AB}}\mathcal{D}^\alpha i_1'(t) = E - C_1' R_1'{}^{\mathrm{AB}}\mathcal{D}^\alpha u_1'(t) - u_1'(t) \\ C_1'{}^{\mathrm{AB}}\mathcal{D}^\alpha u_1'(t) = -\dfrac{1}{R}E + \left(\dfrac{1}{R'_2} + \dfrac{1}{R}\right) L_2'{}^{\mathrm{AB}}\mathcal{D}^\alpha i_1'(t) + i_1'(t) \end{cases} \tag{6.121}$$

对式（6.121）进行拉普拉斯变换可得

$$\begin{cases} I_1'(s) = \dfrac{1}{s}\left(I_{01} + \dfrac{\chi_{11}}{s^\alpha + q_1} + \dfrac{\chi_{12}}{s^\alpha + q_2}\right) \\ U_1'(s) = \dfrac{1}{s}\left(U_{01} + \dfrac{\chi_{13}}{s^\alpha + q_1} + \dfrac{\chi_{14}}{s^\alpha + q_2}\right) \end{cases} \tag{6.122}$$

对式（6.122）进行拉普拉斯逆变换，即得到 VT 导通阶段分数阶电感中等效电感 L_2' 的电流 $i_1'(t)$ 和分数阶电容中等效电容 C_1' 两端的电压 $u_1'(t)$ 的时域数学模型：

$$\begin{cases} i_1'(t) = I_{01} + \chi_{11}t^\alpha \mathcal{E}_{\alpha,\alpha+1}(-q_1 t^\alpha) + \chi_{12}t^\alpha \mathcal{E}_{\alpha,\alpha+1}(-q_2 t^\alpha) \\ u_1'(t) = U_{01} + \chi_{13}t^\alpha \mathcal{E}_{\alpha,\alpha+1}(-q_1 t^\alpha) + \chi_{14}t^\alpha \mathcal{E}_{\alpha,\alpha+1}(-q_2 t^\alpha) \end{cases} \tag{6.123}$$

式中系数如式（6.124）所示。

$$\begin{cases} \chi_{11} = \dfrac{[\alpha^2 R - \alpha(1-\alpha)Rq_1]I_{01} - \alpha RC_\alpha q_1 U_{01}}{(q_1-q_2)[L_\beta(1-\alpha) + R(1-\alpha)^2 + RL_\beta C_\alpha]} \\ \qquad + \dfrac{[\alpha(RC_\alpha + 1 - \alpha)q_1 - \alpha^2]E}{(q_1-q_2)[L_\beta(1-\alpha) + R(1-\alpha)^2 + RL_\beta C_\alpha]} \\ \chi_{12} = \dfrac{[\alpha(1-\alpha)Rq_2 - \alpha^2 R]I_{01} + \alpha RC_\alpha q_2 U_{01}}{(q_1-q_2)[L_\beta(1-\alpha) + R(1-\alpha)^2 + RL_\beta C_\alpha]} \\ \qquad + \dfrac{[\alpha^2 - \alpha(RC_\alpha + 1 - \alpha)q_2]E}{(q_1-q_2)[L_\beta(1-\alpha) + R(1-\alpha)^2 + RL_\beta C_\alpha]} \\ \chi_{13} = \dfrac{\alpha RL_\beta q_1 I_{01} + [\alpha^2 R - \alpha q_1(1-\alpha)R + \alpha q_1 L_\beta]U_{01}}{(q_1-q_2)[L_\beta(1-\alpha) + R(1-\alpha)^2 + RL_\beta C_\alpha]} \\ \qquad + \dfrac{[R\alpha(1-\alpha)q_1 - \alpha^2 R]E}{(q_1-q_2)[L_\beta(1-\alpha) + R(1-\alpha)^2 + RL_\beta C_\alpha]} \\ \chi_{14} = \dfrac{-\alpha RL_\beta q_2 I_{01} + [\alpha q_2(1-\alpha)R + \alpha q_2 L_\beta - \alpha^2 R]U_{01}}{(q_1-q_2)[L_\beta(1-\alpha) + R(1-\alpha)^2 + RL_\beta C_\alpha]} \\ \qquad + \dfrac{[\alpha^2 R - R\alpha(1-\alpha)q_2]E}{(q_1-q_2)[L_\beta(1-\alpha) + R(1-\alpha)^2 + RL_\beta C_\alpha]} \end{cases} \tag{6.124}$$

其次推导工作状态 2 等效电感电流和电容电压的时域模型。

设工作状态 2 时，A-B 型电路元件中流过等效电感 L_2' 的电流为 $i_2'(t)$，等效电容 C_1' 两端的电压为 $u_2'(t)$。列写 A-B 定义下分数阶 Buck 变换器的电路方程为

$$\begin{cases} L_2'{}^{\mathrm{AB}}\mathcal{D}^{\alpha}i_2'(t) = -C_1'R_1'{}^{\mathrm{AB}}\mathcal{D}^{\alpha}u_2'(t) - u_2'(t) \\ C_1'{}^{\mathrm{AB}}\mathcal{D}^{\alpha}u_2'(t) = \left(\dfrac{1}{R_2'} + \dfrac{1}{R}\right) L_2'{}^{\mathrm{AB}}\mathcal{D}^{\alpha}i_2'(t) + i_2'(t) \end{cases} \tag{6.125}$$

同样对式（6.125）进行拉普拉斯变换可得

$$\begin{cases} I_2'(s) = \dfrac{1}{s}\left(I_{02} + \dfrac{\gamma_{11}}{s^{\alpha}+q_1} + \dfrac{\gamma_{12}}{s^{\alpha}+q_2}\right) \\ U_2'(s) = \dfrac{1}{s}\left(U_{02} + \dfrac{\gamma_{13}}{s^{\alpha}+q_1} + \dfrac{\gamma_{14}}{s^{\alpha}+q_2}\right) \end{cases} \tag{6.126}$$

对式（6.126）进行拉普拉斯逆变换，即得到 VT 关断阶段分数阶电感中等效电感 L_2' 的电流 $i_2'(t)$ 和分数阶电容中等效电容 C_1' 两端的电压 $u_2'(t)$ 的时域数学模型：

$$\begin{cases} i_2'(t) = I_{02} + \gamma_{11}t^{\alpha}\mathcal{E}_{\alpha,\alpha+1}(-q_1t^{\alpha}) + \gamma_{12}t^{\alpha}\mathcal{E}_{\alpha,\alpha+1}(-q_2t^{\alpha}) \\ u_2'(t) = U_{02} + \gamma_{13}t^{\alpha}\mathcal{E}_{\alpha,\alpha+1}(-q_1t^{\alpha}) + \gamma_{14}t^{\alpha}\mathcal{E}_{\alpha,\alpha+1}(-q_2t^{\alpha}) \end{cases} \tag{6.127}$$

式中系数如式（6.128）所示。

$$\begin{cases} \gamma_{11} = \dfrac{[\alpha^2R - \alpha(1-\alpha)Rq_1]I_{02} - \alpha RC_{\alpha}q_1U_{02}}{(q_1-q_2)[L_{\beta}(1-\alpha) + R(1-\alpha)^2 + RL_{\beta}C_{\alpha}]} \\ \gamma_{12} = \dfrac{[\alpha(1-\alpha)Rq_2 - \alpha^2R]I_{02} + \alpha RC_{\alpha}q_2U_{02}}{(q_1-q_2)[L_{\beta}(1-\alpha) + R(1-\alpha)^2 + RL_{\beta}C_{\alpha}]} \\ \gamma_{13} = \dfrac{\alpha RL_{\beta}q_1I_{02} + \{\alpha^2R - \alpha q_1[(1-\alpha)R + L_{\beta}]\}U_{02}}{(q_1-q_2)[L_{\beta}(1-\alpha) + R(1-\alpha)^2 + RL_{\beta}C_{\alpha}]} \\ \gamma_{14} = \dfrac{-\alpha RL_{\beta}q_2I_{02} + \{\alpha q_2[(1-\alpha)R + L_{\beta}] - \alpha^2R\}U_{02}}{(q_1-q_2)[L_{\beta}(1-\alpha) + R(1-\alpha)^2 + RL_{\beta}C_{\alpha}]} \end{cases} \tag{6.128}$$

参照 6.2.1 节 C-F 型 Buck 变换器建立时域数学模型的方法，通过求得各个周期物理量的初值与其在对应开关状态下的时域表达式相结合，即可得到 A-B 定义下分数阶 Buck 变换器的电容电压与电感电流的完整时域数学模型。

下面推导电感电流和电容电压的初值及平均值。当电路运行在稳定状态时，各个周期的导通初值和关断初值均相同，根据式（6.123）和式（6.127）可列写稳态运行时 VT 导通阶段的初值 $\tilde{I}_{01}$、$\tilde{U}_{01}$ 和 VT 关断阶段的初值 $\tilde{I}_{02}$、$\tilde{U}_{02}$ 的表达式为

$$\begin{cases} \tilde{I}_{02} = c_{11}\tilde{I}_{01} + c_{12}\tilde{U}_{01} + d_{11} \\ \tilde{U}_{02} = c_{13}\tilde{I}_{01} + c_{14}\tilde{U}_{01} + d_{12} \\ \tilde{I}_{01} = c_{15}\tilde{I}_{02} + c_{16}\tilde{U}_{02} \\ \tilde{U}_{01} = c_{17}\tilde{I}_{02} + c_{18}\tilde{U}_{02} \end{cases} \tag{6.129}$$

式中系数如式（6.130）所示。

$$
\left\{\begin{aligned}
c_{11}&=1+\frac{R\alpha\left[q_1(1-\alpha)-\alpha\right]t_1^{\alpha}\mathcal{E}_{\alpha,\alpha+1}\left(-q_1t_1^{\alpha}\right)}{\left[L_\beta(1-\alpha)+R(1-\alpha)^2+RL_\beta C_\alpha\right](q_2-q_1)}\\
&\quad-\frac{R\alpha\left[q_2(1-\alpha)-\alpha\right]t_1^{\alpha}\mathcal{E}_{\alpha,\alpha+1}\left(-q_2t_1^{\alpha}\right)}{\left[L_\beta(1-\alpha)+R(1-\alpha)^2+RL_\beta C_\alpha\right](q_2-q_1)}\\
c_{12}&=\frac{RC_\alpha\alpha t_1^{\alpha}\left[q_1\mathcal{E}_{\alpha,\alpha+1}\left(-q_1t_1^{\alpha}\right)-q_2\mathcal{E}_{\alpha,\alpha+1}\left(-q_2t_1^{\alpha}\right)\right]}{\left[L_\beta(1-\alpha)+R(1-\alpha)^2+RL_\beta C_\alpha\right](q_2-q_1)}\\
c_{13}&=\frac{-RL_\beta\alpha t_1^{\alpha}\left[q_1\mathcal{E}_{\alpha,\alpha+1}\left(-q_1t_1^{\alpha}\right)-q_2\mathcal{E}_{\alpha,\alpha+1}\left(-q_2t_1^{\alpha}\right)\right]}{\left[L_\beta(1-\alpha)+R(1-\alpha)^2+RL_\beta C_\alpha\right](q_2-q_1)}\\
c_{14}&=1+\frac{\alpha\left\{q_1\left[R(1-\alpha)+L_\beta\right]-R\alpha\right\}t_1^{\alpha}\mathcal{E}_{\alpha,\alpha+1}\left(-q_1t_1^{\alpha}\right)}{\left[L_\beta(1-\alpha)+R(1-\alpha)^2+RL_\beta C_\alpha\right](q_2-q_1)}\\
&\quad-\frac{\alpha\left\{q_2\left[R(1-\alpha)+L_\beta\right]-R\alpha\right\}t_1^{\alpha}\mathcal{E}_{\alpha,\alpha+1}\left(-q_2t_1^{\alpha}\right)}{\left[L_\beta(1-\alpha)+R(1-\alpha)^2+RL_\beta C_\alpha\right](q_2-q_1)}\\
c_{15}&=1+\frac{R\alpha\left[q_1(1-\alpha)-\alpha\right]t_2^{\alpha}\mathcal{E}_{\alpha,\alpha+1}\left(-q_1t_2^{\alpha}\right)}{\left[L_\beta(1-\alpha)+R(1-\alpha)^2+RL_\beta C_\alpha\right](q_2-q_1)}\\
&\quad-\frac{R\alpha\left[q_2(1-\alpha)-\alpha\right]t_2^{\alpha}\mathcal{E}_{\alpha,\alpha+1}\left(-q_2t_2^{\alpha}\right)}{\left[L_\beta(1-\alpha)+R(1-\alpha)^2+RL_\beta C_\alpha\right](q_2-q_1)}\\
c_{16}&=\frac{RC_\alpha\alpha t_2^{\alpha}\left[q_1\mathcal{E}_{\alpha,\alpha+1}\left(-q_1t_2^{\alpha}\right)-q_2\mathcal{E}_{\alpha,\alpha+1}\left(-q_2t_2^{\alpha}\right)\right]}{\left[L_\beta(1-\alpha)+R(1-\alpha)^2+RL_\beta C_\alpha\right](q_2-q_1)}\\
c_{17}&=\frac{-RL_\beta\alpha t_2^{\alpha}\left[q_1\mathcal{E}_{\alpha,\alpha+1}\left(-q_1t_2^{\alpha}\right)-q_2\mathcal{E}_{\alpha,\alpha+1}\left(-q_2t_2^{\alpha}\right)\right]}{\left[L_\beta(1-\alpha)+R(1-\alpha)^2+RL_\beta C_\alpha\right](q_2-q_1)}\\
c_{18}&=1+\frac{\alpha\left\{q_1\left[R(1-\alpha)+L_\beta\right]-R\alpha\right\}t_2^{\alpha}\mathcal{E}_{\alpha,\alpha+1}\left(-q_1t_2^{\alpha}\right)}{\left[L_\beta(1-\alpha)+R(1-\alpha)^2+RL_\beta C_\alpha\right](q_2-q_1)}\\
&\quad-\frac{\alpha\left\{q_2\left[R(1-\alpha)+L_\beta\right]-R\alpha\right\}t_2^{\alpha}\mathcal{E}_{\alpha,\alpha+1}\left(-q_2t_2^{\alpha}\right)}{\left[L_\beta(1-\alpha)+R(1-\alpha)^2+RL_\beta C_\alpha\right](q_2-q_1)}\\
d_{11}&=\frac{E\alpha t_1^{\alpha}\left[\left(RC_\alpha+1-\alpha\right)q_1-\alpha\right]\mathcal{E}_{\alpha,\alpha+1}\left(-q_1t_1^{\alpha}\right)}{\left[L_\beta(1-\alpha)+R(1-\alpha)^2+RL_\beta C_\alpha\right](q_1-q_2)}\\
&\quad-\frac{E\alpha t_1^{\alpha}\left[\left(RC_\alpha+1-\alpha\right)q_2-\alpha\right]\mathcal{E}_{\alpha,\alpha+1}\left(-q_2t_1^{\alpha}\right)}{\left[L_\beta(1-\alpha)+R(1-\alpha)^2+RL_\beta C_\alpha\right](q_1-q_2)}\\
d_{12}&=\frac{ER\alpha t_1^{\alpha}\left[(1-\alpha)q_1-\alpha\right]\mathcal{E}_{\alpha,\alpha+1}\left(-q_1t_1^{\alpha}\right)}{\left[L_\beta(1-\alpha)+R(1-\alpha)^2+RL_\beta C_\alpha\right](q_1-q_2)}\\
&\quad-\frac{ER\alpha t_1^{\alpha}\left[(1-\alpha)q_2-\alpha\right]\mathcal{E}_{\alpha,\alpha+1}\left(-q_2t_1^{\alpha}\right)}{\left[L_\beta(1-\alpha)+R(1-\alpha)^2+RL_\beta C_\alpha\right](q_1-q_2)}
\end{aligned}\right.
\tag{6.130}
$$

式中，t_1 和 t_2 分别为每个周期开关 VT 导通时间 DT 和关断时间 $T-\mathrm{DT}$。求解方程（6.129）可得稳态时分数阶 Buck 变换器在各个周期的初值 $\tilde{I}_{01}$、$\tilde{I}_{02}$、$\tilde{U}_{01}$、$\tilde{U}_{02}$。根据电感电流和电容电压平均值计算公式

$$\begin{cases} \bar{I}=\dfrac{1}{T}\left[\displaystyle\int_0^{t_1} i_{L1}(t)\,\mathrm{d}t+\int_0^{t_2} i_{L2}(t)\,\mathrm{d}t\right] \\ \bar{U}=\dfrac{1}{T}\left[\displaystyle\int_0^{t_1} u_{C1}(t)\,\mathrm{d}t+\int_0^{t_2} u_{C2}(t)\,\mathrm{d}t\right] \end{cases} \tag{6.131}$$

即可求出稳态时电感电流及电容电压的平均值为

$$\begin{cases} \bar{I}=\dfrac{1}{T}\left\{\tilde{j}_{11}t_1^{\alpha+1}\mathcal{E}_{\alpha,\alpha+2}\left(-q_1t_1^{\alpha}\right)+\tilde{j}_{12}t_1^{\alpha+1}\mathcal{E}_{\alpha,\alpha+2}\left(-q_2t_1^{\alpha}\right)\right. \\ \qquad +\tilde{k}_{11}t_1^{\alpha+1}\mathcal{E}_{\alpha,\alpha+2}\left(-q_1t_2^{\alpha}\right)+\tilde{k}_{12}t_1^{\alpha+1}\mathcal{E}_{\alpha,\alpha+2}\left(-q_2t_2^{\alpha}\right) \\ \qquad +t_1\dfrac{\left(RC_\alpha+1-\alpha\right)\left[L_\beta\tilde{I}_{01}+E\left(1-\alpha\right)\right]-RC_\alpha\left(1-\alpha\right)\tilde{U}_{01}}{L_\beta\left(1-\alpha\right)+R(1-\alpha)^2+RL_\beta C_\alpha} \\ \qquad \left.+t_2\dfrac{L_\beta\left(RC_\alpha+1-\alpha\right)\tilde{I}_{02}-RC_\alpha\left(1-\alpha\right)\tilde{U}_{02}}{L_\beta\left(1-\alpha\right)+R(1-\alpha)^2+RL_\beta C_\alpha}\right\} \\ \bar{U}=\dfrac{1}{T}\left[\tilde{j}_{13}t_1^{\alpha+1}\mathcal{E}_{\alpha,\alpha+2}\left(-q_1t_1^{\alpha}\right)+\tilde{j}_{14}t_1^{\alpha+1}\mathcal{E}_{\alpha,\alpha+2}\left(-q_2t_1^{\alpha}\right)\right. \\ \qquad +\tilde{k}_{13}t_1^{\alpha+1}\mathcal{E}_{\alpha,\alpha+2}\left(-q_1t_2^{\alpha}\right)+\tilde{k}_{14}t_1^{\alpha+1}\mathcal{E}_{\alpha,\alpha+2}\left(-q_2t_2^{\alpha}\right) \\ \qquad +t_1\dfrac{RL_\beta\left(1-\alpha\right)\tilde{I}_{01}+RL_\beta C_\alpha\tilde{U}_{01}+ER(1-\alpha)^2}{L_\beta\left(1-\alpha\right)+R(1-\alpha)^2+RL_\beta C_\alpha} \\ \qquad \left.+t_2\dfrac{RL_\beta\left(1-\alpha\right)\tilde{I}_{02}+RL_\beta C_\alpha\tilde{U}_{02}}{L_\beta\left(1-\alpha\right)+R(1-\alpha)^2+RL_\beta C_\alpha}\right] \end{cases} \tag{6.132}$$

式中，$\tilde{j}_{11}$、$\tilde{j}_{12}$、$\tilde{j}_{13}$、$\tilde{j}_{14}$ 和 $\tilde{k}_{11}$、$\tilde{k}_{12}$、$\tilde{k}_{13}$、$\tilde{k}_{14}$ 为将式（6.114）和式（6.119）中系数 j_{11}、j_{12}、j_{13}、j_{14} 和 k_{11}、k_{12}、k_{13}、k_{14} 中电流和电压的初值 I_{01}、I_{02}、U_{01}、U_{02} 替换为稳态时电流和电压的初值 $\tilde{I}_{01}$、$\tilde{I}_{02}$、$\tilde{U}_{01}$、$\tilde{U}_{02}$ 所得。

6.3.2 A-B 型分数阶 Boost 变换器时域模型

根据式（6.3）和式（6.4），可列写 A-B 定义下分数阶 Boost 变换器各工作状态下的电路方程如下。

工作状态 1：

$$\begin{cases} {}^{\mathrm{AB}}\mathcal{D}^{\beta} i_{L1}(t) = \dfrac{1}{L_\beta} E \\ {}^{\mathrm{AB}}\mathcal{D}^{\alpha} u_{C1}(t) = -\dfrac{1}{RC_\alpha} u_{C1}(t) \end{cases} \tag{6.133}$$

工作状态 2：

$$\begin{cases} {}^{\mathrm{AB}}\mathcal{D}^{\beta} i_{L2}(t) = -\dfrac{1}{L_\beta} u_{C2}(t) + \dfrac{1}{L_\beta} E \\ {}^{\mathrm{AB}}\mathcal{D}^{\alpha} u_{C2}(t) = \dfrac{1}{C_\alpha} i_{L2}(t) - \dfrac{1}{RC_\alpha} u_{C2}(t) \end{cases} \tag{6.134}$$

分别对两种工作状态下的电路方程进行求解可得时域数学模型。同样，本节只分析 $\alpha = \beta$ 的同元次情况，数学模型推导中，电感阶次 β 用 α 表示。先推导一个开关周期内的时域数学模型。

设分数阶电感在开关管 VT 导通时刻前的瞬时电流为 I_{01}，分数阶电容在开关管 VT 导通时刻前的瞬时电压为 U_{01}。对式（6.133）两侧进行拉普拉斯变换，并整理得到工作状态 1 的电感电流 $i_{L1}(t)$ 和输出电压 $u_{C1}(t)$ 的拉普拉斯变换式为

$$\begin{cases} I_{L1}(s) = \dfrac{(1-\alpha)E}{L_\beta s} + \dfrac{\alpha E}{L_\beta s^{\alpha+1}} + \dfrac{I_{01}}{s} \\ U_{C1}(s) = \dfrac{\dfrac{RC_\alpha}{RC_\alpha + 1 - \alpha} s^{\alpha-1}}{s^\alpha + \dfrac{\alpha}{RC_\alpha + 1 - \alpha}} U_{01} \end{cases} \tag{6.135}$$

对式（6.135）进行拉普拉斯逆变换，即可得到 VT 导通阶段电感电流 $i_{L1}(t)$ 和电容电压 $u_{C1}(t)$ 的时域数学模型为

$$\begin{cases} i_{L1}(t) = \dfrac{\alpha E}{L_\beta} t^\alpha \mathcal{E}_{\alpha+1,\alpha+1}(0) + \dfrac{1-\alpha}{L_\beta} E + I_{01} \\ u_{C1}(t) = \dfrac{RC_\alpha U_{01}}{RC_\alpha + 1 - \alpha} \mathcal{E}_\alpha \left(-\dfrac{\alpha}{RC_\alpha + 1 - \alpha} t^\alpha \right) \end{cases} \tag{6.136}$$

Boost 变换器工作状态 2 的电路方程与 Buck 变换器的电路方程（6.106）一致，其时域数学模型为式（6.113），参照式（6.113）可直接列出 Boost 变换器在 VT 关断阶段电感电流 $i_{L2}(t)$ 和电容电压 $u_{C2}(t)$ 的时域数学模型为

$$\begin{cases} i_{L2}(t) = j_{21}t^{\alpha}\mathcal{E}_{\alpha,\alpha+1}\left(-q_1 t^{\alpha}\right) + j_{22}t^{\alpha}\mathcal{E}_{\alpha,\alpha+1}\left(-q_2 t^{\alpha}\right) + \dfrac{P_{31}}{\sigma} \\ u_{C2}(t) = j_{23}t^{\alpha}\mathcal{E}_{\alpha,\alpha+1}\left(-q_1 t^{\alpha}\right) + j_{24}t^{\alpha}\mathcal{E}_{\alpha,\alpha+1}\left(-q_2 t^{\alpha}\right) + \dfrac{P_{33}}{\sigma} \end{cases} \tag{6.137}$$

式中，系数 P_{31}、P_{33}、j_{21}、j_{22}、j_{23} 和 j_{24} 为将式（6.113）中系数 P_{11}、P_{13}、j_{11}、j_{12}、j_{13} 和 j_{14} 中的电流和电压的初值 I_{01} 和 U_{01} 替换为当前周期的初值 I_{02} 和 U_{02} 所得。

下面推导每一个开关周期的电压初值和电流初值，即分析 VT 导通时刻和 VT 关断时刻，分数阶 Boost 变换器电路拓扑中的等效电容 C_1' 的电压值及等效电感 L_2' 的电流值。

设工作状态 1 时，A-B 型电路元件中流过等效电感 L_2' 的电流为 $i_1'(t)$，等效电容 C_1' 两端的电压为 $u_1'(t)$。列写 A-B 定义下分数阶 Boost 变换器的电路方程为

$$\begin{cases} {}^{\mathrm{AB}}\mathcal{D}^{\alpha} i_1'(t) = \dfrac{1}{L_2'}E \\ {}^{\mathrm{AB}}\mathcal{D}^{\alpha} u_1'(t) = -\dfrac{1}{\left(R+R_1'\right)C_1'}u_1'(t) \end{cases} \tag{6.138}$$

对式（6.138）进行拉普拉斯变换可得

$$\begin{cases} I_1'\left(s\right) = \dfrac{\alpha E}{L_2' s^{\alpha+1}} + \dfrac{I_{01}}{s} \\ U_1'\left(s\right) = \dfrac{s^{\alpha-1}U_{01}}{s^{\alpha} + \dfrac{1}{C_1'\left(R+R_1'\right)}} \end{cases} \tag{6.139}$$

对式（6.139）进行拉普拉斯逆变换，即得到 VT 导通阶段分数阶电感中等效电感 L_2' 的电流 $i_1'(t)$ 和分数阶电容中等效电容 C_1' 的电压 $u_1'(t)$ 的时域数学

模型为

$$\begin{cases} i_1'(t) = \dfrac{\alpha E}{L_\beta} t^\alpha \mathcal{E}_{\alpha+1,\alpha+1}(0) + I_{01} \\ \\ u_1'(t) = U_{01}\mathcal{E}_\alpha \left(-\dfrac{\alpha}{RC_\alpha + 1 - \alpha} t^\alpha\right) \end{cases} \tag{6.140}$$

Boost 变换器工作状态 2 的电路方程与 Buck 变换器的工作状态 1 的电路方程相同，6.3.1 节已推得分数阶电容中等效电容 C_1' 两端的电压 u' 和分数阶电感中等效电感 L_2' 的电流 i' 的时域模型为式（6.123），参照式（6.123）可直接列出 Boost 变换器在 VT 关断阶段分数阶电感中等效电感 L_2' 的电流 $i_2'(t)$ 和分数阶电容中等效电容 C_1' 的电压 $u_2'(t)$ 的时域数学模型为

$$\begin{cases} i_2'(t) = I_{02} + \chi_{21} t^\alpha \mathcal{E}_{\alpha,\alpha+1}(-q_1 t^\alpha) + \chi_{22} t^\alpha \mathcal{E}_{\alpha,\alpha+1}(-q_2 t^\alpha) \\ u_2'(t) = U_{02} + \chi_{23} t^\alpha \mathcal{E}_{\alpha,\alpha+1}(-q_1 t^\alpha) + \chi_{24} t^\alpha \mathcal{E}_{\alpha,\alpha+1}(-q_2 t^\alpha) \end{cases} \tag{6.141}$$

式中，系数 χ_{21}、χ_{22}、χ_{23} 和 χ_{24} 为将式（6.124）中系数 χ_{11}、χ_{12}、χ_{13} 和 χ_{14} 中的电流和电压的初值 I_{01} 和 U_{01} 替换为当前周期电流和电压的初值 I_{02} 和 U_{02} 所得。

下面分析电容电压和电感电流的完整时域数学模型。参照 6.2.1 节的方法，通过求得各个周期物理量的初值与其在对应开关状态下的时域表达式相结合，即可得到 A-B 定义下分数阶 Boost 变换器的电容电压与电感电流的完整时域数学模型。

当电路运行在稳定状态时，各个周期的导通初值和关断初值均相同，根据式（6.140）和式（6.141）可列写稳态运行时 VT 导通阶段的初值 $\tilde{I}_{01}$、$\tilde{U}_{01}$ 和 VT 关断阶段的初值 $\tilde{I}_{02}$、$\tilde{U}_{02}$ 的表达式为

$$\begin{cases} \tilde{I}_{01} = c_{22}\tilde{I}_{02} + c_{23}\tilde{U}_{02} + d_{22} \\ \tilde{U}_{01} = c_{24}\tilde{I}_{02} + c_{25}\tilde{U}_{02} + d_{23} \\ \tilde{I}_{02} = \tilde{I}_{01} + d_{21} \\ \tilde{U}_{02} = c_{21}\tilde{U}_{01} \end{cases} \tag{6.142}$$

式中系数如式（6.143）所示。

$$
\begin{cases}
c_{21} = \mathcal{E}_{\alpha}\left(-\dfrac{\alpha t_1^{\alpha}}{RC_{\alpha}+1-\alpha}\right) \\
c_{22} = 1 + \dfrac{R\alpha\left[q_1(1-\alpha)-\alpha\right]t_2^{\alpha}\mathcal{E}_{\alpha,\alpha+1}\left(-q_1 t_1^{\alpha}\right)}{\left[L_{\beta}(1-\alpha)+R(1-\alpha)^2+RL_{\beta}C_{\alpha}\right](q_2-q_1)} \\
\qquad - \dfrac{R\alpha\left[q_2(1-\alpha)-\alpha\right]t_1^{\alpha}\mathcal{E}_{\alpha,\alpha+1}\left(-q_2 t_1^{\alpha}\right)}{\left[L_{\beta}(1-\alpha)+R(1-\alpha)^2+RL_{\beta}C_{\alpha}\right](q_2-q_1)} \\
c_{23} = \dfrac{RC_{\alpha}\alpha t_1^{\alpha}\left[q_1\mathcal{E}_{\alpha,\alpha+1}\left(-q_1 t_1^{\alpha}\right)-q_2\mathcal{E}_{\alpha,\alpha+1}\left(-q_2 t_1^{\alpha}\right)\right]}{\left[L_{\beta}(1-\alpha)+R(1-\alpha)^2+RL_{\beta}C_{\alpha}\right](q_2-q_1)} \\
c_{24} = \dfrac{-RL_{\beta}\alpha t_1^{\alpha}\left[q_1\mathcal{E}_{\alpha,\alpha+1}\left(-q_1 t_1^{\alpha}\right)-q_2\mathcal{E}_{\alpha,\alpha+1}\left(-q_2 t_1^{\alpha}\right)\right]}{\left[L_{\beta}(1-\alpha)+R(1-\alpha)^2+RL_{\beta}C_{\alpha}\right](q_2-q_1)} \\
c_{25} = 1 + \dfrac{\alpha\left[q_1 R(1-\alpha)+q_1 L_{\beta}-R\alpha\right]t_1^{\alpha}\mathcal{E}_{\alpha,\alpha+1}\left(-q_1 t_1^{\alpha}\right)}{\left[L_{\beta}(1-\alpha)+R(1-\alpha)^2+RL_{\beta}C_{\alpha}\right](q_2-q_1)} \\
\qquad - \dfrac{\alpha\left[q_2 R(1-\alpha)+q_2 L_{\beta}-R\alpha\right]t_1^{\alpha}\mathcal{E}_{\alpha,\alpha+1}\left(-q_2 t_1^{\alpha}\right)}{\left[L_{\beta}(1-\alpha)+R(1-\alpha)^2+RL_{\beta}C_{\alpha}\right](q_2-q_1)} \\
d_{21} = \dfrac{\alpha E t_1^{\alpha}}{L_{\beta}}\mathcal{E}_{\alpha+1,\alpha+1}(0) \\
d_{22} = \dfrac{E\alpha t_1^{\alpha}\left[(RC_{\alpha}+1-\alpha)q_1-\alpha\right]\mathcal{E}_{\alpha,\alpha+1}\left(-q_1 t_1^{\alpha}\right)}{\left[L_{\beta}(1-\alpha)+R(1-\alpha)^2+RL_{\beta}C_{\alpha}\right](q_1-q_2)} \\
\qquad - \dfrac{E\alpha t_1^{\alpha}\left[(RC_{\alpha}+1-\alpha)q_2-\alpha\right]\mathcal{E}_{\alpha,\alpha+1}\left(-q_2 t_1^{\alpha}\right)}{\left[L_{\beta}(1-\alpha)+R(1-\alpha)^2+RL_{\beta}C_{\alpha}\right](q_1-q_2)} \\
d_{23} = \dfrac{ER\alpha t_1^{\alpha}\left[(1-\alpha)q_1-\alpha\right]\mathcal{E}_{\alpha,\alpha+1}\left(-q_1 t_1^{\alpha}\right)}{\left[L_{\beta}(1-\alpha)+R(1-\alpha)^2+RL_{\beta}C_{\alpha}\right](q_1-q_2)} \\
\qquad - \dfrac{ER\alpha t_1^{\alpha}\left[(1-\alpha)q_2-\alpha\right]\mathcal{E}_{\alpha,\alpha+1}\left(-q_2 t_1^{\alpha}\right)}{\left[L_{\beta}(1-\alpha)+R(1-\alpha)^2+RL_{\beta}C_{\alpha}\right](q_1-q_2)}
\end{cases}
\tag{6.143}
$$

式中，t_1 和 t_2 分别为每个周期开关 VT 导通时间 DT 和关断时间 $T-\mathrm{DT}$。求解方程（6.142）可得稳态时分数阶 Boost 变换器在各个周期的初值 $\tilde{I}_{01}$、$\tilde{I}_{02}$、$\tilde{U}_{01}$、$\tilde{U}_{02}$。根据电感电流和电容电压平均值计算公式

$$\begin{cases} \bar{I} = \dfrac{1}{T}\left[\displaystyle\int_0^{t_1} i_{L1}(t)\,\mathrm{d}t + \int_0^{t_2} i_{L2}(t)\,\mathrm{d}t\right] \\ \bar{U} = \dfrac{1}{T}\left[\displaystyle\int_0^{t_1} u_{C1}(t)\,\mathrm{d}t + \int_0^{t_2} u_{C2}(t)\,\mathrm{d}t\right] \end{cases} \tag{6.144}$$

即可求出稳态时电感电流及电容电压的平均值为

$$\begin{cases} \bar{I} = \dfrac{1}{T}\left\{\dfrac{\alpha E t_1^{\alpha+1}}{L_\beta}\mathcal{E}_{\alpha+2,\alpha+2}(0) + \left[\tilde{I}_{01} + \dfrac{E(1-\alpha)}{L_\beta}\right]t_1\right. \\ \qquad + \tilde{j}_{21}t_2^{\alpha+1}\mathcal{E}_{\alpha,\alpha+2}(-q_1 t_2^\alpha) + \tilde{j}_{22}t_2^{\alpha+1}\mathcal{E}_{\alpha,\alpha+2}(-q_2 t_2^\alpha) \\ \qquad \left. + t_2\dfrac{(RC_\alpha + 1 - \alpha)\left[L_\beta\tilde{I}_{02} + E(1-\alpha)\right] - RC_\alpha(1-\alpha)\tilde{U}_{02}}{L_\beta(1-\alpha) + R(1-\alpha)^2 + RL_\beta C_\alpha}\right\} \\ \bar{U} = \dfrac{1}{T}\left[\dfrac{RC_\alpha\tilde{U}_{01}t_1}{RC_\alpha + 1 - \alpha}\mathcal{E}_{\alpha,2}\left(\dfrac{-\alpha t_1^\alpha}{RC_\alpha + 1 - \alpha}\right)\right. \\ \qquad + \tilde{j}_{23}t_2^{\alpha+1}\mathcal{E}_{\alpha,\alpha+2}(-q_1 t_2^\alpha) + \tilde{j}_{24}t_2^{\alpha+1}\mathcal{E}_{\alpha,\alpha+2}(-q_2 t_2^\alpha) \\ \qquad \left. + t_2\dfrac{RL_\beta(1-\alpha)\tilde{I}_{02} + RL_\beta C_\alpha\tilde{U}_{02} + ER(1-\alpha)^2}{L_\beta(1-\alpha) + R(1-\alpha)^2 + RL_\beta C_\alpha}\right] \end{cases} \tag{6.145}$$

式中，$\tilde{j}_{21}$、$\tilde{j}_{22}$、$\tilde{j}_{23}$ 和 $\tilde{j}_{24}$ 为将式（6.137）中系数 j_{21}、j_{22}、j_{23} 和 j_{24} 中电流和电压初值的 I_{02} 和 U_{02} 替换为稳态时的电流和电压初值 $\tilde{I}_{02}$ 和 $\tilde{U}_{02}$ 所得。

6.3.3 A-B 型分数阶 Buck-Boost 变换器时域模型

根据式（6.5）和式（6.6），可列写 A-B 定义下分数阶 Buck-Boost 变换器各工作状态下的电路方程如下。

工作状态 1：

$$\begin{cases} {}^{\mathrm{AB}}\mathcal{D}^\beta i_{L1}(t) = \dfrac{1}{L_\beta}E \\ {}^{\mathrm{AB}}\mathcal{D}^\alpha u_{C1}(t) = -\dfrac{1}{RC_\alpha}u_{C1}(t) \end{cases} \tag{6.146}$$

工作状态 2：

$$\begin{cases} {}^{\mathrm{AB}}\mathcal{D}^\beta i_{L2}(t) = -\dfrac{1}{L_\beta}u_{C2}(t) \\ {}^{\mathrm{AB}}\mathcal{D}^\alpha u_{C2}(t) = \dfrac{1}{C_\alpha}i_{L2}(t) - \dfrac{1}{RC_\alpha}u_{C2}(t) \end{cases} \tag{6.147}$$

分别对两种工作状态下的电路方程进行求解可得时域数学模型。本节只分析 $\alpha=\beta$ 的同元次情况，数学模型推导中，电感阶次 β 用 α 表示，先推导一个开关周期内的时域数学模型。

Buck-Boost 变换器工作状态 1 的电路方程式与 Boost 变换器工作状态 1 的电路方程（6.133）一致，其时域数学模型为式（6.136），参照式（6.136）可直接列出 Buck-Boost 变换器在 VT 导通阶段分数阶电感电流 $i_{L1}(t)$ 和分数阶电容电压 $u_{C1}(t)$ 的时域数学模型为

$$\begin{cases} i_{L1}(t)=\dfrac{\alpha E}{L_\beta}t^{\alpha}\mathcal{E}_{\alpha+1,\alpha+1}(0)+\dfrac{1-\alpha}{L_\beta}E+I_{01} \\ u_{C1}(t)=\dfrac{RC_\alpha U_{01}}{RC_\alpha+1-\alpha}\mathcal{E}_\alpha\left(-\dfrac{\alpha}{RC_\alpha+1-\alpha}t^{\alpha}\right) \end{cases} \tag{6.148}$$

Buck-Boost 变换器工作状态 2 的电路方程与 Buck 变换器工作状态 2 的电路方程（6.107）一致，其时域数学模型为式（6.118），参照式（6.118）可直接列出 Buck-Boost 变换器在 VT 关断阶段分数阶电感电流 $i_{L2}(t)$ 和分数阶电容电压 $u_{C2}(t)$ 的时域数学模型为

$$\begin{cases} i_{L2}(t)=k_{31}t^{\alpha}E_{\alpha,\alpha+1}\left(-q_1t^{\alpha}\right)+k_{32}t^{\alpha}E_{\alpha,\alpha+1}\left(-q_2t^{\alpha}\right) \\ \qquad +\dfrac{\left(RC_\alpha+1-\alpha\right)L_\beta I_{02}-RC_\alpha\left(1-\alpha\right)U_{02}}{R(1-\alpha)^2+RL_\beta C_\alpha+L_\beta\left(1-\alpha\right)} \\ u_{C2}(t)=k_{33}t^{\alpha}E_{\alpha,\alpha+1}\left(-q_1t^{\alpha}\right)+k_{34}t^{\alpha}E_{\alpha,\alpha+1}\left(-q_2t^{\alpha}\right) \\ \qquad +\dfrac{RL_\beta\left(1-\alpha\right)I_{02}+RL_\beta C_\alpha U_{02}}{R(1-\alpha)^2+RL_\beta C_\alpha+L_\beta\left(1-\alpha\right)} \end{cases} \tag{6.149}$$

式中，系数 k_{31}、k_{32}、k_{33} 和 k_{34} 与式（6.119）中系数 k_{11}、k_{12}、k_{13} 和 k_{14} 一致。

参照 Boost 变换器电路工作状态 1 的时域模型（6.140），直接列出 Buck-Boost 变换器在 VT 导通阶段分数阶电感中等效电感 L_2' 的电流 $i_1'(t)$ 和分数阶电容中等效电容 C_1' 的电压 $u_1'(t)$ 的时域数学模型为

$$\begin{cases} i_1'(t)=\dfrac{\alpha E}{L_\beta}t^{\alpha}\mathcal{E}_{\alpha+1,\alpha+1}(0)+I_{01} \\ u_1'(t)=U_{01}\mathcal{E}_\alpha\left(-\dfrac{\alpha}{RC_\alpha+1-\alpha}t^{\alpha}\right) \end{cases} \tag{6.150}$$

参照 Buck 变换器电路工作状态 2 的时域模型（6.127），直接列出 Buck-Boost 变换器在 VT 关断阶段分数阶电感中等效电感 L_2' 的电流 $i_2'(t)$ 和分数阶电容中等效电容 C_1' 的电压 $u_2'(t)$ 的时域数学模型为

$$\begin{cases} i_2'(t) = I_{02} + \gamma_{31} t^{\alpha} \mathcal{E}_{\alpha,\alpha+1}(-q_1 t^{\alpha}) + \gamma_{32} t^{\alpha} \mathcal{E}_{\alpha,\alpha+1}(-q_2 t^{\alpha}) \\ u_2'(t) = U_{02} + \gamma_{33} t^{\alpha} \mathcal{E}_{\alpha,\alpha+1}(-q_1 t^{\alpha}) + \gamma_{34} t^{\alpha} \mathcal{E}_{\alpha,\alpha+1}(-q_2 t^{\alpha}) \end{cases} \tag{6.151}$$

式中，系数 γ_{31}、γ_{32}、γ_{33} 和 γ_{34} 与式（6.128）中系数 γ_{11}、γ_{12}、γ_{13} 和 γ_{14} 一致。

下面分析电容电压和电感电流的完整时域数学模型。通过求得各个周期物理量的初值与其在对应开关状态下的时域表达式相结合，即可得到 A-B 定义下分数阶 Buck-Boost 变换器电容电压与电感电流的完整时域数学模型。

当电路运行在稳定状态时，各个周期的导通初值和关断初值均相同，根据式（6.150）和式（6.151）可列写稳态运行时，VT 导通阶段的初值 $\tilde{I}_{01}$、$\tilde{U}_{01}$ 和 VT 关断阶段的初值 $\tilde{I}_{02}$、$\tilde{U}_{02}$ 的表达式为

$$\begin{cases} \tilde{I}_{01} = c_{33}\tilde{I}_{02} + c_{34}\tilde{U}_{02} \\ \tilde{U}_{01} = c_{35}\tilde{I}_{02} + c_{36}\tilde{U}_{02} \\ \tilde{I}_{02} = \tilde{I}_{01} + c_{31} \\ \tilde{U}_{02} = c_{32}\tilde{U}_{01} \end{cases} \tag{6.152}$$

式中系数如式（6.153）所示。

$$\begin{cases} c_{31} = \dfrac{\alpha E t_1^{\alpha}}{L_{\beta}} \mathcal{E}_{\alpha+1,\alpha+1}(0) \\ c_{32} = \mathcal{E}_{\alpha}\left(-\dfrac{\alpha t_1^{\alpha}}{RC_{\alpha}+1-\alpha}\right) \\ c_{33} = 1 + \dfrac{R\alpha\left[q_1(1-\alpha)-\alpha\right] t_2^{\alpha}\mathcal{E}_{\alpha,\alpha+1}(-q_1 t_2^{\alpha})}{\left[L_{\beta}(1-\alpha)+R(1-\alpha)^2+RL_{\beta}C_{\alpha}\right](q_2-q_1)} \\ \qquad - \dfrac{R\alpha\left[q_2(1-\alpha)-\alpha\right] t_2^{\alpha}\mathcal{E}_{\alpha,\alpha+1}(-q_2 t_2^{\alpha})}{\left[L_{\beta}(1-\alpha)+R(1-\alpha)^2+RL_{\beta}C_{\alpha}\right](q_2-q_1)} \\ c_{34} = \dfrac{RC_{\alpha}\alpha t_2^{\alpha}\left[q_1\mathcal{E}_{\alpha,\alpha+1}(-q_1 t_2^{\alpha}) - q_2\mathcal{E}_{\alpha,\alpha+1}(-q_2 t_2^{\alpha})\right]}{\left[L_{\beta}(1-\alpha)+R(1-\alpha)^2+RL_{\beta}C_{\alpha}\right](q_2-q_1)} \\ c_{35} = \dfrac{-RL_{\beta}\alpha t_2^{\alpha}\left[q_1\mathcal{E}_{\alpha,\alpha+1}(-q_1 t_2^{\alpha}) - q_2\mathcal{E}_{\alpha,\alpha+1}(-q_2 t_2^{\alpha})\right]}{\left[L_{\beta}(1-\alpha)+R(1-\alpha)^2+RL_{\beta}C_{\alpha}\right](q_2-q_1)} \\ c_{36} = 1 + \dfrac{\alpha\left[q_1 R(1-\alpha)+q_1 L_{\beta}-R\alpha\right] t_2^{\alpha}\mathcal{E}_{\alpha,\alpha+1}(-q_1 t_2^{\alpha})}{\left[L_{\beta}(1-\alpha)+R(1-\alpha)^2+RL_{\beta}C_{\alpha}\right](q_2-q_1)} \\ \qquad - \dfrac{\alpha\left[q_2 R(1-\alpha)+q_2 L_{\beta}-R\alpha\right] t_2^{\alpha}\mathcal{E}_{\alpha,\alpha+1}(-q_2 t_2^{\alpha})}{\left[L_{\beta}(1-\alpha)+R(1-\alpha)^2+RL_{\beta}C_{\alpha}\right](q_2-q_1)} \end{cases} \tag{6.153}$$

式中，t_1 和 t_2 分别为每个周期开关 VT 导通时间 DT 和关断时间 $T-\mathrm{DT}$。求解方程（6.152）可得稳态时分数阶 Buck-Boost 变换器在各个周期的初值 $\tilde{I}_{01}$、$\tilde{I}_{02}$、$\tilde{U}_{01}$、$\tilde{U}_{02}$。根据电流和电压平均值计算公式

$$\left\{\begin{aligned}\bar{I}&=\frac{1}{T}\left[\int_0^{t_1}i_{L1}(t)\,\mathrm{d}t+\int_0^{t_2}i_{L2}(t)\,\mathrm{d}t\right]\\\bar{U}&=\frac{1}{T}\left[\int_0^{t_1}u_{C1}(t)\,\mathrm{d}t+\int_0^{t_2}u_{C2}(t)\,\mathrm{d}t\right]\end{aligned}\right.\tag{6.154}$$

即可求出稳态时电感电流及电容电压的平均值为

$$\left\{\begin{aligned}\bar{I}=\frac{1}{T}\Bigg\{&\frac{\alpha Et_1^{\alpha+1}}{L_\beta}\mathcal{E}_{\alpha+2,\alpha+2}(0)+\left[\tilde{I}_{01}+\frac{(1-\alpha)E}{L_\beta}\right]t_1\\&+\frac{(RC_\alpha+1-\alpha)L_\beta\tilde{I}_{02}-RC_\alpha(1-\alpha)\tilde{U}_{02}}{\left[L_\beta(1-\alpha)+R(1-\alpha)^2+RL_\beta C_\alpha\right]}t_2\\&+\tilde{k}_{31}t_2^{\alpha+1}\mathcal{E}_{\alpha,\alpha+2}(-q_1t_2^\alpha)+\tilde{k}_{32}t_2^{\alpha+1}\mathcal{E}_{\alpha,\alpha+2}(-q_2t_2^\alpha)\Bigg\}\\\bar{U}=\frac{1}{T}\Bigg\{&\frac{RC_\alpha\tilde{U}_{01}t_1}{RC_\alpha+1-\alpha}\mathcal{E}_{\alpha,2}\left(\frac{-\alpha t_1^\alpha}{RC_\alpha+1-\alpha}\right)\\&+\frac{RL_\beta(1-\alpha)\tilde{I}_{02}+RL_\beta C_\alpha\tilde{U}_{02}}{\left[L_\beta(1-\alpha)+R(1-\alpha)^2+RL_\beta C_\alpha\right]}t_2\\&+\tilde{k}_{33}t_2^{\alpha+1}\mathcal{E}_{\alpha,\alpha+2}(-q_1t_2^\alpha)+\tilde{k}_{34}t_2^{\alpha+1}\mathcal{E}_{\alpha,\alpha+2}(-q_2t_2^\alpha)\Bigg\}\end{aligned}\right.\tag{6.155}$$

式中，$\tilde{k}_{31}$、$\tilde{k}_{32}$、$\tilde{k}_{33}$ 和 $\tilde{k}_{34}$ 为将式（6.119）中系数 k_{11}、k_{12}、k_{13} 和 k_{14} 中电流和电压的初值 I_{02} 和 U_{02} 替换为稳态时电流和电压的初值 $\tilde{I}_{02}$ 和 $\tilde{U}_{02}$ 所得。

6.3.4 A-B 型分数阶 DC-DC 变换器特性分析

根据 6.3.1 节 ~6.3.3 节推导得出的 A-B 型分数阶 DC-DC 变换器数学模型，本节通过仿真分析和数值计算等方式，分析 A-B 型分数阶 DC-DC 变换器的运行特性；重点分析分数阶 DC-DC 变换器不同于整数阶变换器的特性，分析分数阶阶次对变换器运行特性的影响；与 C-F 定义部分相似，本节进行数值计算和仿真分析的电容和电感的阶次范围为 0.95 ~ 0.99，具体分析 Buck、Boost、Buck-Boost 三种基本 DC-DC 变换器的输出电压平均值、电感电流和电容电压的工作波形及脉动量等运行特性；选取实验研究中的两组变换器参数进行分析，参

数组一为 $E = 10\text{V}$、$L_\beta = 0.4\text{H}$、$C_\alpha = 10\text{mF}$、$R = 7\Omega$，参数组二为 $E = 5\text{V}$、$L_\beta = 0.2\text{H}$、$C_\alpha = 20\text{mF}$、$R = 3\Omega$。

1. 变换器输出电压平均值

首先分析变换器平均输出电压受占空比 D 控制的输出电压特性。分析变换器开关频率 $f = 100\text{Hz}$、分数阶阶次 α 为 0.95 和 0.99 时，改变占空比 D 所得的输出电压平均值。参数组一的输出电压平均值随占空比 D 变化的曲线如图 6.18 所示。图 6.18（a)、(b)、(c）分别为 Buck、Boost、Buck-Boost 三种 DC-DC 变换器的曲线。图 6.18 中同时给出了电容和电感为整数阶次（即 $\alpha = \beta = 1$）时的曲线。由图 6.18（a）可以看出，分数阶 Buck 变换器实现了降压变换，其输出电压平均值随着占空比 D 的增加而增加，输出电压较整数阶 Buck 变换器的输出电压略小，但两者输出特性差别较小，随着阶次的增加，电压平均值增大，与整数阶变换器的差距逐渐减小。由图 6.18（b）可以看出，分数阶 Boost 变换器实现了升压变换，其输出电压平均值随着占空比 D 的增加而增加。但是，分数阶 Boost 变换器的输出电压总体较整数阶的小。在占空比 D 较小时，两者的输出电压平均值比较接近。在占空比 D 较大时，分数阶变换器的输出电压平均值较整数阶的小很多，即升压特性变弱，特别是，当 $\alpha = 0.95$、$D = 0.9$ 时，平均输出电压为 14.1V，与整数阶 Boost 变换器相比，变换器几乎没有升压特性。由图 6.18（c）可以看出，分数阶 Buck-Boost 变换器实现了升降压变换，与整数阶 Buck-Boost 变换器相比，分数阶变换器输出电压从降到升对应的占空比 D 变大。而且，随着分数阶阶次的减小，这个从降压到升压转换对应的占空比 D 将增大。从图 6.18（c）中可见，$\alpha = 1$、$D = 0.5$ 时，输出电压等于输入电压 10V，而当 $\alpha = 0.99$ 及 $\alpha = 0.95$ 时，输出电压等于输入电压的占空比 D 分别为 0.530 和 0.641。另外，分数阶变换器降压运行段的输出特性和整数阶的比较接近，分数阶变换器升压运行段的输出电压平均值较整数阶的小很多，即升压特性变弱，而且随着阶次的减小，升压特性变得更弱。

图 6.19 给出了参数组二的输出电压平均值随占空比 D 变化的曲线。图 6.19（a)、(b)、(c）所呈现的 Buck、Boost、Buck-Boost 三种基本分数阶 DC-DC 变换器的输出电压特性和参数组一的特性曲线变化规律是一样的。由图 6.19（c）可知，Buck-Boost 变换器从降压到升压转换所对应的占空比 D 分别为 $\alpha = \beta = 0.99$ 时，$D = 0.533$；当 $\alpha = \beta = 0.95$ 时，$D = 0.660$，与参数组一是不同的。

综上，A-B 型分数阶 Buck、Boost 和 Buck-Boost 变换器可以实现降压、升压和升降压的变换。但较整数阶变换器而言，升压特性有所减弱，且分数阶阶次越小，升压特性越弱。对于分数阶 Buck-Boost 变换器，从降压到升压转换所对应的占空比较整数阶的要大一些。与 C-F 型分数阶变换器相比，二者输出电压平均值波形趋势较为相似。通过数值比较可知，A-B 型分数阶变换器受分数阶阶次影响更大，分数阶阶次越小，升压特性降低得越明显。

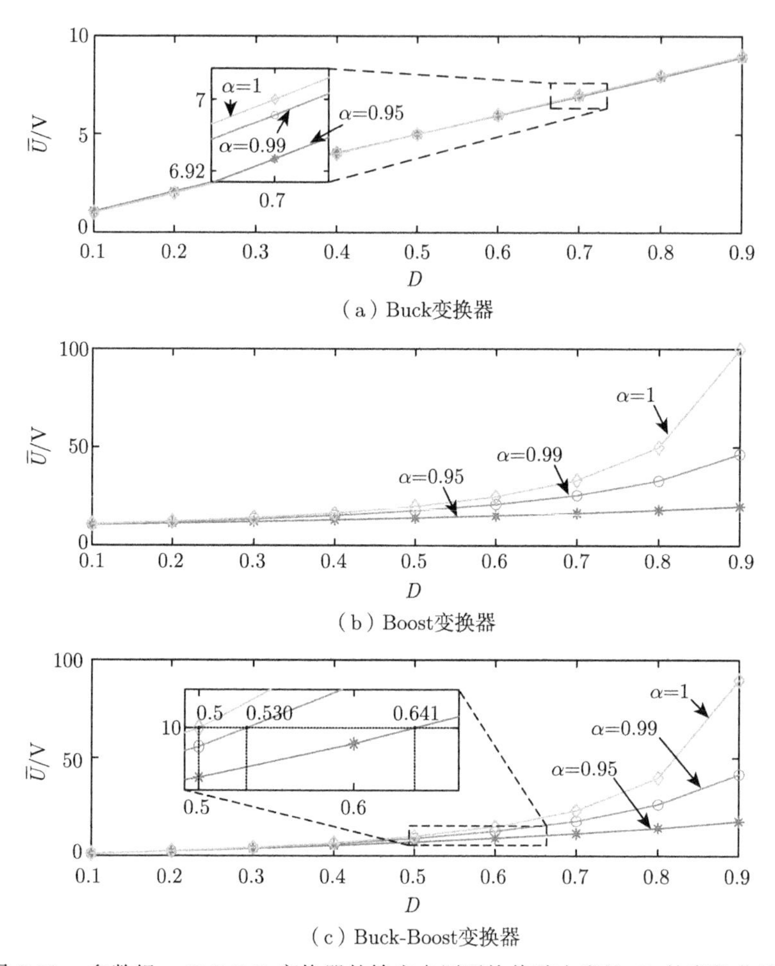

（a）Buck变换器

（b）Boost变换器

（c）Buck-Boost变换器

图 6.18　参数组一 DC-DC 变换器的输出电压平均值随占空比 D 的变化曲线

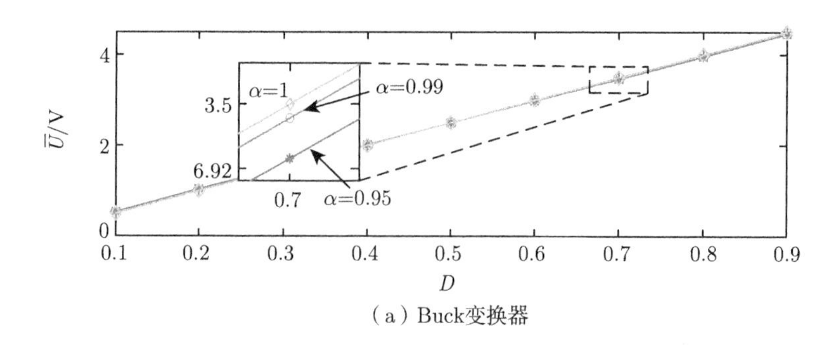

（a）Buck变换器

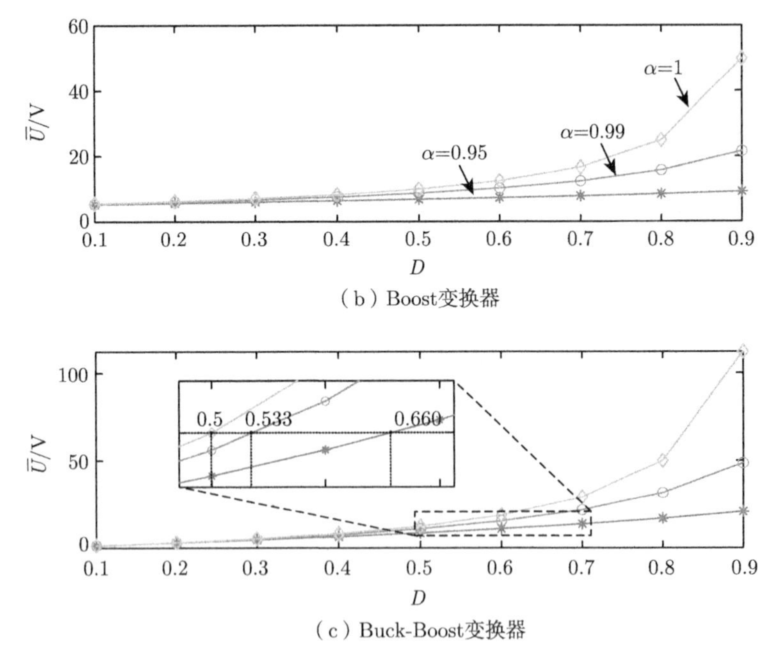

(b) Boost变换器

(c) Buck-Boost变换器

图 6.19 参数组二 DC-DC 变换器的输出电压平均值随占空比 D 的变化曲线

下面分析分数阶 DC-DC 变换器平均输出电压受电容阶次和电感阶次 α 变化的影响，以开关频率 $f = 100\text{Hz}$、占空比 $D = 0.5$ 的特定情况为例进行分析。图 6.20 是两组参数下分数阶 Buck、Boost 和 Buck-Boost 变换器输出电压平均值随电容阶次和电感阶次 α 变化的实验曲线。从图 6.20 (a) Buck 变换器实验曲线可以看出，随着阶次变化，输出电压平均值的变化较小，即输出电压平均值受阶次变化的影响较小。从图 6.20 (b) Boost 变换器实验曲线可以看出，输出电压平均值随阶次的增大而增大，当阶次较大时，电压平均值的增加更加明显，由参数组一的曲线可知，无论电容阶次和电感阶次如何变化，输出电压平均值均小于该组参数下整数阶变换器的输出电压 $u_C = \dfrac{1}{1-D}E$，即与整数阶变换器相比，分数阶变换器的升压能力明显减小。从图 6.20 (c) Buck-Boost 变换器实验曲线可以看出，输出电压平均值随阶次增大而增大, 当阶次较大时，电压平均值的增加更加明显。与 Boost 变换器类似，由参数组一的曲线可知，输出电压平均值均小于整数阶变换器的输出电压 $u_C = \dfrac{D}{1-D}E$，分数阶变换器的升压能力低于整数阶变换器。以上分析均针对占空比 $D = 0.5$ 的情况，结合图 6.18 和图 6.19 可以看出，当占空比大于 0.5 时，电容阶次和电感阶次对三种分数阶变换器输出电压平均值的影响的变化规律与上述分析结论相似，当占空比小于 0.5 时，分数阶阶次对三种分数阶变换器输出电压平均值的影响比较小。

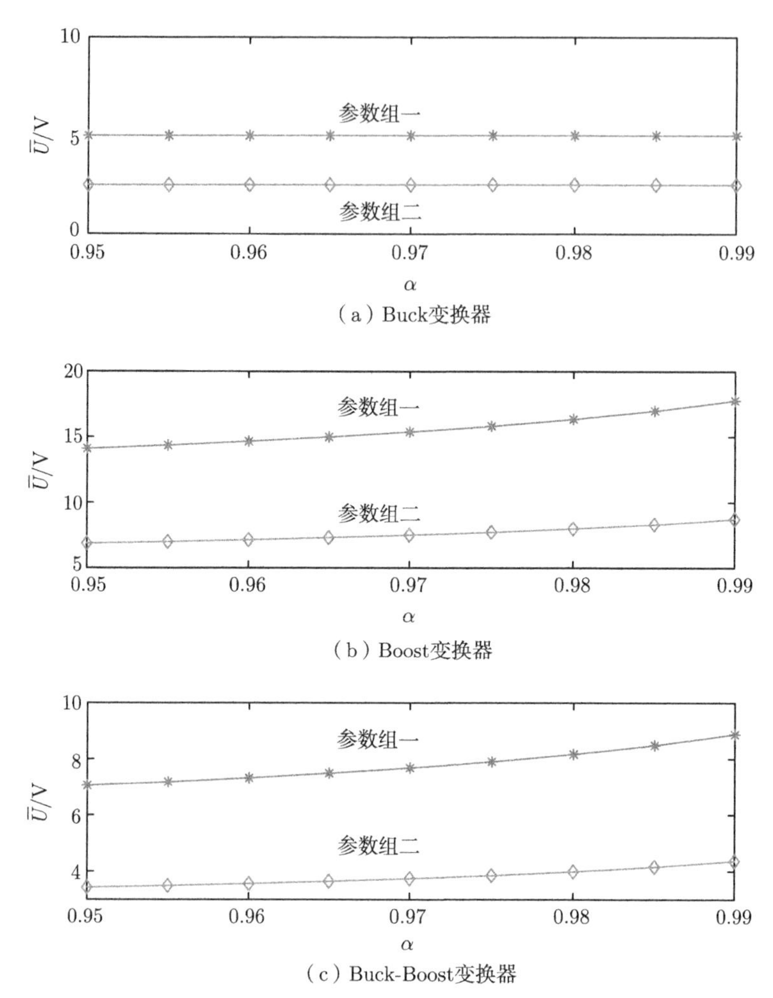

图 6.20　A-B 型 DC-DC 变换器的输出电压平均值随电容阶次和电感阶次的变化曲线

2. 变换器电容（输出）电压和电感电流的工作波形

其次分析电容阶次和电感阶次 α 对分数阶变换器电容电压和电感电流工作波形的影响；分析变换器开关频率 $f = 100\text{Hz}$、占空比 $D = 0.5$ 时，变换器稳态运行时电容电压和电感电流的工作波形；具体进行三种变换器在两组参数下 $\alpha = \beta = 0.95 \sim 0.99$ 的仿真实验；为了与整数阶变换器的工作情况进行比较，同时进行了整数阶变换器的对比仿真实验。

图 6.21（a）和（b）分别是参数组一和参数组二在阶次为不同值时，Buck 变换器电容电压及电感电流的稳态工作波形。对比图 6.21（a）和（b），两组实验参数所得结论是相似的。与整数阶变换器相比，分数阶 Buck 变换器的电容电压和

电感电流的脉动量均发生了质的变化，在开关的导通和关断时刻，电容电压和电感电流的波形都出现了突变，而且随着阶次变小，这种突变量增大，也就是脉动更大。

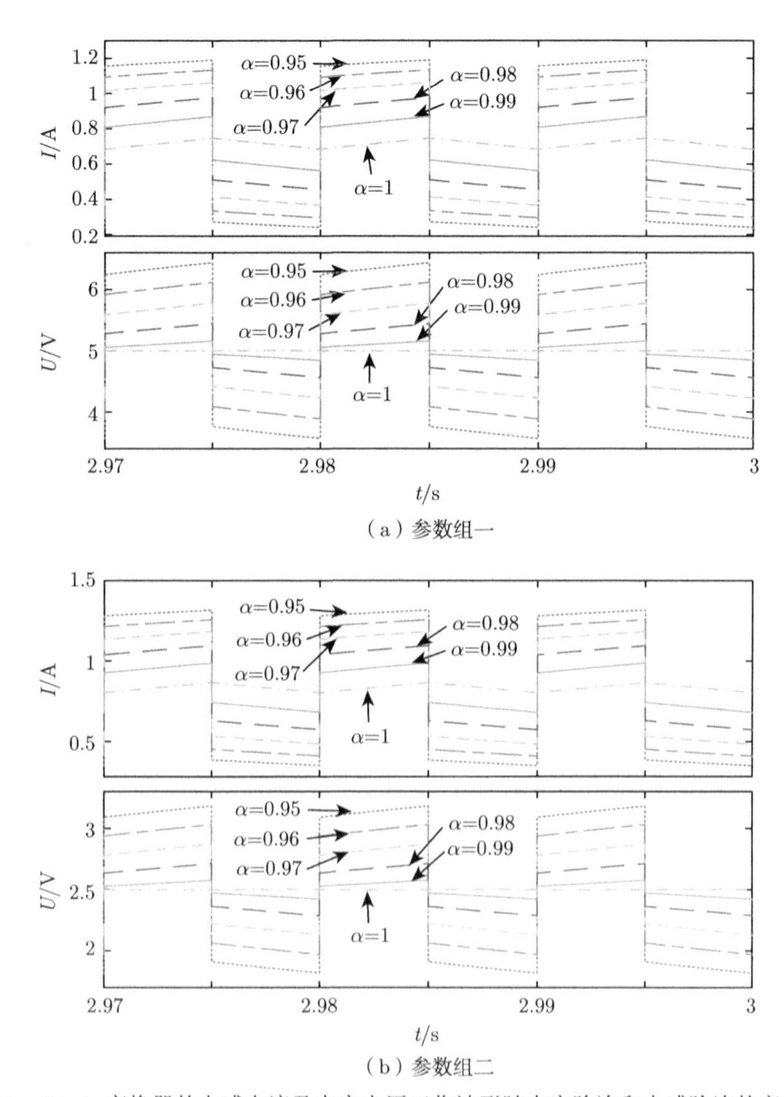

（a）参数组一

（b）参数组二

图 6.21 Buck 变换器的电感电流及电容电压工作波形随电容阶次和电感阶次的变化曲线

图 6.22（a）和（b）分别是参数组一和参数组二在阶次为不同值时，Boost 变换器电容电压及电感电流的稳态工作波形。对比图 6.22（a）和（b），两组实验参数所得结论是相似的。与整数阶变换器相比较，分数阶 Boost 变换器的电容电压和电感电流的波形在开关 VT 导通和关断时刻出现较明显的突变。在 VT 导通阶

段，电流和电压的突变量随着阶次的减小而增加。在 VT 关断阶段，电感电流的突变量较为明显，阶次越大，突变脉动量越小；电容电压受阶次的影响较小，电压变化的斜率随阶次的增加由负变正，然后逐渐增加。对比图 6.22（a）和（b）可以看出，两组不同参数在 VT 关断阶段，电压随时间变化的斜率由负变正所对应的阶次是不一样的。

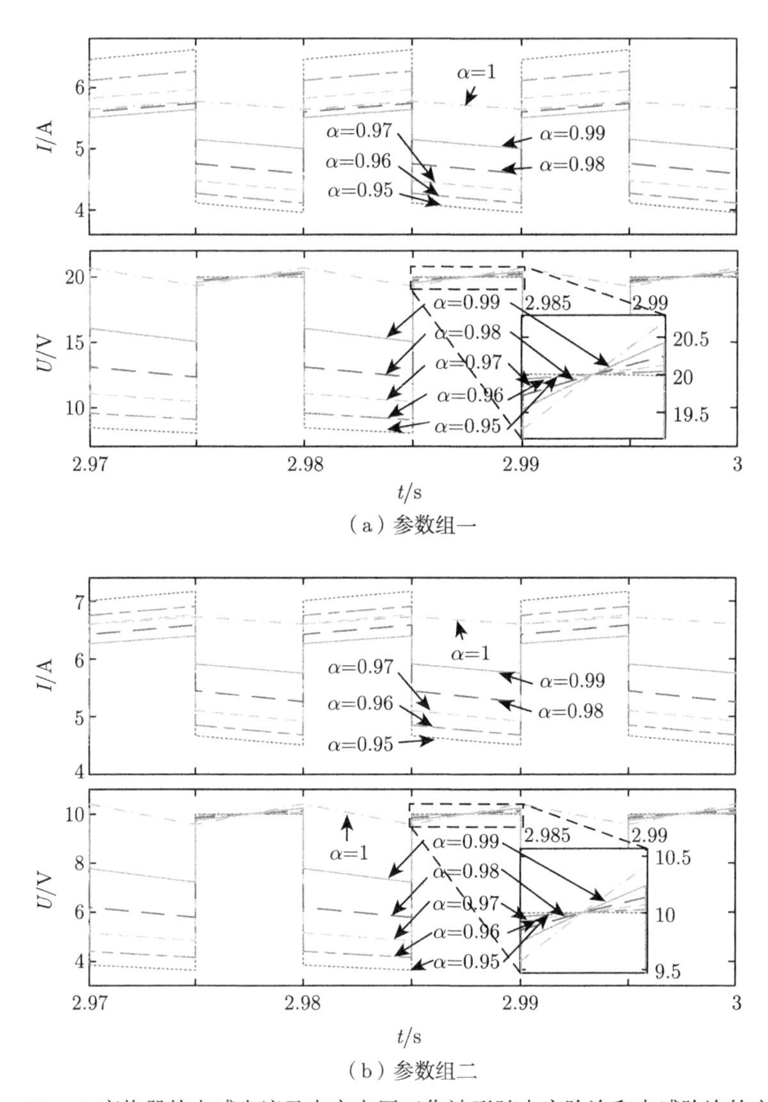

（a）参数组一

（b）参数组二

图 6.22 Boost 变换器的电感电流及电容电压工作波形随电容阶次和电感阶次的变化曲线

图 6.23（a）和（b）分别是参数组一和参数组二在阶次为不同值时，Buck-Boost 变换器电容电压及电感电流的稳态工作波形。对比图 6.23（a）和（b），两

组实验参数所得结论是相似的。与整数阶变换器相比较，分数阶 Buck-Boost 变换器的电容电压和电感电流的脉动量均发生了质的变化。在开关 VT 的导通和关断时刻，电容电压和电感电流的波形都出现了突变，而且随着阶次变小，这种突变量增大。从实验结果中可以看出，开关管 VT 导通时，随着阶次增加，电流增加，电压减小；当开关管 VT 关断时，随着阶次增加，电流增加，电压数值变化很小，

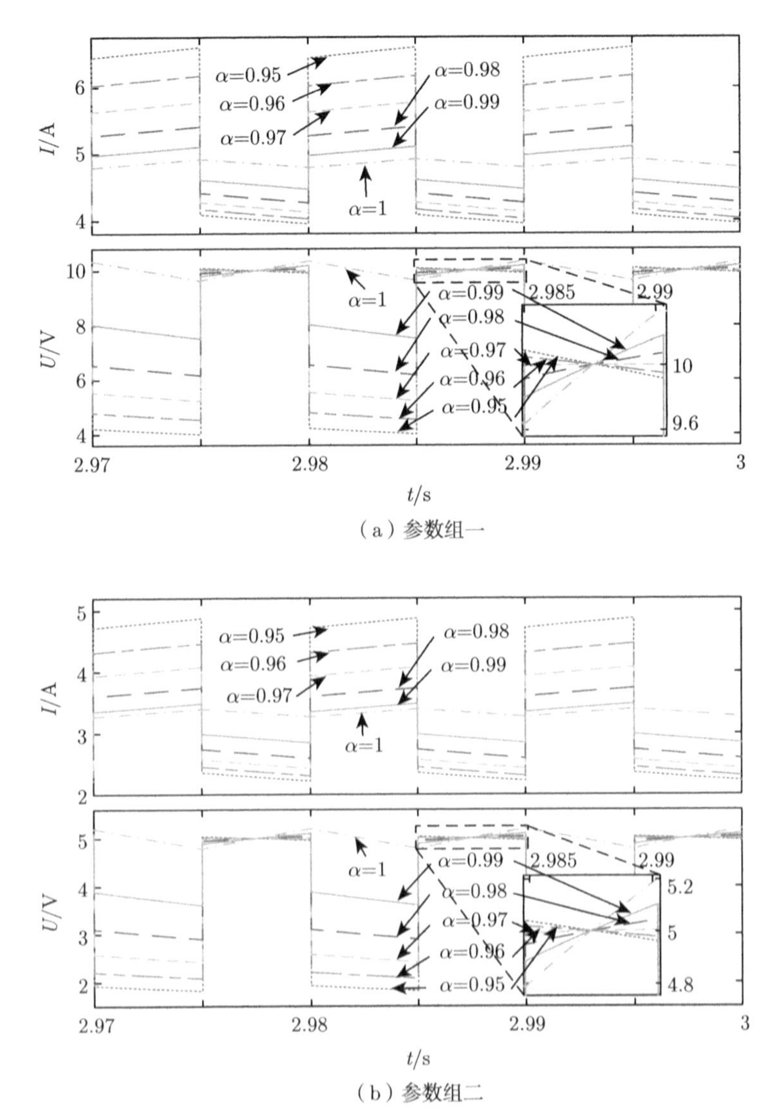

（a）参数组一

（b）参数组二

图 6.23 Buck-Boost 变换器的电感电流及电容电压工作波形随电容阶次和电感阶次的变化曲线

但电压随时间变化的斜率由负变正，然后逐渐增加。对比图 6.23（a）和（b）可以看出，两组不同参数在 VT 关断阶段，电压随时间变化的斜率由负变正所对应的阶次是不一样的。

3. 最大电流脉动量和最大电压脉动量

最后对电感电流和电容电压的最大脉动量受开关频率 f、占空比 D 及电容和电感的阶次 α 和 β 的影响进行分析。6.2 节具体分析了 C-F 型变换器的极值，采用同样的方法可以分析得到 A-B 型变换器的极值，在此不再赘述，直接根据分析所得结论，通过数值计算得到不同开关频率 f、占空比 D 以及电容阶次和电感阶次 α 和 β 条件下的最大电压脉动量和最大电流脉动量，列表进行分析。表 6.5 给出了两组参数下电容阶次和电感阶次为不同值时两组参数下 Buck、Boost 和 Buck-Boost 变换器最大电流和电压脉动值。由表可知，与整数阶 DC-DC 变换器相比，三种分数阶变换器的最大电压和电流脉动值都很大，在 $\alpha=\beta=0.95\sim0.99$ 分数阶区间内，其值是整数阶变换器的数倍甚至数十倍。随着阶次的增加，三种变换器的最大电压和电流脉动值均逐渐减小。这些特点在变换器电路的应用中需引起特别注意。表 6.6 给出了三种变换器电路最大电流和电压脉动值受占空比 D 和开关频率 f 的影响。由表可知，随着开关频率的增加，三种变换器的最大电压脉动值和最大电流脉动值均逐渐减小。随着占空比的增加，Buck 变换器最大电压脉动值和最大电流脉动值均先增加后减小，二者数值变化幅度较小；Boost 变换器和 Buck-Boost 变换器的最大电压脉动值和最大电流脉动值均有明显的增加。这些特性和整数阶变换器是相似的。

表 6.5　A-B 定义下 DC-DC 变换器电路最大电流和电压脉动值受电容阶次和电感阶次的影响

电路参数 ($D=0.5$、$f=100$Hz)		$\alpha=\beta=0.95$	$\alpha=\beta=0.97$	$\alpha=\beta=0.99$	$\alpha=\beta=1$
Buck 电路参数组一	最大电压脉动值	2.868	1.553	0.317	0.008
	最大电流脉动值	0.949	0.695	0.306	0.063
Buck 电路参数组二	最大电压脉动值	1.364	0.742	0.155	0.004
	最大电流脉动值	0.968	0.701	0.306	0.063
Boost 电路参数组一	最大电压脉动值	11.996	9.675	5.392	1.427
	最大电流脉动值	2.656	1.653	0.641	0.125
Boost 电路参数组二	最大电压脉动值	6.361	5.234	3.025	0.832
	最大电流脉动值	2.657	1.654	0.642	0.125
Buck-Boost 电路参数组一	最大电压脉动值	6.087	4.778	2.668	0.713
	最大电流脉动值	2.647	1.643	0.635	0.125
Buck-Boost 电路参数组二	最大电压脉动值	3.222	2.587	1.498	0.416
	最大电流脉动值	2.648	1.644	0.636	0.125

表 6.6 A-B 定义下 DC-DC 变换器电路最大电流和电压脉动值受占空比 D 和开关频率 f 的影响

电路参数 ($\alpha=\beta=0.95$)		$D=0.5$			$f=100$Hz				
		$f=100$Hz	$f=1$kHz	$f=10$kHz	$D=0.1$	$D=0.3$	$D=0.5$	$D=0.7$	$D=0.9$
Buck 电路参数组一	最大电压脉动值	2.868	2.694	2.674	2.747	2.838	2.867	2.838	2.747
	最大电流脉动值	0.949	0.920	0.917	0.929	0.944	0.949	0.944	0.929
Buck 电路参数组二	最大电压脉动值	1.364	1.282	1.272	1.307	1.307	1.350	1.364	1.350
	最大电流脉动值	0.968	0.936	0.933	0.946	0.946	0.962	0.968	0.963
Boost 电路参数组一	最大电压脉动值	11.996	11.782	11.764	5.054	7.495	11.996	22.969	79.129
	最大电流脉动值	2.656	2.514	2.501	1.438	1.903	2.656	4.266	11.616
Boost 电路参数组二	最大电压脉动值	6.362	6.249	6.245	2.741	4.022	6.362	11.994	40.310
	最大电流脉动值	2.657	2.511	2.498	1.438	1.904	2.657	4.267	11.614
Buck-Boost 电路参数组一	最大电压脉动值	6.087	5.899	5.882	0.592	2.392	6.087	15.911	70.367
	最大电流脉动值	2.647	2.514	2.501	1.435	1.896	2.647	4.256	11.611
Buck-Boost 电路参数组二	最大电压脉动值	3.222	3.1274	3.122	0.319	1.279	3.222	8.299	35.828
	最大电流脉动值	2.648	2.512	2.500	1.435	1.897	2.648	4.258	11.604

结合上述分析，电容和电压的分数阶阶次对三种变换器的电压平均值、电压和电流的波形及最大脉动量均有明显影响。与整数阶变换器相比，A-B 型分数阶变换器的输出纹波随着阶次的减小而有明显增加；分数阶变换器的升压特性明显降低；分数阶变换器的降压特性受阶次影响较小。A-B 型和 C-F 型分数阶 DC-DC 变换器的运行特性是较为相似的。

参考文献

[1] 廖晓钟, 高哲. 分数阶系统鲁棒性分析与鲁棒控制[M]. 北京: 科学出版社, 2016.

[2] 薛定宇. 分数阶微积分学与分数阶控制[M]. 北京: 科学出版社, 2018.

[3] 吴强, 黄建华. 分数阶微积分[M]. 北京: 清华大学出版社, 2016.

[4] Mandelbrot B B. The Fractal Geometry of Nature[M]. New York: W. H. Freeman and Company, 1982.

[5] Liouville J. Mémoire sur quelques questions de géométrie et de mécanique, et sur un nouveau genre de calcul pour résoudre ces questions[J]. Journal de l'école Polytechnique, 1832, 13: 1-69.

[6] Remann B. Versuch Einer Allgemeinen Auffassung der Integration und Differentiation[M]. Cambridge: Cambridge Press, 1876.

[7] Grünwald A K. Ueber begrenzte derivationen und deren anwendung[J]. Zeitschrift fur Angewandte Mathematik und Physik, 1867, 12: 441-480.

[8] Caputo M. Linear models of dissipation whose Q is almost frequency independent[J]. Annals of Geophysics, 1966, 19(5): 529-539.

[9] Sabatier J, Agrawal O P, Machado J A T. Advances in Fractional Calculus: Theoretical Developments and Applications in Physics and Engineering[M]. Berlin: Springer-Verlag, 2014.

[10] Gómez-Aguilar J, López-López M, Alvarado-Martínez V, et al. Modeling diffusive transport with a fractional derivative without singular kernel[J]. Physica A: Statistical Mechanics and Its Applications, 2016, 447: 467-481.

[11] Khalil R, Al Horani M, Yousef A, et al. A new definition of fractional derivative[J]. Journal of Computational and Applied Mathematics, 2014, 264: 65-70.

[12] Caputo M, Fabrizio M. A new definition of fractional derivative without singular kernel[J]. Progress in Fractional Differentiation and Applications, 2015, 1(2): 1-13.

[13] Atangana D, Baleanu A. New fractional derivatives with nonlocal and non-singular kernel: Theory and application to heat transfer model[J]. Thermal Science, 2016, 20: 763-769.

[14] Abro K A, Atangana A. Porous effects on the fractional modeling of magnetohydrodynamic pulsatile flow: An analytic study via strong kernels[J]. Journal of Thermal Analysis and Calorimetry, 2020, (7): 1-10.

[15] Abro K A, Atangana A. Thermal stratification of rotational secondgrade fluid through fractional differential operators[J]. Journal of Thermal Analysis and Calorimetry, 2020, (5): 1-10.

[16] Abro K A, Atangana A. A comparative study of convective fluid motion in rotating cavity via Atangana-Baleanu and Caputo-Fabrizio fractal-fractional differentiations[J]. The European Physical Journal Plus, 2020, 135(2): 1-16.

[17] Abro K A, Khan I, Gómez-Aguilar J. Thermal effects of magnetohydrodynamic micropolar fluid embedded in porous medium with Fourier sine transform technique[J]. Journal of the Brazilian Society of Mechanical Sciences and Engineering, 2019, 41(4): 174.

[18] Ghanbari B, Kumar S, Kumar R. A study of behaviour for immune and tumor cells in immunogenetic tumour model with non-singular fractional derivative[J]. Chaos Solitons & Fractals, 2020, 133: 109619.

[19] Morales-Delgado V, Gómez-Aguilar J K S. Application of the Caputo-Fabrizio and Atangana-Baleanu fractional derivatives to mathematical model of cancer chemotherapy effect[J]. Mathematical Methods in the Applied Sciences, 2019, 1: 1-27.

[20] Abro K A, Gómez-Aguilar J. Role of Fourier sine transform on the dynamical model of tensioned carbon nanotubes with fractional operator[J]. Mathematical Methods in the Applied Sciences, 2020, 1: 1-11.

[21] Westerlund S, Ekstam L. Capacitor theory[J]. IEEE Transactions on Dielectrics & Electrical Insulation, 1994, 1(5): 826-839.

[22] Davies P J, Marsh J O. Ohm's law and the schuster effect[J]. IEE Proceedings, 1985, 132(8): 525-532.

[23] Machado J, Galhano A. Fractional order inductive phenomena based on the skin effect[J]. Nonlinear Dynamics, 2012, 68(1): 107-115.

[24] Chua L. Memristor–The missing circuit element[J]. IEEE Transactions on Circuit Theory, 1971, 18(5): 507-519.

[25] 袁晓. 分抗逼近电路之数学原理[M]. 北京: 科学出版社, 2015.

[26] 余波, 蒲亦非, 何秋燕. 电路元件周期表——蔡氏周期表与新型记忆元件[J]. 太赫兹科学与电子信息学报, 2021, 19(3): 541-548.

[27] 蒲亦非, 余波, 袁晓. 类脑计算的基础元件: 从忆阻元到分忆抗元[J]. 四川大学学报 (自然科学版), 2020, 57(1): 49-56.

[28] 林达. Caputo-Fabrizio 及 Atangana-Baleanu 定义下分数阶 RLC 电路建模及系统分析[D]. 北京: 北京理工大学, 2022.

[29] Carlson G E, Halijak C. Approximation of fractional capacitors by a regular Newton process[J]. IEEE Transactions on Circuit Theory, 1964, 11(2): 210-213.

[30] Matsuda K, Fuji H. HINF optimized wave-absorbing control: Analytical and experimental results[J]. Journal of Guidance Control & Dynamics, 1993, 16(6): 1146-1153.

[31] Steiglitz K. An RC impedance approximant to $s^{-1/2}$[J]. IEEE Transactions on Circuit Theory, 2003, 11(1): 160-161.

[32] 郭钊汝, 何秋燕, 袁晓, 等. 任意阶算子的有理逼近——奇异标度方程[J]. 四川大学学报 (自然科学版), 2020, 57(3): 495-504.

[33] 闫启帅. 分数阶电容拓扑设计与性能研究[D]. 北京: 北京理工大学, 2018.

[34] 何秋燕, 袁晓. Carlson 与任意阶分数微积分算子的有理逼近[J]. 物理学报, 2016, 65(16): 160202.

[35] Oustaloup A. La Dérivation non Entière: Théorie, Synthèse et Applications[M]. Paris: Hermès, 1995.

[36] Oustaloup A, Levron F, Mathieu B, et al. Frequency-band complex noninteger differentiator: Characterization and synthesis[J]. IEEE Transactions on Circuits & Systems I: Fundamental Theory & Applications, 2000, 47(1): 25-40.

[37] 刘盼盼, 袁晓. 理想分抗的 Oustaloup 有理逼近性能分析[J]. 四川大学学报 (工程科学版), 2016, 48(2): 147-154.

[38] 刘盼盼, 袁晓, 陶磊, 等. Oustaloup 分抗电路的运算特征与逼近性能分析[J]. 四川大学学报 (自然科学版), 2016, 53(2): 353-360.

[39] Xue D, Zhao C, Chen Y Q. A modified approximation method of fractional order system[C]. IEEE International Conference on Mechatronics & Automation, 2006: 1-6.

[40] Gao Z, Liao X. Improved oustaloup approximation of fractional-order operators using adaptive chaotic particle swarm optimization[J]. Journal of Systems Engineering and Electronics, 2012, 23(1): 145-153.

[41] Charef A, Sun H H, Tsao Y Y, et al. Fractal system as represented by singularity function[J]. IEEE Transactions on Automatic Control, 2002, 37(9): 1465-1470.

[42] Wma A, Jcs B. Chaos in fractional-order autonomous nonlinear systems[J]. Chaos, Solitons & Fractals, 2003, 16(2): 339-351.

[43] Li M, Xue D. A new approximation algorithm of fractional order system models based optimization[J]. Journal of Dynamic Systems Measurement and Control, 2012, 134(4): 044504.

[44] 何清平, 刘佐濂, 杨汝. 分数阶模拟电容和模拟电感的设计[J]. 深圳大学学报 (理工版), 2017, 34(5): 516-520.

[45] He Q Y, Pu Y F, Yu B, et al. Arbitrary-order fractance approximation circuits with high order-stability characteristic and wider approximation frequency bandwidth[J]. IEEE/CAA Journal of Automatica Sinica, 2020, 7(5): 1417-1428.

[46] Pu Y, Yuan X, Liao K, et al. A recursive two-circuits series analog fractance circuit for any order fractional calculus[J]. International Society for Optics and Photonics, 2006, 6027: 1-11.

[47] Tolba M F, Said L A, Madian A H, et al. FPGA implementation of the fractional order integrator/differentiator: Two approaches and applications[J]. IEEE Transactions on Circuits and Systems I: Regular Papers, 2019, 66(4): 1484-1495.

[48] Adhikary A, Choudhary S, Sen S. Optimal design for realizing a grounded fractional order inductor using GIC[J]. IEEE Transactions on Circuits and Systems I: Regular Papers, 2018, 65(8): 2411-2421.

[49] Muiz-Montero C, Garcia-Jimenez L V, Sanchez-Gaspariano L A, et al. New alternatives for analog implementation of fractional-order integrators, differentiators and PID controllers based on integer-order integrators[J]. Nonlinear Dynamics, 2017, 90(1): 241-256.

[50] Ran M, Liao X, Lin D, et al. Analog realization of fractional-order capacitor and inductor via the Caputo-Fabrizio derivative[J]. Journal of Advanced Computational Intelligence and Intelligent Informatics, 2021, 25(3): 291-300.

[51] Liao X, Lin D, Dong L, et al. Analog implementation of fractional-order electric elements using Caputo-Fabrizio and Atangana-Baleanu definitions[J]. Fractals, 2021, 29(7): 1-14.

[52] Sene N, Gómez-Aguilar J. Analytical solutions of electrical circuits considering certain generalized fractional derivatives[J]. The European Physical Journal Plus, 2019, 134(260): 1-14.

[53] Francisco G J, Juan R G, Manuel G C, et al. Fractional *RC* and *LC* electrical circuits[J]. Ingeniería Investigación Y Tecnología, 2014, 15(2): 311-319.

[54] Obeidat A, Gharaibeh M, Al-Ali M, et al. Evolution of a current in a resistor[J]. Fractional Calculus & Applied Analysis, 2011, 14(2): 247-259.

[55] Gómez-Aguilar J, Atangana A, Morales-Delgado V F. Electrical circuits *RC*, *LC*, and *RL* described by Atangana-Baleanu fractional derivatives[J]. International Journal of Circuit Theory and Applications, 2017, 45(11): 1-20.

[56] Gómez-Aguilar J, Córdova-Fraga T, Escalante-Martínez J, et al. Electrical circuits described by a fractional derivative with regular kernel[J]. Revista Mexicana de Fisica, 2016, 62(2): 144-154.

[57] García J J R, Filoteo J D, González A. A comparative analysis of the *RC* circuit with local and non-local fractional derivatives[J]. Revista Mexicana de Fisica, 2018, 64(6): 647-654.

[58] Abro K A, Memon A A, Uqaili M A. A comparative mathematical analysis of *RL* and *RC* electrical circuits via Atangana-Baleanu and Caputo-Fabrizio fractional derivatives[J]. European Physical Journal Plus, 2018, 133(3): 113.

[59] Walczak J, Jakubowska A. Resonance in parallel fractional-order reactance circuit[C]. XXIII Symposium Electromagnetic Phenomena in Nonlinear Circuits, 2014: 1-6.

[60] 余战波. 分数阶 T 型 *LC* 电路仿真研究[J]. 西南大学学报 (自然科学版), 2015, (2): 141-147.

[61] 余波, 梁雪松, 吴兆耀. 分抗在正弦电压源中的功率与电学性质[J]. 科学技术与工程, 2018, 18(13): 79-83.

[62] 刁利杰, 张小飞, 陈帝伊. 分数阶并联电路[J]. 物理学报, 2014, 63(3): 1-13.

[63] Liao X, Lin D, Yu D, et al. Modeling and applications of fractional-order mutal inductance based on Atangana-Baleanu and Caputo-Fabrizio fractional derivatives[J]. Fractals, 2022, 30(4): 1-14.

[64] Lin D, Liao X, Dong L, et al. Experimental study of fractional-order *RC* circuit model using the Caputo and Caputo-Fabrizio derivatives[J]. IEEE Transactions on Circuits and Systems I: Regular Papers, 2021, 68(3): 1034-1044.

[65] 林达, 廖晓钟, 冬雷. Caputo-Fabrizio 定义下的 *RC*/*RL*/*RLC* 电路的建模及分析[C]. 第一届分数阶系统与控制会议, 2019: 1-7.

[66] Liao X, Yu D, Lin D, et al. Characteristic analysis of fractional-order *RLC* circuit based on the Caputo-Fabrizio definition[J]. Fractals, 2022, 30(4): 1-17.

[67] 于东晖, 廖晓钟, 冉嫚婕. Caputo-Fabrizio 定义下分数阶 *RLC* 电路特性研究 [C]. 第二届分数阶系统与控制会议, 2021: 1-6.

[68] Xi C, Chen Y, Bo Z, et al. A method of modeling and analysis for fractional-order DC-DC converters[J]. IEEE Transactions on Power Electronics, 2016, 32(9): 7034-7044.

[69] Li X, Chen Y, Xi C, et al. An analytical approach for obtaining the transient solution of the fractional-order buck converter in CCM[C]. The 43rd Annual Conference of the IEEE Industrial Electronics Society, 2017: 1-5.

[70] Radwan A G, Emira A A, AbdelAty A M, et al. Modeling and analysis of fractional order DC-DC converter[J]. ISA Transactions, 2018, 82: 184-199.

[71] 李宗智. 分数阶 DC-DC 变换器的动力学分析与控制研究 [D]. 合肥: 安徽大学, 2018.

[72] Yang N N, Liu C X, Wu C J. Modeling and dynamics analysis of the fractional-order Buck-Boost converter in continuous conduction mode[J]. Chinese Physics B, 2012, 21(8): 1-7.

[73] Wu C, Si G, Zhang Y, et al. The fractional-order state-space averaging modeling of the Buck-Boost DC/DC converter in discontinuous conduction mode and the performance analysis[J]. Nonlinear Dynamics, 2015, 79(1): 689-703.

[74] Wang F Q, Ma X K. Modeling and analysis of the fractional order Buck converter in DCM operation by using fractional calculus and the circuit–Averaging technique[J]. Journal of Power Electronics, 2013, 13(6): 1008-1015.

[75] Xie L, Liu Z, Zhang B. A modeling and analysis method for CCM fractional order Buck-Boost converter by using *R-L* fractional definition[J]. Journal of Electrical Engineering and Technology, 2020, (5): 1-11.

[76] Yang C, Xie F, Chen Y, et al. Modeling and analysis of the fractional-order flyback converter in continuous conduction mode by Caputo fractional calculus[J]. Electronics, 2020, 9(9): 1544.

[77] Wang X, Qiu B, Wang H. Comparisons of modeling methods for fractional-order Cuk converter[J]. Electronics, 2021, 10(6): 710.

[78] Liao X, Ran M, Yu D, et al. Chaos analysis of Buck converter with non-singular fractional derivative[J]. Chaos, Solitons & Fractals, 2022, 156: 111794.

[79] Yang R, Liao X, Lin D, et al. Modeling and analysis of fractional order Buck converter using Caputo-Fabrizio derivative[J]. Energy Reports, 2020, 6(9): 440-445.

[80] Losada J, Nieto J J. Properties of a new fractional derivative wit singular kernel[J]. Progress in Fractional Differentiation and Applications, 2015, 1(2): 87-92.

[81] Bernal-Alvarado J J, Gómez-Aguilar J, Córdova-Fraga T, et al. Fractional mechanical oscillators[J]. Revista Mexicana de Fisica, 2012, 58(4): 348-352.

[82] Haka K, Duan Z, Cvetianin S M. Fractional *RLC* circuit in transient and steady state regimes[J]. Communications in Nonlinear Science and Numerical Simulation, 2021, 96: 1-17.

附　录

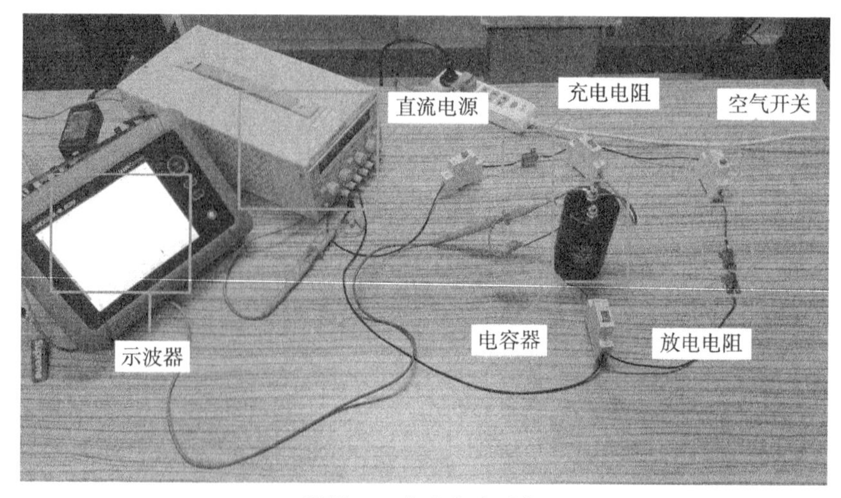

附图 1　电路实验平台

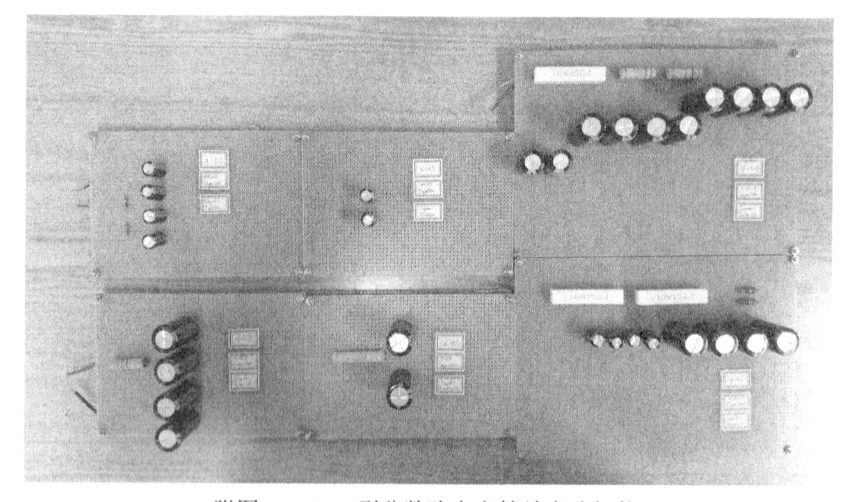

附图 2　C-F 型分数阶电容等效电路拓扑

附图 3　Caputo 型分数阶电容逼近电路拓扑

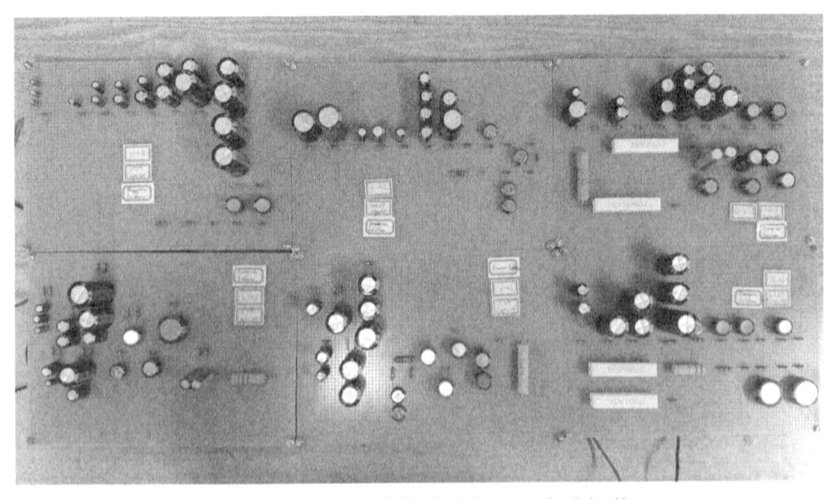

附图 4　A-B 型分数阶电容逼近电路拓扑